跟着数学家学数学

何雨轩 王轩 编著

方思恒 绘

我们所生活的世界是建立在数学法则基础上的

中国青年出版社

图书在版编目(CIP)数据

跟着数学家学数学/何雨轩，王轩编著；方思恒绘. — 北京：中国青年出版社，2024.9(2025.1重印)
ISBN 978-7-5153-7306-5

I.①跟… II.①何… ②王… ③方… III. ① 数学—青少年读物 IV. ①O1-49

中国国家版本馆CIP数据核字(2024)第099361号

跟着数学家学数学

编　　著：何雨轩 王轩
绘　　者：方思恒

出版发行：中国青年出版社
地　　址：北京市东城区东四十二条21号
网　　址：www.cyp.com.cn
电　　话：010-59231565
传　　真：010-59231381
编辑制作：北京中青雄狮数码传媒科技有限公司
策划编辑：张鹏 田影
责任编辑：徐安维

印　　刷：北京博海升彩色印刷有限公司
开　　本：880mm x 1230mm 1/32
印　　张：10
字　　数：326.4千字
版　　次：2024年9月北京第1版
印　　次：2025年1月第3次印刷
书　　号：ISBN 978-7-5153-7306-5
定　　价：69.80元

本书如有印装质量等问题，请与本社联系
电话：010-59231565
读者来信：reader@cypmedia.com
投稿邮箱：author@cypmedia.com

前言

如果你穿越到数年前，告诉当年一边躲避着数学老师的视线一边百无聊赖靠在窗边翻弄着小说的我，数学也可以学得很有意思，我大概是不会相信的。

出门买菜要用到无理数吗？或者是微积分能帮我算清楚这个月的水电费账单？面对这些故意刁难的问题，我只能给出否定的答案。但是，这些数学方法并不会因此退出我们的生活。例如，在农村的田野上，一只青蛙跑进了洞里，而追着它的小朋友二话不说就将手伸入洞中去抓青蛙。大人问他："你不害怕洞里有蛇吗？"小朋友不屑地回答他："如果洞里有蛇，青蛙才不会跑到洞里去呢。"这怎么不是反证法在生活中的运用呢?

而本书着手于数学的基础思想，从最基础的思维方式开始，层层递进，沿着先哲的思考和灵感，一步步走进数学的世界里。

说来惭愧，高中时候的我，也和很多学生一样，对索然无味的数学教科书感到无比厌倦，以至于一到数学课，窗外的花鸟鱼虫、走廊上掠过的枯叶都变得无比耀眼有趣。然而在那些数学家眼中，刚刚眼中耀眼有趣的世界和其中所发生的一切，都蕴含着基本的数学知识和思维方式。为了让大家能够真切地感受到古代数学家们的思考与交流，我们虚构了和数学家们的访谈，让大家在更好地理解他们天才想法的同时，也能了解到他们之间的一些趣事，拉近我们和这些伟大灵魂的距离。

此外，再有趣的想法，浓缩成公式以后都会变得抽象，变得有些晦涩难懂，这也是大部分学生难以提起兴趣去阅读一本数学书的原因。因此，在本书中，我们尝试用原始的文字逻辑，结合精确的符号语言，来生动地阐述每一个数学原理。我们为公式与定理配上有趣的插图以及详细的图文解释说明，来帮助大家记忆和理解。这才是我认为的数学该有的样子。

我们希望能够通过这本书，颠覆你对所谓"最难"科目的理解和认识，来帮助你爱上数学，真正理解高斯口中的"数学是科学的女王"。

以下是本书的结构。虽然看着这份目录会觉得貌似有一股不可靠近的神圣的气场，但是相信我，当你开始阅读时，一切都会变得不一样。

▸ 数学推理方法篇——逻辑与美的融合

演绎法、反证法、数学归纳法、构造法、无穷递降法……

▸ 代数篇——解码宇宙的语言

皮亚诺公理、完全平方公式、一元二次方程、等差数列和等比数列……

▸ 几何篇——发现形状的奥秘

欧几里得公理、勾股定理、全等三角形、相似三角形……

▸ 数论篇——整数的奇妙性质

算术基本定理、欧几里得算法、模运算、进位制……

▸ 微积分篇——揭示变化的规律

无穷小量、导数和微分、微积分基本定理……

我们都是学生，也都是由数学一步一步陪伴着我们艰难地走过升学之路。我们希望以自身的学习经验来帮助大家换个角度更好地理解数学这门学科，以一种通俗易懂、间接而有趣的方式，帮助大家学懂数学，甚至更加接近一些平日里看似遥不可及的数学知识。

我们希望帮助那些被数学困扰的同学重拾对数学的热情和好奇，并通过别样的讲述方式，来帮助大家更好地理解和学习。我们也希望能够帮助已经毕业或者已经远离数学学习的朋友，重新学习并理解数学。

谨以此书献给所有喜欢数学或暂时为数学感到困扰的读者朋友们，同时感谢所有帮助孩子们逐步建立对数学世界的认知的老师们。

相信我，这本书会带给你不一样的数学体验。

编者

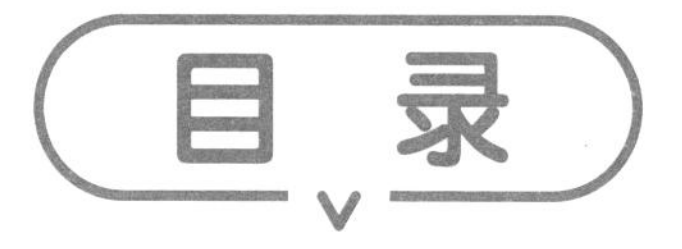

目录

数学推理方法篇

逻辑与美的融合

代数篇

解码宇宙的语言

几何篇

发现形状的奥秘

数论篇

整数的奇妙性质

微积分篇

揭 示 变 化 的 规 律

数学推理方法篇

逻 辑 与 美 的 融 合

知 识 点
难易程度

★☆☆☆☆ 简单易懂的基础知识
★★☆☆☆ 需要一定的理解和推理能力
★★★☆☆ 具有较高难度，需要一些数学思维
★★★★☆ 比较复杂和高级的数学概念
★★★★★ 复杂和高级的数学概念

演绎法

结论，是可以从叫作“前提”的已知事实，“必然地”得出的推理。

大师面对面

—— 亚里士多德（Aristotle，公元前384年6月19日—公元前322年3月7日），是古希腊哲学家，同时也是柏拉图的学生和亚历山大大帝的老师。亚里士多德的著作构建了西方哲学的第一个广泛系统，包含道德、美学、逻辑、科学和政治等。

我发明了一种非常有用的思考方法，叫作三段论，它可以帮助我们理清思绪，找到正确的结论。

—— 哇，听起来很酷！三段论是什么呢?

三段论是一种逻辑推理的形式，它包含三个部分：大前提、小前提和结论。如果前提都是正确的，那结论也一定是正确的。

—— 您能给我举一个例子吗?

当然。让我们来看一个简单的例子：大前提是“所有的人都是凡人”，小前提是“苏格拉底是人”，那么结论就是“苏格拉底是凡人”。

—— 哦，我明白了！比如，大前提是“所有的猫都会喵喵叫”，小前提是“汤姆是一只猫”，那么结论是“汤姆会喵喵叫”。

非常好！你已经掌握了三段论的基本思想。通过这种方式，可以更加清晰和有逻辑地理解世界。传播知识是一件非常美妙的事情，记得保持好奇心，并且总是用逻辑思考问题。

原理解读！

- 演绎法或演绎推理（Deductive Reasoning）是指人们以理论知识为依据，从符合该知识的已知部分推理未知部分的思考方法。
- 演绎推理是一种正向推理，它从一般到特殊的逻辑结构出发，通过已知的前提推导出必然的结论。这就像是我们从一条通用的规则出发，应用到一个具体的例子上，从而得到一个具体的结论。

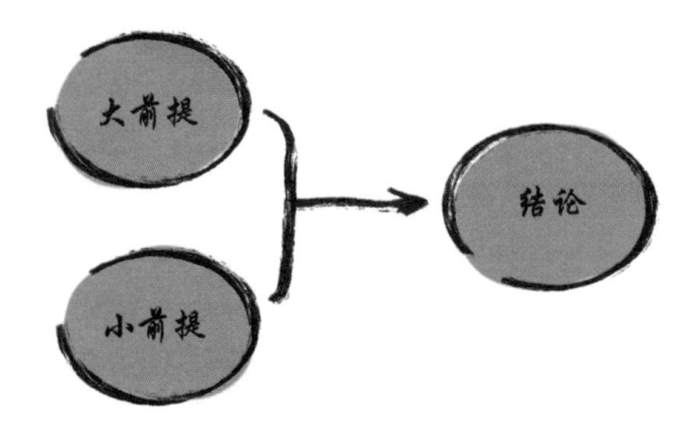

- 演绎推理有三段论、假言推理和选言推理等形式。

虽然不是所有问题都可以用三段论解决，但这是一个非常强大的工具，能帮助我们清晰地思考和论证。记住，运用三段论解决问题的关键在于确保前提是真实无误的。

大前提：任何三角形只可能是锐角三角形、直角三角形或钝角三角形。
小前提：这个三角形既不是锐角三角形，也不是钝角三角形。
结论：所以，它是一个直角三角形。

三段论

三段论，是指由两个简单判断作为前提，一个简单判断作为结论组成的推理。三段论通常包含大前提、小前提和结论三个部分。运用三段论时，首先要保证前提是真实且符合客观实际的，否则就无法得出正确的结论。

事实上，三段论在我们日常生活的对话、写作中是很常见的，但有的时候为了语言的简洁，往往会采取省略形式，有的省略大前提，有的省略小前提，有的甚至省略了结论。

例如，“我是班长，应该在学习中起带头作用”这句话，省略了大前提“班长应该在学习中起带头作用”。如果省略小前提，这句话也可以写为“班长应该在学习中起带头作用，所以我应该在学习中起带头作用”。又如，“数学课是文化基础课，文化基础课一定要认真学”这句话，只有两个前提，省略了“数学课一定要认真学”这个不言而喻的结论。

亚里士多德的三段论如图1所示。包括以下内容：

- 大前提：所有的人都会死。
- 小前提：苏格拉底是人。
- 结论：苏格拉底会死。

［图1］亚里士多德的三段论

假言推理

假言推理是以假言判断为前提的推理。假言判断，是断定某一事物情况存在是另一事物情况存在的条件的判断。例如，“如果我能预知明天，那么我的每期彩票都能中奖”就是一个假言判断，断定了“我能预知明天”这一事物情况的存在，就会产生“我的每期彩票都能中奖”这一事物情况的存在。

假言推理分为**充分条件假言推理**和**必要条件假言推理**。

充分条件假言推理有两种形式：①小前提肯定大前提的前件，结论肯定大前提的后件；②小前提否定大前提的后件，结论否定大前提的前件。例如，“如果要取得成功，就需要付出努力；我想要取得成功，所以我需要付出努力”是第一种形式，而“如果一个三角形是直角三角形，那么它有一个角是90°；这个三角形没有角是90°，所以它不是直角三角形”则是第二种形式。

必要条件假言推理有两种形式：①小前提肯定大前提的后件，结论肯定大前提的前件；②小前提否定大前提的前件，结论否定大前提的后件。例如，“只有付出努力，才能取得成功；我想要取得成功，所以我需要付出努力”是第一种形式，而“只有一个角是90°的三角形，才是直角三角形；这个三角形没有角是90°，所以“它不是直角三角形”则是第二种形式。

这里的前件是指假言判断的前半句，如“我能预知明天”；而后件是指假言判断的后半句，如“我的每期彩票都能中奖”。

选言推理

选言推理是以选言判断为前提的推理。选言判断，就是断定在几个事物情况之中至少有一个事物情况存在的判断。例如，“小王或者是棋迷，或者是球迷”。

选言推理分为**相容的选言推理**和**不相容的选言推理**。

相容的选言推理大前提是一个相容的选言判断（也就是几个选言肢可以同时发生）。小前提否定其中一个或几个选言肢，结论肯定剩下的一个选言肢。

例如，“三段论出现了错误，或者是前提不正确，或者是推理不符合规则；这个三段论的前提是正确的，所以这个三段论的推理不符合规则”。

不相容的选言推理大前提是一个不相容的选言判断（也就是几个选言肢不可以同时发生）。小前提肯定其中一个选言肢，结论否定其他的选言肢；小前提否定除了其中一个之外的全部选言肢，结论肯定剩下的那个选言肢。例如，“一个三角形，或者是锐角三角形，或者是直角三角形，或者是钝角三角形；这个三角形不是锐角三角形和直角三角形，所以这个三角形是钝角三角形”。

这里的选言肢，是指选言判断的选项之一，如“小王是棋迷”“小王是球迷”。

原理应用知多少！

演绎法的现实应用

让我们通过几个例子来看看如何在现实生活中应用演绎法：

数学问题解决

- 大前提：所有的正方形都有四个等长的边。
- 小前提：图形A是一个正方形。
- 结论：因此，图形A有四个等长的边。

日常生活决策

- 大前提：所有含糖的食物都不利于牙齿健康。
- 小前提：糖果含有糖。
- 结论：因此，糖果不利于牙齿健康。

环境保护意识

- 大前提：所有释放CFCs（氯氟碳化物）的产品都对臭氧层有害。
- 小前提：某种喷雾剂释放CFCs。

• 结论：因此，这种喷雾剂对臭氧层有害。

科学实验和研究

在科学研究中，研究人员经常使用演绎法来验证假设。

• 大前提：如果植物缺乏光照，则它们的生长会受阻。

• 小前提：实验中的植物没有被光照到。

• 结论：因此，这些植物的生长受到了阻碍。

道德和伦理决策

• 大前提：所有的谎言都是不道德的。

• 小前提：撒谎以避免伤害他人的感情。

• 结论：因此，撒谎以避免伤害他人的感情是不道德的，如图2所示。

[图2] 道德和伦理决策的三段论

历史分析

• 大前提：如果发生了重大的经济危机，就会导致政治变革。

• 小前提：1929年发生了一次重大经济危机。

• 结论：因此，1929年的经济危机导致了政治变革。

通过这些例子，我们可以进一步体会演绎法是如何帮助我们从一般原则中推导出特定情况的结论。演绎法不仅可以用于数学和科学领域，还可以用于解决日常生活中的问题、理解历史事件甚至探究道德和伦理问题。

亚历克斯和金苹果

传说在一个遥远的王国里，生活着一位非常聪明的小王子，名叫亚历克斯。亚历克斯对世间的一切都充满了好奇，他最喜欢的事情就是探索园子里的每一个角落，并试图解释每一个现象。

有一天，王国里发生了一件奇怪的事情：每当夜幕降临，皇宫的金苹果就会神秘消失。这件事情很快就惊动了整个王国，人们纷纷猜测是哪里出了问题。

亚历克斯决定运用他最近学到的一种叫作“演绎法”的思考方法解决这个谜题。演绎法，是从一般到特殊的推理方法，能通过已知的前提来推出必然的结论。

亚历克斯列出了两个前提，如图3所示。首先，所有进入皇宫的人都会被严格检查，不可能悄无声息地带走金苹果；其次，金苹果太重，不可能自己跑掉。

那么，结论就显而易见了——金苹果是被某种不需要进入皇宫就能拿到苹果的方法带走的。但是，这样的方法存在吗？亚历克斯开始深入思考。

［图3］亚历克斯的三段论

他回忆起自己在园子里观察到的一个现象：每当夜晚降临，一群鸟儿就会飞到金苹果树上休息。这让亚历克斯灵光一闪，他决定在夜里偷偷观察。

果不其然，当夜幕降临，一只巨大的金色老鹰飞到了金苹果树上，用它强壮的爪子轻松地拿起一个金苹果，然后飞向远方。原来，这只鹰在帮助一个贫穷的老妇人，所以每天晚上都会带给她金苹果，帮助她渡过难关。

亚历克斯决定不揭露这个秘密，而是私下里让人送去足够的金币给那位老妇人，并请她保守秘密。同时，他命令园丁在园子里种下更多的金苹果树，以备不时之需。

通过这次的事件，亚历克斯不仅解决了金苹果消失的谜题，还学会了如何用演绎法来解决问题。他意识到，通过仔细观察，再加上逻辑推理，可以解决许多谜题。

这个故事很快在王国里传开了，人们都赞叹亚历克斯的聪明和善良。而亚历克斯则更加坚信，无论遇到什么问题，运用演绎法往往能为他指明解决问题的方向。

逻辑与美的融合

反证法

如果世界上没有猫，那我家的那只猫是从哪里来的呢？

大师面对面

——雅克·所罗门·阿达玛（Jacques Solomon Hadamard，1865年12月8日—1963年10月17日）是一名法国数学家，他对反证法的实质作过概括："若肯定定理的假设而否定其结论，就会导致矛盾。"

我毕业于巴黎高等师范学院，1936年曾受清华大学邀请来中国讲学了3个多月。

——阿达玛先生，请问上帝是万能的吗？

我是个数学家，我不知道上帝是不是万能的。但我们来思考一下，如果上帝是万能的，会发生什么事情呢？

——那上帝就可以制造出一切他想要的东西！

没错，那么上帝是不是也能制造出一块他无法搬起的石头呢？
但是，既然他没有办法搬起这块石头，他怎么可能是万能的呢？

——哇！我明白了，以后需要反驳对方的时候，可以尝试先承认他是对的，然后通过推理得出一些矛盾，这样对方的观点就不攻自破了！古话说得好："以其人之道，还治其人之身。"

对！这就是数学中的反证法，虽然我们刚才聊的不是数学问题，但数学逻辑往往蕴藏在生活的每一个细节中。

原理解读！

- 反证法（Proof by Contradiction）是一种数学证明方法，首先假设在原命题的条件下，结论不成立，然后推理出明显矛盾的结果，从而下结论说原假设不成立，原命题得证。

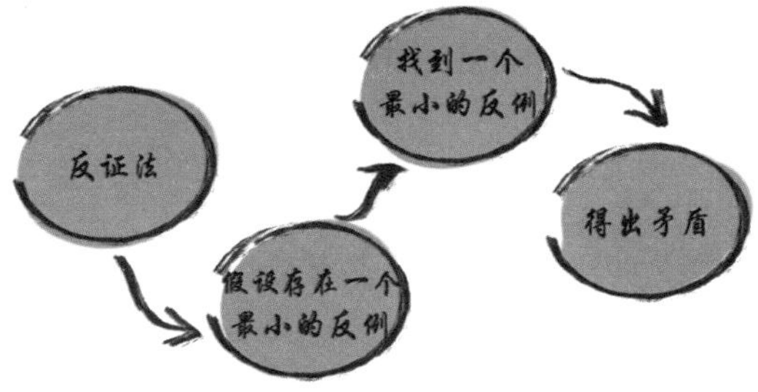

- 命题（proposition）是一个陈述句所表达的判断，具有真值，即不是真的就是假的。例如，“雪是白色的”即为一个命题。
- 反证法的原理是一个命题和它的否命题（即假设这个命题的结论不成立）总有一个是真的，一个是假的。例如，“雪是白色的”和“雪不是白色的”总有一真一假。如果证明了否命题是假的，那就说明原命题是真的。

使用了反证法，相当于凭空诞生了一个新的条件，更有助于我们进行推理！

英国数学家戈弗雷·哈罗德·哈代在《一个数学家的辩白》中描述道：“欧几里得最喜欢用的反证法，是数学家最精良的武器。它比起棋手所用的任何战术还要好：棋手可能需要牺牲一个兵甚至更多，但数学家却是牺牲整个棋局来获得胜利。”

伽利略的斜塔实验

伽利略·伽利雷（原名Galileo di Vincenzo Bonaulti de Galilei，1564年2月15日—1642年1月8日）是意大利天文学家、物理学家和工程师，是近代欧洲自然科学的创始人。古希腊著名哲学家亚里士多德曾经提出“不同物体从高空中落下的速度和物体的质量成正比”，也就是说，物体越重，下落的速度越快。然而，伽利略却不同意这个观点。

伽利略首先从理论层面推翻了亚里士多德的观点。假设“不同物体从高空中落下的速度和物体的质量成正比”，那么，取一个重的铁球和一个轻的铁球，将它们同时从高空抛下，结果应该是重的铁球落得快，轻的铁球落得慢。但如果用一根绳子将两个铁球拴在一起，再次抛下，会发生什么事情呢?

一方面，由于物体越重，下落的速度越快，将铁球拴在一起后，它们加起来比原来更重了，所以应当下落得更快。另一方面，由于重的铁球落得快，轻的铁球落得慢，在绳子的连接下，轻铁球会减慢重铁球的速度，会导致整体下落得应当比重铁球单独下落得更慢。这样一来，便产生了矛盾，如图1所示。

［图1］伽利略的想象

在1589年，伽利略于意大利的比萨斜塔亲自做了实验，证实了自己的猜想，也就是“物体在高空中下落的速度和质量无关”，这就是著名的“比萨斜塔实验”。

这一实验的结果极大地改变了当时人们的观念，同时，这背后的思考方式更体现了伽利略精妙的数学思维。

抽屉原理（鸽笼原理）

抽屉原理又被称为“鸽笼原理”，表述为：如果有$n+1$个苹果需要放进n个抽屉中，那么至少有一个抽屉中有两个或以上的苹果。同样，如果有$n+1$只鸽子要住进n个笼子中，那么至少有一个笼子里住有两只或以上的鸽子。

实际上，抽屉原理的证明也是用到了反证法的思想。假设每个抽屉都最多只有1个苹果，那么n个抽屉中就最多只能放n个苹果，这样一来，至少还剩下1个苹果没有地方放了，这就产生了矛盾。如图2所示。

［图2］证明抽屉原理的示意图

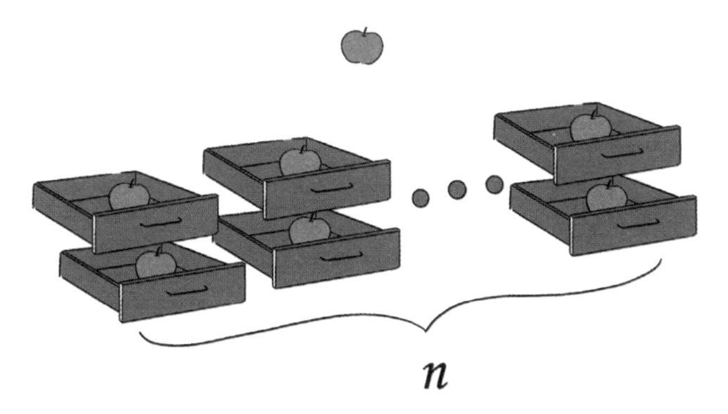

更进一步，如果有$kn+1$个苹果需要放进n个抽屉中（k是正整数），那么至少有一个抽屉中有$k+1$个或以上的苹果。

抽屉原理在我们的日常生活中有很多的应用。例如，5张扑克牌中一定有两张牌花色相同，全校400个同学一定有两个同学的生日是同一天，等等。

基于以上的方法我们也可以证明第二抽屉原理：如果有$kn-1$个苹果需要放进n个抽屉中（k是正整数），那么至少有一个抽屉中只有$k-1$个或更少的苹果。

原理应用知多少！

6人集会问题

1958年，一本美国数学杂志上提出了这样一个命题：“在这个世界上任意找6个人，一定有3个人之间互相认识或者互相都不认识。”

这个命题乍一听有一些荒谬，怎么可能世界上随意挑选6个人就有这种关系？但实际上，通过反证法和前面的抽屉原理就可以轻松地解释这个命题。

假设这6个人之间，不存在哪3个人相互认识或者相互不认识，也就是说，**如果A认识B和C，那么B一定不认识C；如果D不认识E和F，那么E一定认识F。**

我们用6个点表示这6个人，用实线表示两个人之间认识，虚线表示两个人之间不认识。那么对于A来说，要么至少认识3个人，要么至少不认识3个人。如果他至少认识3个人，我们称呼这3个人为B、C、D。

这样一来，由于A同时认识B和C，那么B和C一定不认识，同样，C也不认识D，D也不认识B，如图3所示。

[图3] 6人集会问题的证明

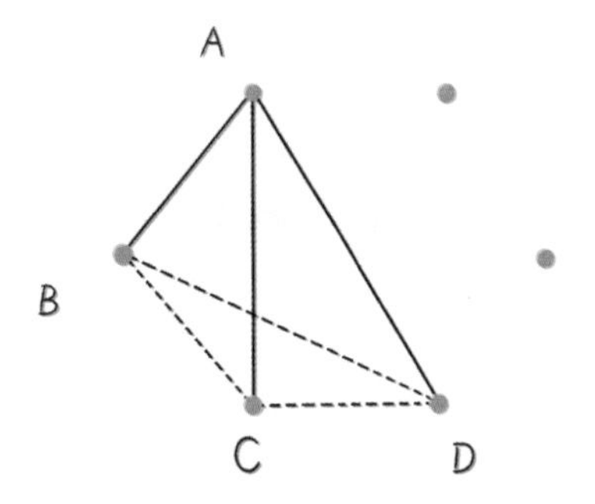

这样一来，便产生了B、C、D这样的3个人，他们之间互相都不认识，这就产生了矛盾。所以说，假设不成立，原命题是正确的。

如果A至少不认识3个人，我们只需要将实线和虚线互换，也能够得到证明。

这就是著名的6人集会问题，它是组合数学中拉姆赛定理的一个最简单的特例。

猜猜头上的帽子是什么颜色

在图4中，国王让4个士兵站着，并且在他们的头上放了黑色或者白色的帽子，3号士兵和4号士兵之间隔着一堵墙，这导致其他士兵看不见4号士兵的任何状况。国王对他们说："你们4个人现在有两个人戴着黑色的帽子，两个人戴着白色的帽子，如果你们能猜对自己头上的帽子是什么颜色，就可以加官晋爵，如果猜不出来，就会被处决。"

［图4］国王的游戏

国王发言后不久，见其他人都不发话，2号士兵说："我头上的帽子是白色的。"这位聪明且幸运的士兵免于被处决，并得到了奖赏。

显然，3号士兵和4号士兵看不见其他人的帽子，因此无法进行准确猜测；1号士兵看见的是一顶白色的帽子和一顶黑色的帽子，也无法判断自己的帽子是什么颜色。而聪明的2号士兵则能通过反证法猜出自己头上是白色的帽子：假如头上是黑色的帽子，那么1号士兵就会看到2顶黑色的帽子，他就马上会回答自己是白色的帽子，然而他并没有这么做，说明我头上的帽子并不是黑色的。

数学归纳法

第一块多米诺骨牌倒下了，后面所有的骨牌也会跟着倒下。

大师面对面

——弗朗西斯科·毛里利科（Francesco Maurolico，1494年—1575年）是一位著名的意大利数学家，他在几何学、光学、力学、音乐和天文学领域都有着杰出的贡献。

我从小就对天文学和数学感兴趣，并且用数学归纳法证明了前n个正奇数加起来刚好等于n^2。

——让我试试，$1+3=2^2$，$1+3+5=3^2$，$1+3+5+7=4^2$，好神奇！这个数学归纳法一定很厉害，它究竟是什么?

想象一下你需要走上n级的台阶，那么首先就需要走上第1级台阶。其次，你需要能够从每一个前一级的台阶走上后一级的台阶。满足这两个条件，就说明你有能力走上n级的台阶了。

——我明白了！想要证明自己有能力走上n级的台阶，不用真的往上走一次，只需要证明自己不管在哪一级，都能够往上再走一级就可以了。

没错，但也要注意，不仅需要证明这一点，同样关键的是证明你能够走上第1级台阶，因为无法迈出第一步的话，“不论在哪都能往上走一级”也只不过是一个无法实现的假设罢了。

——原来这就是数学归纳法，我也想像您一样尝试着证明一些有趣的数学问题！

当然了！有了数学归纳法，许多和自然数n有关的命题都能够得到证明。

原理解读！

- 数学归纳法（Mathematical Induction）是一种数学证明方法，通常被用于证明某个给定命题在整个或者局部的自然数范围内成立。最常见的是证明当n等于任意一个自然数时某命题成立。

- 证明分为以下两步：
  - 证明“$n=1$时命题成立”。
  - 证明“若假设命题在$n=m$（m是正整数）时成立，则命题对于$n=m+1$也成立”。

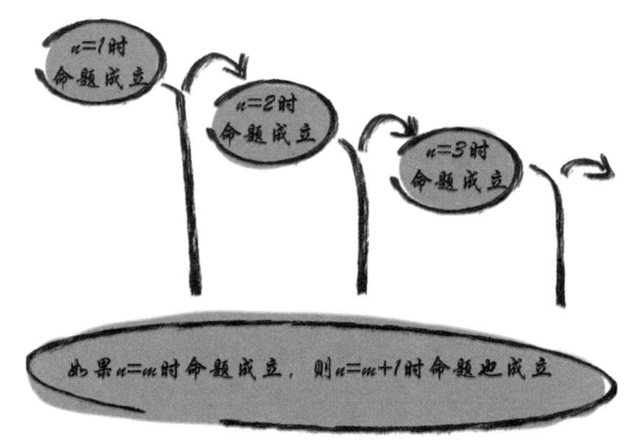

- 这种方法的原理在于：首先证明在某个起点值时命题成立，然后证明从一个值到下一个值的过程有效。当这两点都已经证明，那么任意值都可以通过反复使用这个方法推导出来。

数学归纳法证明的既不是$n=m$时命题成立，也不是$n=m+1$时命题成立，而是证明这两者之间的一种递推关系。

多米诺骨牌

多米诺骨牌（domino）是一种木制、骨制或塑料制的长方体骨牌，按一定间距排列成行。轻轻碰倒第一枚骨牌，其余的骨牌就会产生连锁反应，依次倒下。数学归纳法的原理就像推倒多米诺骨牌的过程，如图1所示。想要所有的多米诺骨牌都倒下，只需要满足两个条件：第一张骨牌会倒下；只要任何一张骨牌倒下了，那么它的下一张骨牌也会倒下。

[图1] 多米诺骨牌代表了证明数学归纳法的两个步骤

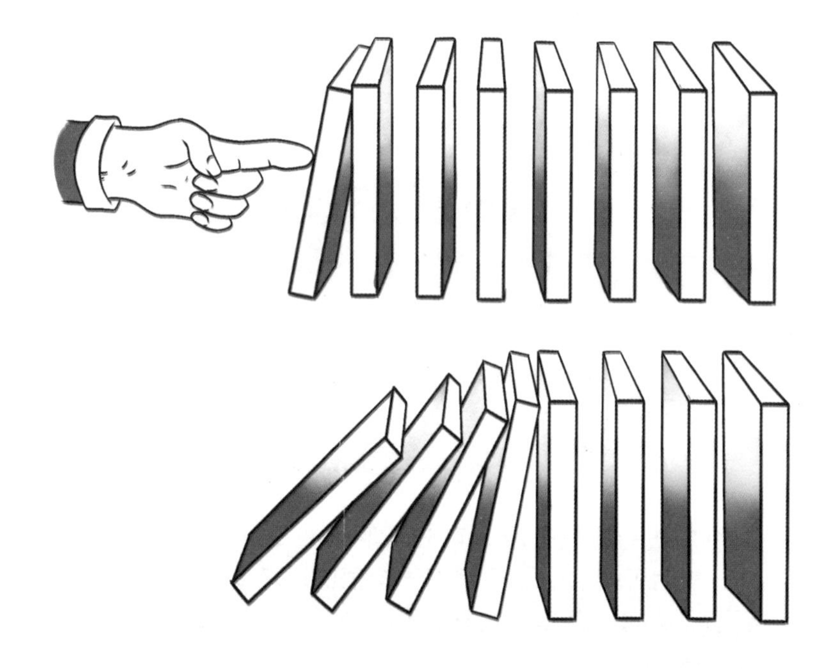

原理应用知多少！

前n个正奇数的和

我们尝试按照毛里利科先生的做法，证明前n个正奇数的和恰好为n^2，即

$$1+3+5+\cdots+(2n-1)=n^2$$

第一步，证明“$n=1$时命题成立”。这很简单，因为$1=1^2$。

第二步，证明“若假设命题在$n=m$（m是正整数）时成立，则命题对于$n=m+1$也成立”。也就是说，此时我们额外获得了一个假设，即

$$1+3+5+\cdots+(2m-1)=m^2$$

那么当$n=m+1$时，可以把前m个奇数的和直接写成上述等式右边的形式，即

$$\begin{aligned}&1+3+5+\cdots+(2m-1)+(2m+1)\\&=m^2+2m+1\\&=(m+1)^2\end{aligned}$$

也就是说，我们成功地证明了在$n=m$（m是正整数）时命题成立的基础上，对于$n=m+1$命题也成立。

于是，前n个正奇数的和为n^2，对于所有的自然数n都成立。

比大小：2^{n-1}和n

先从较小的数字寻找规律：$2^0=1=1$，$2^1=2=2$，$2^2=4>3$，$2^3=8>4\cdots$凭此可以猜测$2^{n-1}\geqslant n$对于任何自然数n都成立。这是符合直觉的，想象我们今天有一元钱，可以选择每一天拥有的钱都翻倍，也可以选择每一天都增加一元钱，那么大多数人都会偏好第一个选择。

接下来，我们尝试用数学归纳法的步骤，证明之前的猜想：$2^{n-1}\geqslant n$。

第一步，证明 “$n=1$时命题成立”。在之前找规律的过程中我们已经证明了$2^0=1$。

第二步，证明“若假设命题在$n=m$（m是正整数）时成立，则命题对于$n=m+1$也成立”。这时我们获得的额外条件是

$$2^{m-1} \geqslant m$$

那么当$n=m+1$时，可以把2^m拆分为$2 \times 2^{m-1}$，这样有助于我们使用那个额外的条件，即

$$2^m = 2 \times 2^{m-1} \geqslant 2m \geqslant m+1$$

也就是说，我们成功地证明了在$n=m$（m是正整数）时命题成立的基础上，对于$n=m+1$命题也成立。

于是，$2^{n-1} \geqslant n$对于任何自然数n都成立。

神奇的斐波那契数列

意大利数学家斐波那契（Leonardo Fibonacci，1175年—1250年）在描述兔子繁殖的问题时发明了斐波那契数列，如图2所示。

- 第一个月初有一对刚诞生的兔子。
- 第二个月之后（第三个月初）它们可以生育。
- 每月每对可生育的兔子会诞生下一对新兔子。
- 兔子永不死去。

那么从第一个月开始，每个月兔子对的数量分别是：1，1，2，3，5，8，13，21，…

［图2］兔子的繁衍规律

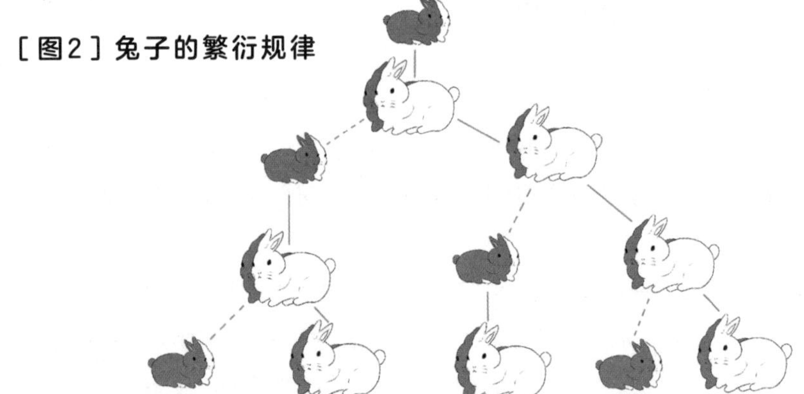

如果用F_n来表示斐波那契数列中的第n项，那么根据兔子的繁衍规则，有如下数量关系：

$$F_{n+1} = F_n + F_{n-1}$$

换句话说，斐波那契数列中的每一个数，都等于在它之前两个数的和。

如果把斐波那契数列的前n项相加，又会有什么发现呢?

我们不妨从较小的数字开始寻找规律：$1+1=2$，$1+1+2=4$，$1+1+2+3=7$，$1+1+2+3+5=12$，…这些结果，似乎就等于斐波那契数列中的某一项减去1。

于是我们思考，$F_1+F_2+\cdots+F_n=F_{n+2}-1$是否成立呢?

仍然采用数学归纳法的步骤来验证这个猜想。

第一步，证明 “$n=1$时命题成立”。很显然，$F_1=1=2-1=F_3-1$。

第二步，证明“若假设命题在$n=m$（m是正整数）时成立，则命题对于$n=m+1$也成立”。这时我们获得的额外条件是

$$F_1+F_2+\cdots+F_m=F_{m+2}-1$$

那么当$n=m+1$时，可以把前m项的和直接写成上述等式右边的形式，即

$$F_1+F_2+\cdots+F_m+F_{m+1}=F_{m+2}-1+F_{m+1}$$

同时，不要忘了兔子繁衍的规律

$$F_{n+1} = F_n + F_{n-1}$$

也就是说，$F_{m+2}-1+F_{m+1}=F_{m+1}+F_{m+2}-1=F_{m+3}-1$。于是，我们成功地证明了在$n=m$（$m$是正整数）时命题成立的基础上，对于$n=m+1$命题也成立。

斐波那契数列常见于不同的生物学现象，如树的分枝、叶在枝条上的排列、蜗壳的形状等，如图3所示。

［图3］蜗壳中隐藏的斐波那契数列

头上的泥巴

美国作家保罗斯在他的著作《数学家妙谈股市》中讲述了这样一则寓言故事。

一间教室里有50个学生，每个学生都知道别人的头上是否有泥巴，但却从不告诉对方，并且他们也无法知道自己的头上是否有泥巴。同时，教室里推崇讲卫生的好习惯，一旦证明了自己的头上有泥巴，必须在1分钟后离开教室，并且要让所有人都知道。这个教室里的50个学生头上都有泥巴，但没有哪个学生能证明自己的头上有泥巴，所以同学们一直其乐融融地待在教室里。

直到有一天，一位老师走进教室，并且告诉了学生们，这间教室里至少有一个学生头上有泥巴。这个事实似乎不会产生什么波澜，因为学生们都知道另外49个同学头上有泥巴，老师说的这个人不一定是自己。于是在接下来的49分钟里同学们都继续待在教室里。

然而，在老师说完话后的第50分钟，所有的学生都离开了教室，如图4所示。

[图4] 老师告诉了学生们有人头上有泥巴

这非常不可思议且难以理解，不过我们还是先从较小的数字开始寻找规律。如果这间教室只有1个学生的头上有泥巴，那么这个学生由于知道其他49个学生的头上没有泥巴，经过老师的提醒后，推理出这个头上有泥巴的学生只可能是自己，于是在第1分钟，这个头上有泥巴的学生就离开了教室。

如果这间教室有2个头上有泥巴的学生，我们不妨称他们为A和B。A知道其他49个学生中，只有B是头上有泥巴的，B也知道其他49个学生中，只有A是头上有泥巴的。那么第1分钟将无人离开，因为他们也不确定老师所说的头上有泥巴的学生，究竟是对方还是自己。但是到了第2分钟，A和B发现教室里没有人离开，那么头上有泥巴的学生一定不止1个（根据前一段的描述，如果头上有泥巴的学生只有1个，那么第1分钟就该有人离开），而他们都知道其余49个人中，只有1个是头上有泥巴的，这就说明自己一定是头上有泥巴的。于是在第2分钟，A和B离开了教室。

有了以上的推理，我们可以猜测：如果这间教室有n个头上有泥巴的学生，那么第n分钟，所有头上有泥巴的学生都会离开教室。

接下来，我们用数学归纳法证明猜想。

第一步，证明“$n = 1$时命题成立”。在之前找规律的过程中我们已经证明了这一点。

第二步，证明“若假设命题在$n = m$（m是正整数）时成立，则命题对于$n = m + 1$也成立”。

也就是说，假设“如果这间教室有m个头上有泥巴的学生，那么第m分钟所有头上有泥巴的学生都会离开教室”。这时，考虑教室里有$m + 1$个头上有泥巴的学生的情况，在前m分钟由于不确定头上有泥巴的学生究竟有几个，所有的学生都无法证明自己的头上是否有泥巴，也就无人离开。但是到了第$m+1$分钟，由于前m分钟没有学生离开教室，这也就说明这间教室不可能恰好有m个头上有泥巴的学生，否则根据先前的假设，第m分钟所有头上有泥巴的学生都会离开教室。然而在那$m+1$个头上有泥巴的学生看来，他知道其他的学生中恰好有m个头上是有泥巴的，这只能说明自己的头上也有泥巴。于是在第$m+1$分钟，所有头上有泥巴的学生都会离开教室。

这样一来，我们便通过数学归纳法证明了之前的猜测：如果这间教室有n个头上有泥巴的学生，那么第n分钟所有头上有泥巴的学生都会离开教室。这也就不难解释为什么前49分钟这间教室中无人离开，而第50分钟所有的学生都离开了。

逻辑与美的融合

构造法

数学家的创造性与艺术性，很多时候都体现于精彩的构造中。

大师面对面

——斯里尼瓦瑟·拉马努金（Srinivasa Ramanujan，1887年12月22日—1920年4月26日），英国皇家学会院士，是印度史上最著名的数学家之一。

我擅长数论，经常用直觉写出一些公式，但是我懒得去证明。当时很多人对我的公式持怀疑态度，不过绝大多数的公式后来都被证明是正确的。

——这么说来，您的数感一定特别好！

没错，其实很多的数学问题，也可以通过直接给出一个具体而精妙的答案来解决。就好像建造一栋摩天大楼，与其在稿图上纸上谈兵，不如把心中摩天大楼的样子建造出来。

——听着非常有趣！这个时候数学家更像是一位充满创造力的工程师和艺术家。

这就是数学中构造法的魅力。对于存在性的命题，我们可以通过给出一个具体的满足条件的对象，来说明这个命题是真的。当然，在构造对象的过程中需要一定的灵感，这往往来自对问题的深入理解和对解决方案的直观感知。

——太酷了！那我回家以后可以试试用这个方法来解决我的数学家庭作业吗？

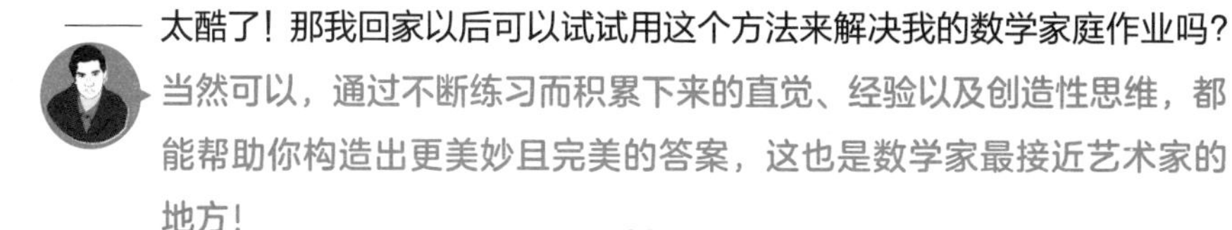

当然可以，通过不断练习而积累下来的直觉、经验以及创造性思维，都能帮助你构造出更美妙且完美的答案，这也是数学家最接近艺术家的地方！

原理解读！

- 构造法是指通过构造出满足条件或结论的数学对象来解决数学问题的方法。

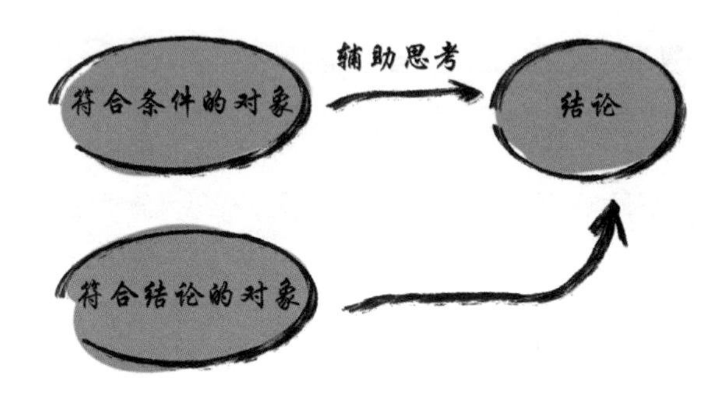

- 构造法有很多形式，根据构造对象的不同功能和性质，可以分为**辅助性构造**和**构造性证明**。
- 使用构造法时，应该根据条件和结论的特征、性质，从新的角度出发，用新的观点去观察、分析、理解对象。抓住反映问题的条件与结论之间的内在联系，运用问题的相关特征，使用已知条件为原材料，运用已知公式和理论为工具，在思维中构造出满足条件或结论的数学对象。

构造法的目标，是使原问题中隐含的关系和性质在新构造的数学对象中清晰地展现出来。

和构造性证明相对的，是非构造性证明。

辅助性构造

辅助性构造是指通过构造出满足条件的数学对象来辅助解决数学问题的方法。这个构造往往和条件处于不同的角度，从而能更直观地解决数学问题。

例如，我们曾经在“数学归纳法”一章中证明了以下公式：

$$1+3+5+\cdots+(2n-1)=n^2$$

事实上，我们可以通过构造图1的几何图形，来帮助我们从另一个角度探索证明这个公式的方法。

［图1］构造几何对象证明$1+3+5+\cdots+(2n-1)=n^2$

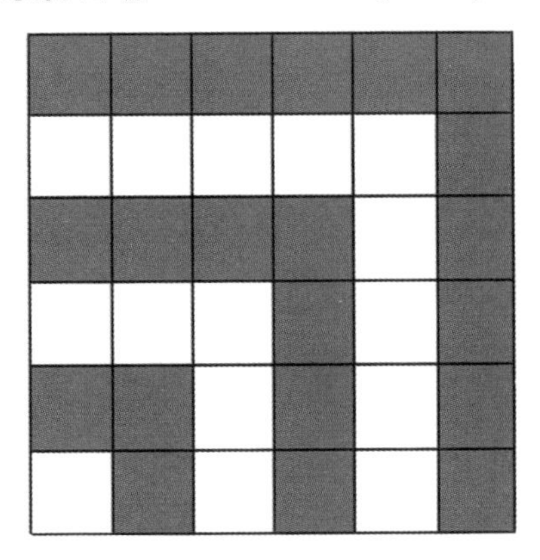

图1中每一个L形的面积，都代表了一个特定的奇数；而另一方面，这个L形的面积，可以表示为一个较大的正方形与一个较小的正方形面积之差。例如：

$$3=2^2-1^2,\ 5=3^2-2^2,\ \cdots,\ 2n-1=n^2-(n-1)^2$$

于是，

$$\begin{aligned}&1+3+5+\cdots+(2n-1)\\=&1^2+(2^2-1^2)+(3^2-2^2)+\cdots\\&+\left(n^2-(n-1^2)\right)\\=&n^2\end{aligned}$$

这样的构造便启发了我们对于这个公式不用数学归纳法证明的方法。

同样，考虑前n个自然数的和$1+2+3+\cdots+n$，我们也可以通过构造如图2所示的几何图形，来从另一个角度探索求出这个和式的方法。

［图2］构造几何对象求前n个自然数之和

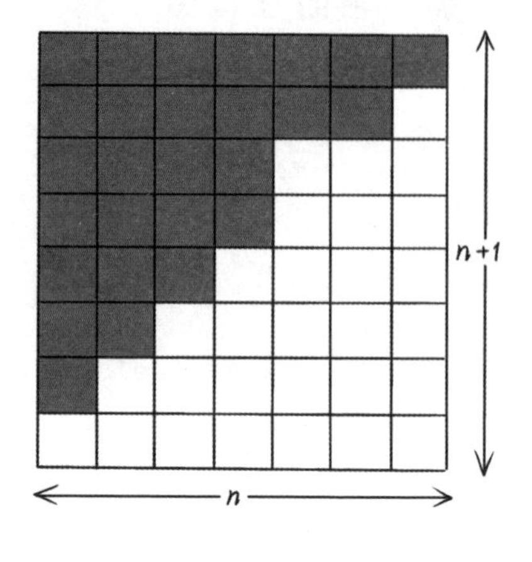

不妨把这个和式称为$S=1+2+3+\cdots+n$，根据几何图形的提示，两个这样的和式加在一起的结果刚好等于长为$n+1$，宽为n的长方形的面积。白色部分的面积从左到右按列相加可以写为$S=1+2+3+\cdots+n$，那么彩色部分的面积从左到右按列相加可以写为$S=n+(n-1)+\cdots+1$。于是将大长方形的面积也从左到右按列相加，写为

$$\begin{aligned}2S&=(1+n)+(2+n-1)+\cdots+(n+1)\\&=n(n+1)\end{aligned}$$

即
$$S=\frac{n(n+1)}{2}$$

构造性证明

构造性证明是指通过直接或间接构造出具有命题所要求的性质的**实例**来完成证明。

例如，考虑问题：证明对于任意的自然数N，都存在一个数M，使得M不被从2到N这$N-1$个数的任何一个整除。

实际上，我们只需要考虑$M=N!+1$，那么由于$N!=1\times2\times3\times\cdots\times N$，所以$M$除以任何从2到$N$这$N-1$个数之一的余数都是1。这样一来，我们就直接构造出了符合命题所要求的性质的实例，从而完成了证明。

$N!$读作“N的阶乘”，表示前N个正整数的乘积，即$N!=1\times2\times\cdots\times N$。
也可以构造$M=N!-1$，同样符合命题所要求的性质。

原理应用知多少！

三角函数不等式的证明

在三角函数中，对于锐角x有以下不等式成立：

$$\sin x < x < \tan x$$

在证明这个不等式的过程中，我们可以通过构造单位圆（即半径为1的圆）来辅助证明。

三角函数表示了直角三角形中角度和某两边比例的关系。$\sin x$是正弦函数，表示角x的对边与斜边的比值；$\cos x$是余弦函数，表示角x的邻边与斜边的比值；$\tan x$是正切函数，表示角x的对边与邻边的比值。

在图3所示的单位圆中，$AB=AO\sin x=\sin x$，$AC=x$，$CD=CO\tan x=\tan x$。考虑如下显然的面积关系：$S_{\Delta OCD} > S_{扇形OAC} > S_{\Delta OAC}$。而$S_{\Delta OCD}=\frac{1}{2}OC\cdot CD$，$S_{扇形OAC}=\frac{1}{2}OA\cdot\widehat{AC}$，$S_{\Delta OAC}=\frac{1}{2}OC\cdot AB$，于是$CD>\widehat{AC}>AB$，即

$$\sin x < x < \tan x$$

［图3］构造单位圆证明三角函数不等式

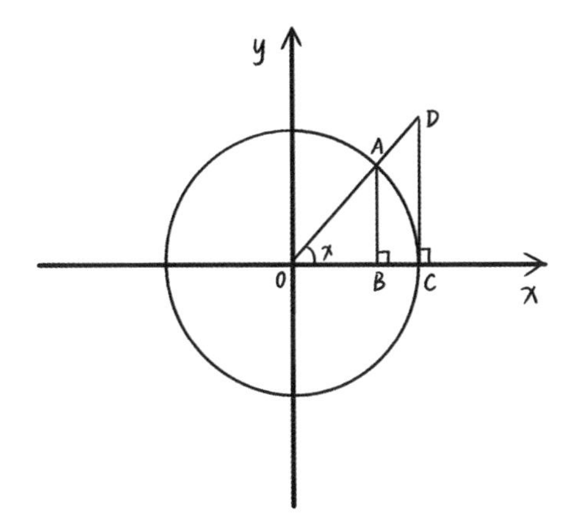

构造无穷个对象

如何通过构造法证明不定方程$x^4+y^3=z^2$有无穷多组正整数解?

之前的构造性证明都是构造具体的单个实例，对于无穷性的证明似乎有些棘手。我们可以先从简单的情形考虑，首先尝试证明这个不定方程有一组正整数解。经过初步试验，不难发现$x=1$，$y=2$，$z=3$是一组符合要求的构造。

那么，如何在这一组构造的基础上，将其扩充为无穷组构造呢？这还要从观察不定方程的结构入手。是否存在某种性质，使得x，y，z分别扩大几倍之后，方程仍然成立？实际上，当x，y，z分别扩大k^3，k^4，k^6倍时，$(k^3x)^4+(k^4y)^3=(k^6z)^2$成立，这也就意味着对于任意的正整数k，我们构造出了无穷多组符合要求的解：

$$x=k^3,\ y=2k^4,\ z=3k^6$$

非构造性证明

非构造性证明只证明满足命题要求的物体存在，而不提供具体的实例或构造这样实例的方法。但事实上，很多非构造性证明都有一些构造的成分。

考虑命题：存在无理数a和b，使得a^b是有理数。

如果掌握一些自然对数的基础知识，很快能给出诸如$e^{\ln 2}=2$，$(\sqrt{2})^{\log_2 9}=3$这样的构造性证明。但严格来说，证明e，$\ln 2$是无理数需要相当长的过程。

1953年，Dov Jarden提出了一种带有构造性证明影子的非构造性证明：考虑$(\sqrt{2})^{\sqrt{2}}$这个数**是有理数还是无理数**。如果它是有理数，那么取$a=b=\sqrt{2}$，原命题就得到了证明。如果它是无理数，那么取$a=(\sqrt{2})^{\sqrt{2}}$，$b=\sqrt{2}$，$a^b=2$，原命题也得到了证明。同时，证明$\sqrt{2}$是无理数就简单很多，我们会在后面的内容中进行证明。

需要注意，Dov Jarden采用的是非构造性证明，因为他没有判断$(\sqrt{2})^{\sqrt{2}}$究竟是有理数还是无理数，但对于两种可能的情况都给出了相应的构造性证明。

拉马努金和数字1729

拉马努金因为生病躺在医院，他的朋友哈代教授来看望他。哈代提到，他乘坐的出租车车牌号码是1729，他说这个数字似乎很平凡、不吉利。拉马努金却兴奋地回应说：“不，哈代，1729是非常特殊的一个数字！因为它是能以两种不同的方式表示成两个数的立方和的最小数。”他认为1729既可以表示为1^3+12^3，也可以表示为9^3+10^3，并且1729是能够以这样两种不同方式表示的最小的数。这个发现让哈代惊讶不已，因为这不是普通人能轻易发现的事情。

拉马努金和哈代的故事展示了拉马努金非凡的数学才华和他对数学的热爱。虽然他身处病榻，但他的思维仍然非常敏锐。据说，这个发现让哈代教授意识到他的朋友拥有非常罕见的数学才能。事实上，拉马努金的贡献远远超出了这个趣事，他在短暂的生命中留下了大量深刻且重要的数学成果。拉马努金的故事激励了无数年轻数学家追随他的脚步，继续探索数学的未知领域。

拉马努金和哈代之间的这段对话经常被提及，它不仅反映了两人之间的深厚友谊，也反映了拉马努金对数学问题的直觉和创造力。尽管后来的数学家们找到了很多类似1729的数字，但1729仍然是最著名的一个，被称为“拉马努金数”。

逻辑与美的融合

无穷递降法

世界上不存在最小的纸片，因为总能把它对折得到更小的纸片。

大师面对面

——皮埃尔·德·费马（Pierre de Fermat，1601年8月17日—1665年1月12日），法国律师、业余数学家（也被称为数学大师、业余数学家之王）。他的成就不低于职业数学家，对数论最有兴趣。

我的父亲是一位皮革商人。进入图卢兹大学后，我正式开始了我的数学研究。费马大定理就是我提出的，并且我发现了一个美妙的证明，只可惜空白的地方太小，写不下。

——我听说过这个著名的定理，即$x^n + y^n = z^n$在自然数$n > 2$的时候没有正整数解。1994年被英国数学家怀尔斯和他的学生泰勒完成了证明。

完整的证明确实需要大量的篇幅，这也是我当时说“空白的地方太小，我写不下”的原因。不过，对于$n = 4$的特殊情况，我有一个使用无穷递降法的证明方法。

——无穷递降法？听着像是从高处不断地向下走着无穷无尽的楼梯。

有些类似。比如在我刚才提到的特殊情况中，首先假设$n = 4$的时候原方程有解，我们可以取其中最小的那个解，然后通过一些推导，构造出一个更小的解，从而得出了矛盾。

——听起来有些绕，我是不是可以理解为，如果存在一个解，那么就可以通过某种方法，不断地构造出更小的解，但是由于命题中的限定，正整数解的个数肯定是有限的，这就产生了矛盾。

没错！如果你感兴趣，可以阅读相关书籍来了解。

原理解读！

- 无穷递降法（Proof by infinite descent）是指在反证法的证明过程中，通过构造一种无穷递降的过程，产生无穷个符合条件的对象，从而和某个有限的假设相矛盾。
- 通常为了简化证明过程，可以让这个无穷递降的过程从某个最小的元素出发，通过产生一个更小的元素推出矛盾。

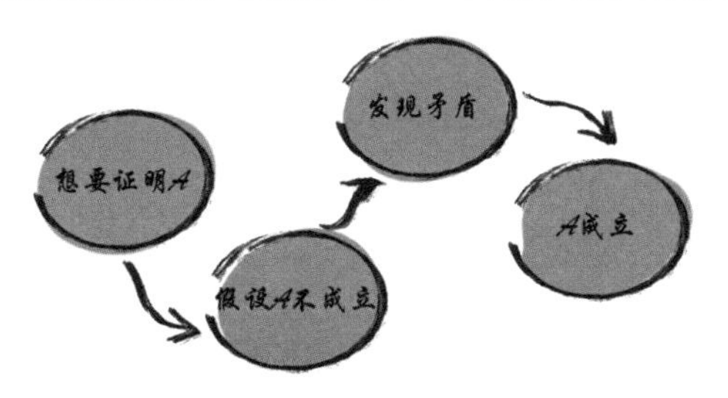

- 简化后的无穷递降法步骤如下。

（1）开始于假设：假设存在一个最小的反例来反驳想要证明的命题。

（2）找到更小的反例：利用逻辑和数学推理，从这个假设的最小反例导出另一个更小的反例。新的反例还是一个反例，意味着它也不具有我们想要证明的属性。

（3）产生矛盾：如果能够不断地找到更小的反例，会导致一个逻辑上的矛盾。因为按照定义，我们已经从最小的反例开始了，这意味着不可能有比这个假设的“最小反例”还小的反例，否则它就不是最小的了。

（4）得出结论：由于上述逻辑的矛盾，我们得出结论——假设是错误的，我们原来想要证明的命题是正确的。

步骤1中最小反例的存在性，是基于“最小数原理”得出的。

最小数原理

最小数原理，也称为良序原理，是数学中的基本原理，表明任何**非空的正整数集合**都包含一个最小的元素。这个原理在整数的属性证明中非常有用，因为它保证了在所有正整数的子集中，我们总能找到一个最小的数。

在日常生活中，这个原理似乎是显而易见的，因为我们总是可以在一组有限的数中挑选出最小的一个。在数学中，尤其是在集合论和整数理论中，最小数原理是一个不可或缺的工具，因为它提供了一种证明技巧，能够让我们从一组可能非常庞大的数字中确定一个起点来开始逻辑推理。

最小数原理通常用于证明涉及整数的命题，比如我们之前提到的无穷递降法。无穷递降法也是数学归纳法的一个基础，因为数学归纳法的起始步骤通常涉及证明集合中的最小元素（通常是1）满足某个性质。

$\sqrt{2}$是无理数的证明

我们接下来通过证明$\sqrt{2}$是无理数来展示无穷递降法的具体步骤。

首先，假设$\sqrt{2}$是有理数，那么因为有理数一定可以表示成分数形式，所以存在正整数x，y，使得$\frac{x}{y}=\sqrt{2}$，即

$$x^2=2y^2$$

假设(p_0,q_0)是上述方程的解中**使得x最小的解**，那么$p_0^2=2q_0^2$，显然$q_0<p_0$。由于等式右边是偶数，因此，等式左边也必须为偶数，即p_0是偶数。

我们不妨设$p_0=2r_0$，于是$(2r_0)^2=2q_0^2$，即$q_0^2=2r_0^2$。这样一来，我们便找到了一组上述方程的解，并且由于$q_0<p_0$，这一组解**使得x比原来更小了**，由

此便能得出矛盾。

因此假设不成立。这样一来我们就成功地证明了$\sqrt{2}$是无理数。

在这个证明过程中，如图1所示。(p_0, q_0)代表了我们假设中最小的那张纸片，然而通过某种规则，比如这个例子中的等式两边奇偶性的分析（将纸片对折），我们得到了一张更小的纸片，从而推出矛盾。

[图1] 用纸片对折得到更小的纸片象征无穷递降的过程

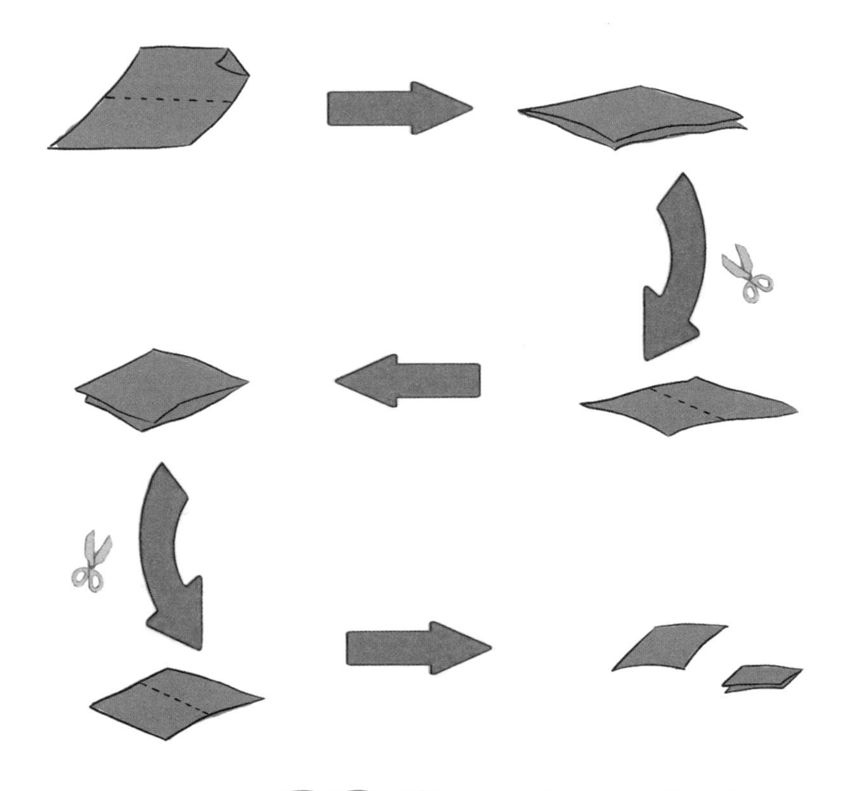

你发现了吗？无穷递降法在证明方程无解问题时的一般步骤为：

- 假设方程有解，并设X为最小的解。
- 从X推出一个更小的解Y。
- Y与X的最小性相矛盾。所以，方程无解。

原理应用知多少！

否定存在性：最小的正数

我们都知道不存在最小的正数，但是想要严格地说明这一点，就可以运用无穷递降法的原理。

假设存在这样最小的正数，不妨称它为$a > 0$，此时考虑$b = \frac{a}{2}$，显然：

$$0 < b < a$$

于是我们就找到了一个比a更小的正数，这与a是最小的正数矛盾。

所以得出结论：不存在最小的正数。

证明存在性：一个几何问题

一位法国的数学教师受到费马无穷递降法的启发，提出了一个几何问题：一张白纸上有N个紫点和N个黑点，并且任意三个点都不在一条直线上。现在用N条线段连接紫点和黑点，满足线段两端必定为一个紫点和一个黑点，并且所有的点都得到了连接的条件。请问是否存在一种连接方式，使得所有的线段都没有交点?

对于比较小的数字，我们可以轻松地尝试出没有交点的连接方案。一般性地，通过这个例子来说明无穷递降法不仅可以用于否定存在性，而且可以用于证明存在性。我们假设对于所有的连接方式，这些线段总会有交点。

因为点的数量是有限的，从而线段的连接方式也是有限的。于是，存在一种使得**所有线段的总长度最小**的连接方式。

由于“最小数原理”是一个代数定理，因此在几何问题中，我们需要找到某种方式，将几何关系转化为数量关系（比如角度、长度、面积等），从而能够在这个转化后最小的元素基础上进行无穷递降法的后续步骤。

根据前面的假设，这个使得所有线段的总长度最小的连接方式中，至少有两条线段存在交点。我们不妨设线段AC和BD交于点E，其中点A，B为紫点，点C，D为黑点，如图2所示。

[图2] 使得所有线段的总长度最小的连接方式的一个局部

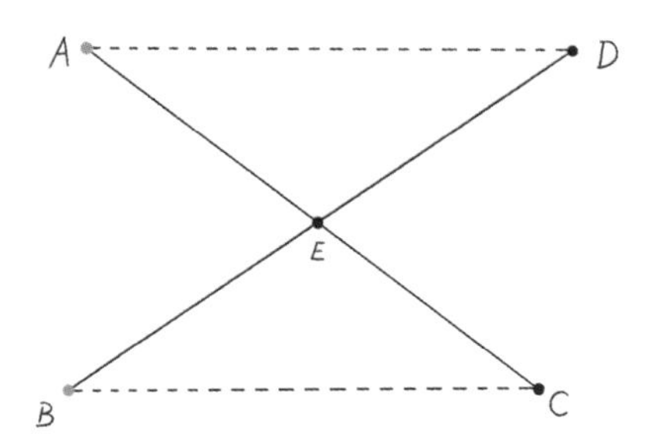

此时，如果将这两条实线线段的连接方式改变为虚线所示，即线段AC，BD变为线段AD，BC。那么在ΔADE中，$AE+ED>AD$；在ΔBEC中，$BE+EC>BC$。因此，

$$AC + BD > AD + BC$$

我们注意到，其他线段并没有随着这一变动而改变。也就是说，我们找到了一种使得所有线段的总长度更小的连接方式，这与之前假设的“使得所有线段的总长度最小的连接方式”相矛盾，所以假设不成立。

于是，我们便成功证明了存在一种连接方式，使得所有的线段都没有交点，但我们并没有具体地给出这一种连接方式，只是证明了其存在性。图3是一种可能的连接方式。

[图3] 一种可能的连接方式

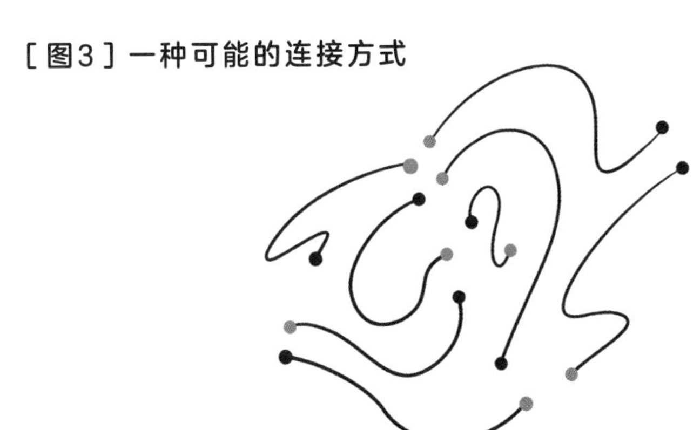

费马给卡尔加维的一封信

在1657年给皮埃尔·德·卡尔加维的一封信中，费马提到了他使用无穷递降法的一个著名例子，即证明了费马大定理的一个特殊情况：不存在正整数x，y，z，使得

$$x^4+y^4=z^2$$

费马喜欢挑战他的数学家朋友们，并常常提出他所解决的问题，却不附上解答，留给他人去证明。这种做法常常引发当时最好的数学家之间的争论和竞争，而无穷递降法正是他用来解决这些挑战的工具之一。

费马在给卡尔加维的信中提到这个方法时并未给出详细的证明，仅仅声明他有一个“奇妙的证明”，这类似于他在其他场合使用的措辞，比如在费马大定理的边注中使用的著名的“我发现了一个真正美妙的证明，但这边空白太小，写不下”。这种神秘的说法引发了数百年的数学探索，并最终由安德鲁·怀尔斯在1995年证明费马大定理的全部情况。

费马在数学界的传奇地位不仅仅是因为他的定理和证明方法，还因为他那些充满挑战性的声明。那种半开玩笑的方式，使得数学家们既感到好奇又有些沮丧，因为他们并不总是能看到他那些“奇妙的证明”的全部内容。这无疑增添了数学历史上的一份神秘色彩和趣味性。

代数篇

解 码 宇 宙 的 语 言

皮亚诺公理

探索数数的基本规则，从而建立起代数的高楼大厦。

大师面对面

——朱塞佩·皮亚诺（Giuseppe Peano，1858年8月27日—1932年4月20日）是意大利数学家、逻辑学家、语言学家。他是数学逻辑和集合理论的先驱，毕生致力于建立数学基础和发展形式逻辑语言，是符号逻辑的奠基人。

我1876年进入都灵大学学习，于1880年毕业并留校任教。我的大部分生涯都在意大利的都灵大学教授数学，并编写了200多本书和资料，且提出了著名的自然数公理化系统。

——像0，1，2，…这样的数被称为自然数，但什么是自然数公理化系统呢？

自然数公理化系统，后人又称为“皮亚诺公理”或“皮亚诺公设”，由五条基本公理组成，是加法、乘法、指数等运算的基础。要理解这五条公理，先从“后继运算”说起。

——后继运算？听起来像是往后一个的意思。

没错，比如0的后继是1，1的后继是2，2的后继是3，等等。有了后继运算，我们才能够构建出整个自然数的体系。

——后继运算就好像是按顺序一个个地往下数数，所以首先我们需要一个起点，也就是自然数0，然后才能按照后继运算的方法定义出所有的自然数。

是的，后继运算是我们人类所能理解的最初级的运算，在此基础上，才能慢慢衍生出加法、乘法等稍微高级一些的计算。

原理解读！

- 皮亚诺公理是数学中的一组基本公理，用于定义自然数的性质。这些公理由意大利数学家朱塞佩·皮亚诺在19世纪末提出，旨在为自然数及其算术运算提供一个严格的理论基础。

- 公理1：0是一个自然数。
- 公理2：每个自然数a都有一个后继数a'，a'也是自然数。
- 公理3：0不是任何自然数的后继数。
- 公理4：不同的自然数有不同的后继数，即如果两个自然数的后继数相同，那么这两个自然数也相同。（如果$a' = b'$，那么$a = b$）
- 公理5：如果一个集合包含0，并且当它包含一个数时也总是包含这个数的后继数，那么这个集合包含所有的自然数。

一个数的后继数指紧接在这个数后面的数。例如，0的后继数是1，1的后继数是2……

公理5保证了数学归纳法的正确性，从而被称为“归纳法原理”。

加法运算和减法运算

自然数的加法运算是基于后继运算演化出来的。从自然数a开始连续作b次后继运算，可以用$a+b$表示。在图1中，从第a个苹果开始连续向后数b个苹果，最后数到的那个苹果就是第$a+b$个苹果。

［图1］用数苹果来类比加法运算

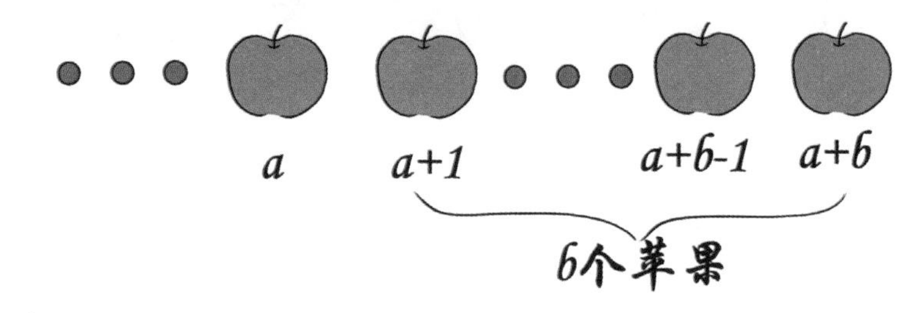

用公式表示就是$(((a')')')\cdots)'=a+b$，其中一共有b个“'”符号。

所以加法运算可以简化表示重复的后继运算。也就是说，加法运算是比后继运算更高级的运算，如图2所示。

［图2］加法运算比后继运算更高级

自然数的减法运算则是与加法运算相对的逆运算。所谓逆运算，指的是能够将一个运算的效果逆转的另一个运算。就像在一个水桶里加水后，我们通过移出同样多的水来保持原来水位一样。在自然数的范围内，减法可以被看作是寻找一个数，当它与另一个特定的被减数相加时，能够得到一个特定的和。例如，我们有5个苹果，然后吃掉了2个，我们进行的操作是减法，因为我们在寻找一个数（在这个案例中是3），使得当它与我们吃掉的苹果数量相加时，能得到我们最初拥有的苹果数量。

然而值得注意的是，自然数的减法有其限制。在自然数集合内（通常被理解为所有正整数和零），并不是所有的减法运算都有意义。如果我们试图从更小的数减去更大的数，结果会是什么？在自然数的框架内，这样的运算没有结果，因为自然数集合不包括负数。这就是为什么数学家引入了整数的概念，包括正数、零和负数，来允许这样的减法运算得到有意义的结果。

乘法运算和指数运算

自然数的乘法运算是基于加法运算演化出来的。自然数a和自身连续作b次加法运算，可以用$a \times b$表示。在图3中，每一列有a个苹果，将这样的b列相加，苹果的总数是$a \times b$。

［图3］用数苹果来类比乘法运算

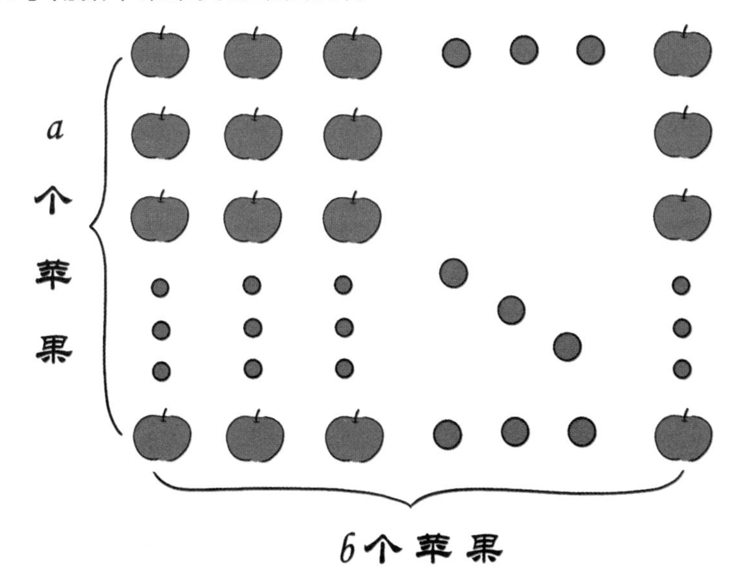

用公式表示就是$\overbrace{a + a + a + \cdots + a}^{b个a} = a \times b$。

所以乘法运算可以简化表示重复的加法运算。也就是说，乘法运算是比加法运算更高级的运算，如图4所示。

［图4］乘法运算比加法运算更高级

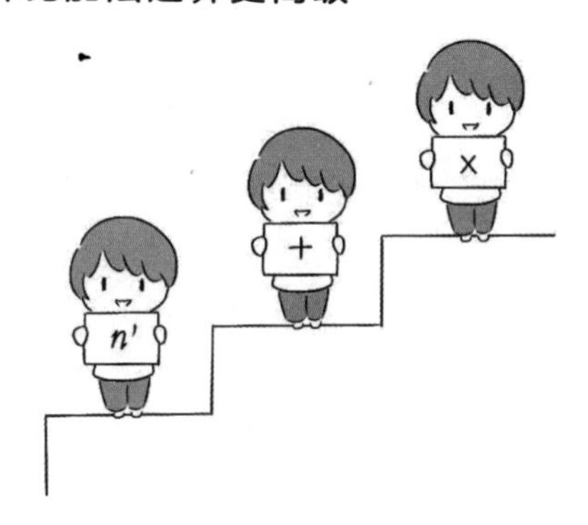

同样，自然数的乘方运算是基于乘法运算演化出来的。自然数a和自身连续作b次乘法运算，可以用a^b表示。

用公式表示就是$\overbrace{a \times a \times a \times \cdots \times a}^{b个a} = a^b$。

所以乘方运算可以简化表示重复的乘法运算。也就是说，乘方运算是比乘法运算更高级的运算。如图5所示。

［图5］乘方运算比乘法运算更高级

单位元

单位元（unit element）也称恒等元、中立元、恒元，是集合里的一种特别的元素，与该集合里的二元运算有关。当单位元和其他元素结合时，并不会改变那些元素，如图6所示。对应加法的单位元称为加法单位元（通常被标为0），而对应乘法的单位元则称为乘法单位元（通常被标为1），即对于数n：

$$n+0=n$$

$$n\times 1=n$$

［图6］加法单位元和乘法单位元

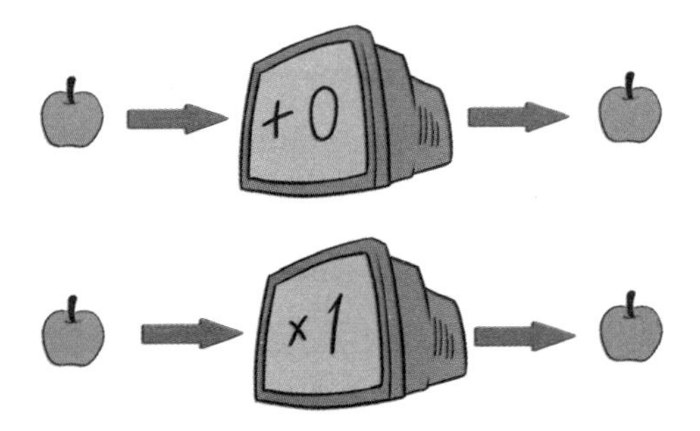

逆元

逆元（inverse element）也称逆元素，是集合里的一种特别的元素，与该集合里的二元运算有关。当某元素与其逆元素结合时，恰好能够得到这个集合中的单位元，如图7所示。对于数n，它的加法逆元被称为它的相反数，记作$-n$；它的乘法逆元被称为它的倒数，记作$n^{-1}=\frac{1}{n}$。此外，零没有倒数。即

$$n+(-n)=0$$

$$n\times n^{-1}=1$$

这里我们提到的集合，可以理解为运算规则，比如后继、加法、乘法等。

[图7] 加法逆元和乘法逆元

交换律

交换律（Commutative property）是指能改变某物的顺序而不改变其最终结果的规律。若交换律对一特定二元运算下的一对元素成立，则称这两个元素在此运算下是“可交换”的。对于加法和乘法运算，它们都是“可交换”的，如图8所示。即

$$a+b=b+a$$

$$m\times n=n\times m$$

[图8] 加法和乘法的交换律

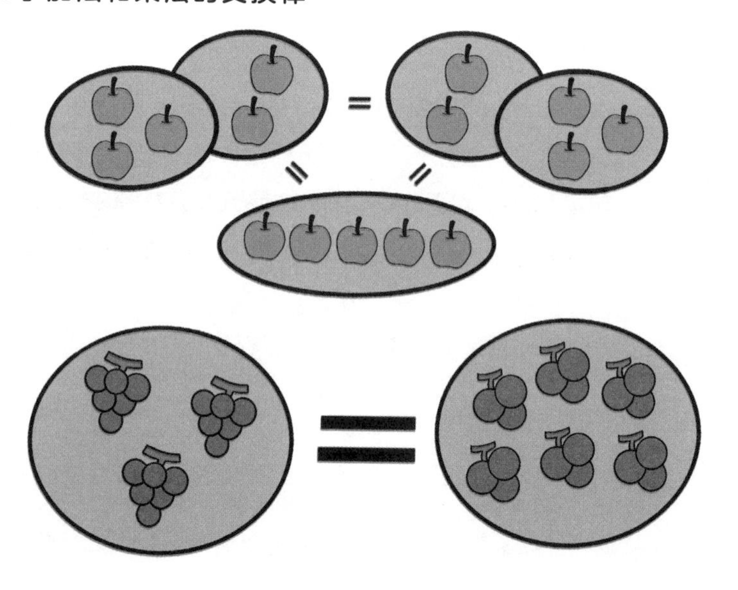

结合律

结合律（associative property）是二元运算的一个性质，指在一个包含2个以上的可结合运算的表达式中，只要运算数的位置没有改变，其运算的顺序就不会对运算结果有影响。即重新排列表达式中的括号不会改变结果。

可结合的运算在数学中是很常见的，比如加法和乘法都是可结合的，如图9所示。即

$$(x+y)+z=x+(y+z)$$
$$(s\times t)\times r=s\times(t\times r)$$

［图9］加法和乘法结合律

后继运算是一元运算，因此它不在交换律和结合律的讨论范围中。

原理应用知多少！

多米诺骨牌与数学归纳法

皮亚诺公理的公理5是数学归纳法的基础。如果一个集合包含0，并且当它包含一个数时也总是包含这个数的后继数，那么这个集合包含所有的自然数。

要理解这之间的联系，我们可以借助一个形象的比喻——排成一排的多米诺骨牌游戏。当轻轻推倒第一张骨牌（代表0），如果每张骨牌倒下时都能推倒它的下一张（代表后继运算“'”），那么最终所有的骨牌都会倒下。在数学的世界里，这个多米诺骨牌的比喻帮助我们理解了一个重要的思想：只要我们知道一个属性适用于最初的情况，并且一旦这个属性对某个情况成立，就能推导出它对下一个情况也成立，那么这个属性就适用于所有的情况。

只不过，数学归纳法中我们的起点往往不是0，而是1。实际上这个起点也可以是其他的自然数，只要有一只“推倒起点骨牌的手”，并且倒下的骨牌能将这只手带来的“'”向后传下去，数学归纳法就能解决问题，如图10所示。

［图10］以后继运算的观点再看多米诺骨牌和数学归纳法

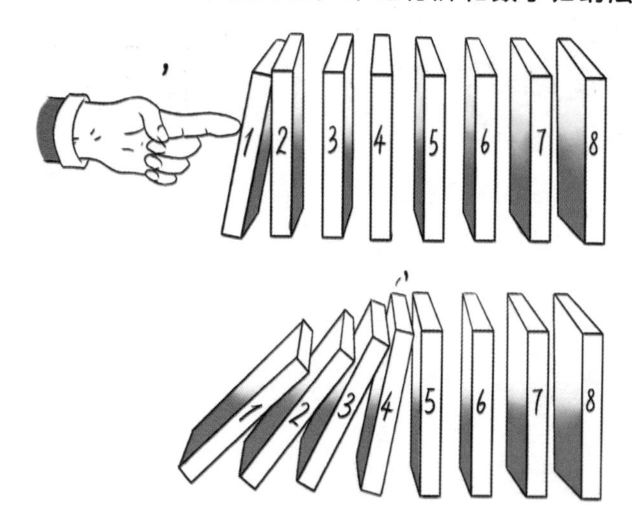

 数的分类和运算的扩展

加法运算和乘法运算是数学中基本的算术操作，它们在自然数中的概念可以扩展到整数、有理数、实数乃至更广泛的数学对象中。这种扩展是通过数学抽象和公理化过程实现的，从而使得加法和乘法的概念能够适用于更广泛的数学和实际问题。下面是这一过程的简要概述。

自然数的加法和乘法：最初，加法和乘法运算定义在自然数集合中。自然数的加法可以理解为物体数量的合并，而乘法则可以理解为重复加法的简化形式。

整数的扩展：自然数的加法和乘法概念被扩展到整数（包括负整数和零）。在这个过程中，加法和乘法的运算规则被保留并适应了包括负数在内的更广泛的数集。例如，加法的交换律、结合律以及乘法的分配律等性质在整数集合中仍然成立。

有理数和实数的进一步扩展：随后，数学家将这些运算扩展到有理数和实数。有理数包括所有可以表示为两个整数比的数（分数），而实数则包括所有的有理数和无理数。图11中给出了复数集的分类和举例。

$N \subseteq Z \subseteq Q \subseteq R \subseteq C$

[图11] 数的分类

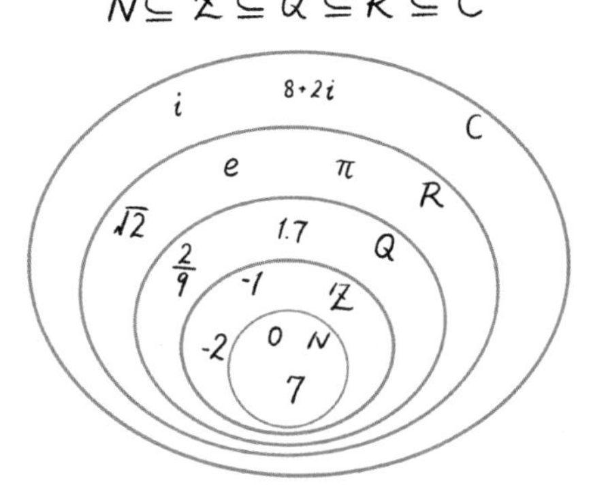

完全平方公式

解剖多项式乘法的手术刀，打开二次方程的魔法钥匙。

大师面对面

—— 穆罕默德·伊本·穆萨·阿尔·花拉子密（Muhammad ibn Mūsā Al-Khwārizmī，780年—850年）是一位阿拉伯数学家、天文学家及地理学家，也是巴格达智慧之家的学者。

我的《代数学》是第一本解决一次方程及一元二次方程的系统著作，因而当时我也被称为代数的创造者。完全平方公式虽不是仅由我一人发现，但我在书中解决的二次方程问题颇有完全平方公式的影子。

—— 在您的著作中，常通过一些特殊技巧将二次方程写成某个式子的平方等于一个具体的数，进而开平方求解。

这个特殊的技巧基于完全平方公式，它是诸多乘法公式的一种，可以帮助我们将一个复杂的多项式写成多项式平方的形式。反过来也可以帮助我们将多项式的平方展开，写成一个复杂的多项式，以帮助我们看清其中的每一项。

我们用a和b来代表两个实数，那么完全平方公式表达的就是$a+b$或$a-b$的平方展开后的结果。有很多方法可以证明，$(a+b)^2=a^2+2ab+b^2$，$(a-b)^2=a^2-2ab+b^2$。

—— 这个公式从左到右是比较容易理解的，只需要把两个$a+b$相乘的结果详细地用乘法分配律算出来就可以。

但是从右到左的过程就会更加考验我们的逆向思维，在实际应用中需要找到合适的a和b，帮助我们简化多项式的结构。

原理解读！

- 完全平方公式是乘法公式的一种，它指的是将两个数的和或差的平方表达为如下的形式：

$$(a+b)^2=a^2+2ab+b^2$$
$$(a-b)^2=a^2-2ab+b^2$$

$(a+b)^2=(a^2+2ab+b^2)$

×)	a	$+b$
a	a^2	$+ab$
$+b$	$+ab$	$+b^2$

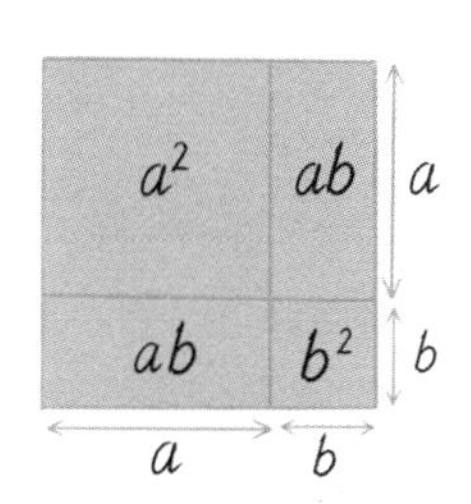

- 简单验证（以和平方为例，下同）：

$$\begin{aligned}(a+b)^2&=(a+b)(a+b)\\&=a(a+b)+b(a+b)\\&=a^2+ab+ba+b^2\\&=a^2+2ab+b^2\end{aligned}$$

- 图形验证：上右图是一个面积为$(a+b)^2$的正方形，同时它的面积又可以分割为4个部分：a^2，ab，ab，b^2，即

$$(a+b)^2=a^2+2ab+b^2$$

简单来说，两个数和的平方等于它们各自的平方相加，再加上它们乘积的2倍。

两个公式可以合并写成

$$(a\pm b)^2=a^2\pm 2ab+b^2$$

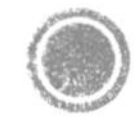

三数和平方

三数和平方公式与两数和平方公式差不多，可直接通过多项式乘法来验证：

$$
\begin{aligned}
(a+b+c)^2 &= (a+b+c)(a+b+c) \\
&= a(a+b+c)+b(a+b+c) \\
&\quad +c(a+b+c) \\
&= a^2+b^2+c^2+2ab+2bc \\
&\quad +2ca
\end{aligned}
$$

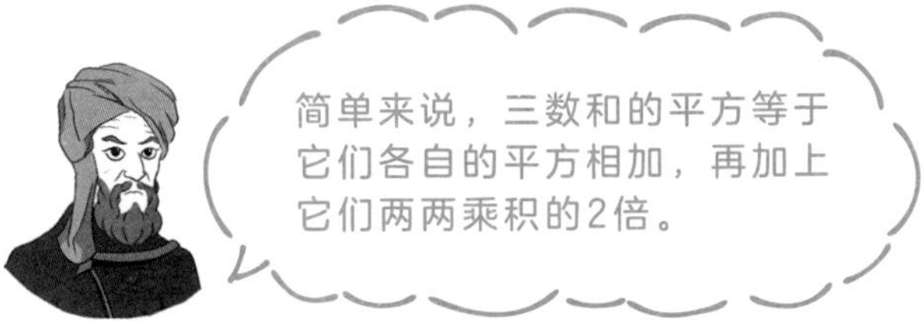

简单来说，三数和的平方等于
它们各自的平方相加，再加上
它们两两乘积的2倍。

以上过程可以用图1的表格进行说明。

［图1］表格验证三数和平方

$$(a+b+c)^2 = a^2+b^2+c^2+2ab+2bc+2ac$$

×)	a	$+b$	$+c$
a	a^2	$+ab$	$+ac$
$+b$	$+ab$	$+b^2$	$+bc$
$+c$	$+ac$	$+bc$	$+c^2$

三数和平方公式也可以通过构造图形来证明。根据图2的图形将所有部分相加：

$(a+b+c)^2 = a^2+b^2+c^2+2ab+2bc+2ca$

［图2］图形验证三数和平方

a^2
ab
ac
a
ab
b^2
bc
b
ac
bc
c^2
c
a
b
c

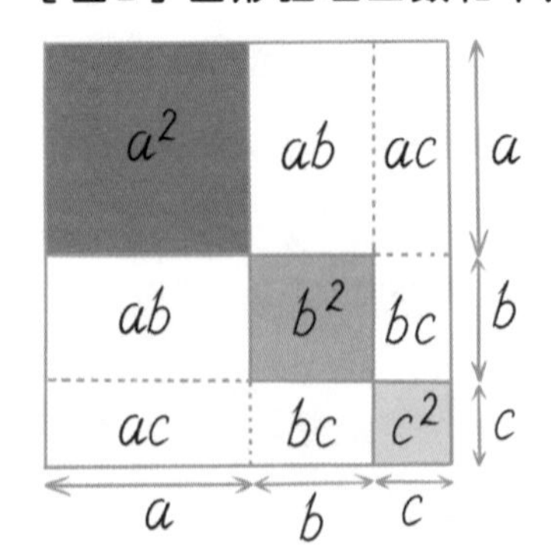

n数和平方

同样，n数和平方公式如下：

$$(a_1+a_2+\cdots+a_n)^2=a_1^2+a_2^2+\cdots+a_n^2+2S$$

其中S表示从a_1到a_n这n个数所有两两乘积的和。

n个数和的平方等于它们各自的平方相加，再加上它们两两乘积的2倍。

如果我们引入求和符号Σ，就可以将n数和平方公式表达为更加简洁的形式：

$$(\Sigma_{i=1}^{n}a_i)^2=\Sigma_{i=1}^{n}a_i^2+2\Sigma_{1\leqslant i<j\leqslant n}a_ia_j$$

更一般地，从表格验证的角度可以把它写为：

$$(\Sigma_{i=1}^{n}a_i)^2=\Sigma_{1\leqslant i,\ j\leqslant n}a_ia_j$$

其中$\Sigma_{1\leqslant i,\ j\leqslant n}$表示对所有满足$1\leqslant i\leqslant n$，$1\leqslant j\leqslant n$的正整数组($i$，$j$)所代表的$a_ia_j$进行求和。

乘法公式

乘法公式是代数中将多项式进行展开或因式分解的常用公式，其中包括乘法，也可能有加法、减法、平方或立方。以下是一些常见的乘法公式。

1）分配律：$(a+b)(c+d)=ac+ad+bc+bd$

2）和/差平方：$(a\pm b)^2=a^2\pm 2ab+b^2$

3）平方差：$a^2-b^2=(a+b)(a-b)$

4）立方和/差：$a^3\pm b^3=(a\pm b)(a^2\mp ab+b^2)$

5）和/差立方：$(a\pm b)^3=a^3\pm 3a^2b+3ab^2\pm b^3$

6）等幂求和：$a^3+b^3+c^3-3abc=(a+b+c)(a^2+b^2+c^2-ab-bc-ca)$

7）等幂和差：$a^4+a^2b^2+b^4=(a^2+ab+b^2)(a^2-ab+b^2)$

原理应用知多少！

估算$\sqrt{N}$的近似值

古巴比伦的YBC 7289泥板上记载了古巴比伦人估算$\sqrt{2}$近似值的结果，如图3所示。根据数学史家们的研究，古巴比伦人采用的方法为设a_1是$\sqrt{N}$的第一个近似值，那么可以通过$a_{n+1}=\frac{1}{2}(a_n+\frac{N}{a_n})$这个公式不断地求出更精确的近似值。

［图3］古巴比伦人正在思考$\sqrt{2}$的近似值

事实上，假设$\sqrt{N}=a+b$，其中a是一个近似值，b是一个较小的余值，那么根据完全平方公式有$N=a^2+2ab+b^2\approx a^2+2ab$，求得$b\approx\frac{N-a^2}{2a}$，于是下一个近似值为

$$\sqrt{N}\approx a+\frac{N-a^2}{2a}=\frac{1}{2}\left(a+\frac{N}{a}\right)$$

以估算$\sqrt{2}$为例，由于$1.4^2=1.96\approx 2$，假设$\sqrt{2}=1.4+b$，那么下一个近似值为$\sqrt{2}\approx\frac{1}{2}\left(1.4+\frac{2}{1.4}\right)=1.414285$，这个值已经和$\sqrt{2}$非常接近了，我们仍然可以重复这个步骤一直获得更精确的近似值。

解一元二次方程

阿拉伯数学家花拉子密在《代数学》中运用了完全平方公式的几何形式，求解了以下的一元二次方程：

$$x^2+10x=39$$

［图4］花拉子密画图解方程的过程

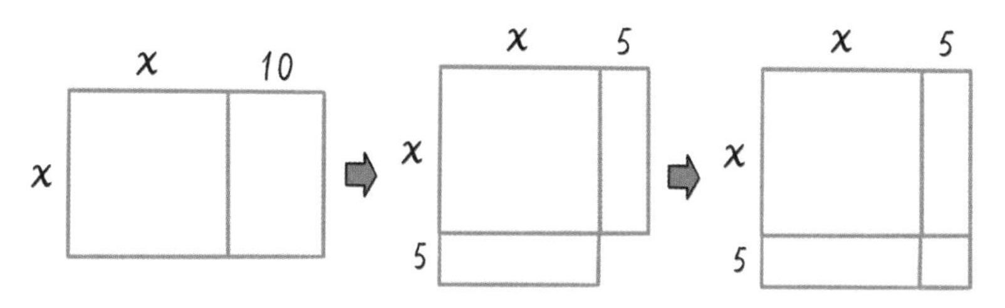

在图4中，花拉子密将x^2和$10x$分别看作是正方形和长方形的面积，然后通过一系列的转化将其补齐为大正方形，也就是将原方程变为

$$(x+5)^2=39+5^2=64$$

如果只考虑几何意义，那么由于面积为64的正方形边长为8，即

$$x+5=8$$

所以 $$x=3$$

从代数的角度，$x+5$应该是64的平方根，即

$$x+5=\pm 8$$

所以$x=3$或$x=-13$。

这便是“配方法”解一元二次方程的雏形，即通过在方程两边同时加上或减去某个数，使得方程的左边恰好为完全平方公式的形式，而右边则是不含未知数的数字。

《九章算术》中的开平方算法

《九章算术》是中国古代的一本数学著作，大约成书于公元1世纪，是汉代数学的重要代表。《九章算术》由九个章节组成，涵盖了当时的各种数学问题，包括土地测量、粮食分配、工程问题、商业交易以及天文学等方面。在这些章节中，包含了大量的算法和计算技术，其中就包括了开平方的方法。

《九章算术》中的开平方算法，是利用了一种迭代的方式来逼近平方根的真实值。这种方法后来被称为“勾股求弦法”或“割补术”。具体操作如下：

在图5中，想要求数字55225的平方根，首先求得平方根的百位数为2，也就是说黄甲正方形的边长为200；再求得平方根的十位数为3，也就是说黄乙正方形的边长为30；最后求出平方根的个位数为5，也就是说黄丙正方形的边长为5。对于不是平方数的数字，这个过程可以一直进行下去。

［图5］《九章算术》中的开平方算法

青幂
黄丙
朱幂
黄乙
青幂
黄甲
朱幂

一元二次方程

从古巴比伦到现代，探索一元二次方程求根公式的演变和应用。

大师面对面

——弗朗索瓦·韦达（Franciscus Vieta，1540年—1603年）是16世纪法国最有影响力的数学家之一。他的研究工作为近代数学的发展奠定了基础。

我也是名律师，还是皇家顾问，曾为亨利三世和亨利四世效力。在数学领域，我发现了代数方程根与系数的关系，后人称之为韦达定理。

——像$ax^2+bx+c=0(a\neq 0)$这样的方程被称为一元二次方程，它的求解似乎比一元一次方程要难得多，您又是如何发现根与系数的关系的?

让我们先来看一个简单的例子，$x^2-4=0$这个方程的根我们很容易就能算出是$x=\pm 2$，这是因为这个方程没有一次项，我们通过简单的移项和开方操作就能得到方程的根。

——那么，对于有一次项的方程该如何求解呢?

这就涉及数学中的一个重要思想，叫“化归”，即把未知问题通过一定的方法转化为已经解决的问题。我们可以通过转化，使得一般的方程也能变成没有一次项的形式。

——上一节中的“完全平方公式”似乎就起到了这样的作用。

是的，这样一来我们就可以给出方程$ax^2+bx+c=0(a\neq 0)$一般性的解，当写出了解的形式后，计算所有解的和与所有解的积，就能发现它们可以表达为一个非常简洁的式子。

原理解读！

- 一元二次方程是只含有一个未知数，并且未知数的最高次数是二次的多项式方程，即$ax^2+bx+c=0(a\neq 0)$
- $\Delta=b^2-4ac$被称为这个一元二次方程的判别式（Δ读作"$delta$"）。当$\Delta>0$时，方程有两个不同的根，当$\Delta=0$时，方程有两个相同的根，当$\Delta<0$时，方程在实数范围内无解，如下图所示。

- 当$\Delta>0$时，方程有两个不同的根，求根公式可以写为：

$$x_1=\frac{-b-\sqrt{b^2-4ac}}{2a},\quad x_2=\frac{-b+\sqrt{b^2-4ac}}{2a}$$

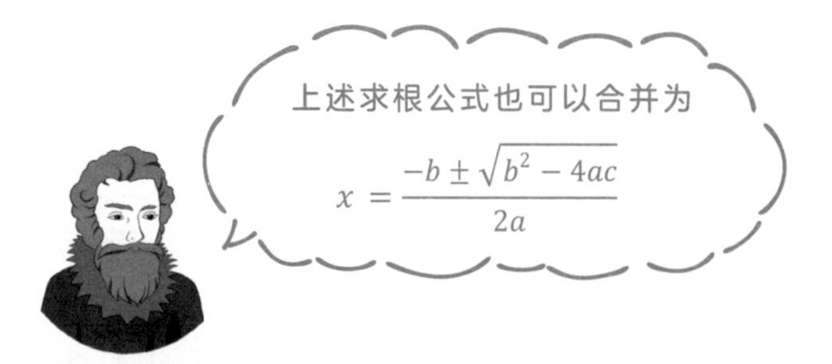

当$\Delta=0$时，$x_1=x_2=-\frac{b}{2a}$

求根公式的推导

一元二次方程的求根公式最早是由花拉子密在公元820年左右出版的《代数学》中进行了完整的阐述，如图1所示。书中给出了一元二次方程的求根公式，并把方程的未知数叫作“根”，其后译成拉丁文“radix”。

[图1] 花拉子密对一元二次方程进行“配方”

推导求根公式，首先将$ax^2+bx+c=0(a\neq 0)$的二次项系数变为1：

$$x^2+\frac{b}{a}x+\frac{c}{a}=0$$

然后，想要使用完全平方公式$A^2+2AB+B^2=(A+B)^2$，就需要找到对应的A和B。显然$x=A$，那么想要$\frac{b}{a}x=2AB$，就需要$B=\frac{bx}{2aA}=\frac{b}{2a}$。于是为了得到完全平方公式的形式，将原方程变为

$$x^2+2\frac{b}{2a}x+\left(\frac{b}{2a}\right)^2-\left(\frac{b}{2a}\right)^2+\frac{c}{a}=0$$

前三项符合完全平方公式的形式，运用公式后即

$$\left(x+\frac{b}{2a}\right)^2=\frac{b^2}{4a^2}-\frac{c}{a}=\frac{b^2-4ac}{4a^2}$$

如果这个方程要有解，那么方程的右边必须不小于0，这样才能使得方程两边能够同时开方，即$b^2-4ac\geqslant 0$。这便是判别式Δ的由来。

当$\Delta \geqslant 0$时，$x+\frac{b}{2a}=\frac{\pm\sqrt{b^2-4ac}}{2a}$，即

$$x=\frac{-b\pm\sqrt{b^2-4ac}}{2a}$$

根与系数的关系

一元二次方程$ax^2+bx+c=0(a\neq 0)$在判别式$\Delta>0$的时候，它的根可以表达为

$$x_1=\frac{-b-\sqrt{b^2-4ac}}{2a}, \quad x_2=\frac{-b+\sqrt{b^2-4ac}}{2a}$$

计算这两个根的和与积，我们发现

$$x_1+x_2=-\frac{b}{a}$$

$$x_1x_2=\frac{c}{a}$$

这两个表达式被称为“韦达定理”，如图2所示。该定理能够帮助我们不通过求解具体每一个根的数值而快速地计算与两根相关的表达式的值，比如：

$$x_1^2+x_2^2=(x_1+x_2)^2-2x_1x_2=\frac{b^2-2ac}{a^2}$$

$$|x_1-x_2|=\sqrt{(x_1-x_2)^2}=\sqrt{(x_1+x_2)^2-4x_1x_2}$$
$$=\frac{\sqrt{b^2-4ac}}{|a|}$$

[图2] 一元二次方程的韦达定理

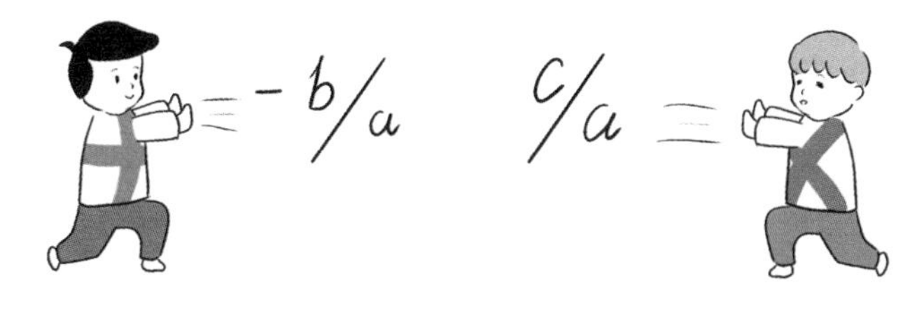

因式分解

根据一元二次方程根与系数的关系，$b=-a(x_1+x_2)$，$c=ax_1x_2$，原方程可以写为

$$ax^2-a(x_1+x_2)x+ax_1x_2=0$$

即

$$a(x-x_1)(x-x_2)=0$$

这便是因式分解求根的方法，对于某些特殊形式的方程往往能更快地求出方程的根。例如，方程$x^2-3x+2=0$可以通过因式分解变为$(x-1)(x-2)=0$，于是该方程的根为$x_1=1$，$x_2=2$，这比直接使用求根公式要快得多。

原理应用知多少！

物体落地的时间

当一个物体被向上抛到空中时，根据物理学我们可以知道，该物体的高度h和时间t的关系可以用一元二次函数来描述，如图3所示。为

$$h=v_0t-\frac{1}{2}gt^2+h_0$$

其中v_0是物体向上抛出时的初始速度，h_0是物体向上抛出时的初始高度（距地面），g是一个常数，代表重力加速度。

函数是指数学中变量之间的某种对应关系。比如这里对于每一个时间t都有唯一确定的高度h与之对应，这种数学关系就称为函数关系。我们在后面的内容中会着重介绍这个概念。

[图3] 物体向上抛出到落地

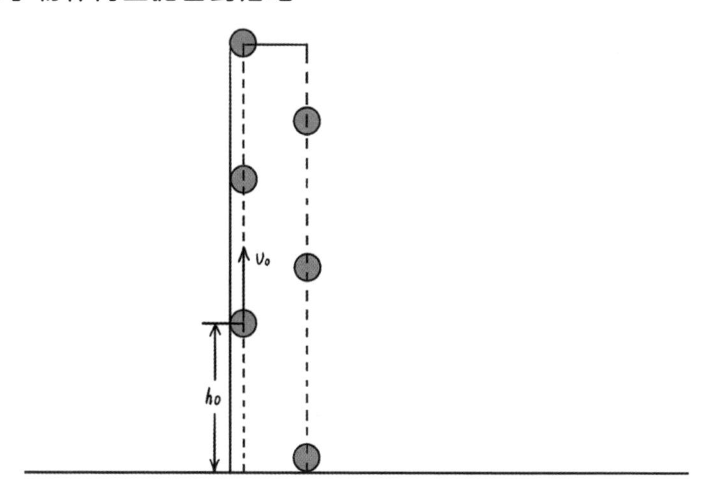

那么物体落地（$h=0$）所需要的时间就可以通过求解一元二次方程来计算：

$$-\frac{1}{2}gt^2+v_0t+h_0=0$$

根据求根公式$t=\frac{-v_0\pm\sqrt{v_0^2+2gh_0}}{-g}$，考虑到实际意义$t>0$，因此物体落地所需要的时间为

$$t=\frac{v_0+\sqrt{v_0^2+2gh_0}}{g}$$

例如，一个物体以$v_0=1m/s$的速度向上抛起，初始高度为$h_0=4m$，重力加速度取$g=10m/s^2$。那么根据之前的计算结果，物体落地所需要的时间为

$$t=1s$$

一元二次方程的求解历史

巴比伦人对代数的贡献尤为显著。他们使用一种称为“配方法”的技术来解决一元二次方程，这种方法后来被整理进阿尔·花拉子密的著作中。巴比伦的泥板书记载了许多代数问题和解决方法，这些文献大约成书于公元前1800年至公元前1600年之间。例如，一个著名的泥板YBC 6967就明确展示了如何使用几何方法解决二次方程，如图4所示。

[图4] 古巴比伦泥板YBC 6967

一个数，比它的倒数大7，求该数。

公元820年左右，阿拉伯数学家花拉子密写了一本名为《代数学》的著作，这也是“Algebra”（代数）一词的来源。在这本书中，花拉子密不仅系统地总结了解一元二次方程的方法，还首次将这些方法与实际应用问题联系起来。

印度数学家布拉马古普塔在公元628年的著作《布拉马古普塔》中，提出了一种更为通用的解二次方程的方法，这种方法后来被阿拉伯数学家学习和发扬光大。布拉马古普塔的方法使用了正负数和零，展示了印度数学在代数领域的先进性。

直到16世纪，一元二次方程的解法才通过阿拉伯的文献传入欧洲，并由意大利数学家卡尔达诺进一步发展。

等差数列和等比数列

数学中的阶梯和放大镜，描述和预测一串数字变化的规律。

大师面对面

——欧几里得（Euclid，公元前330年—公元前275年），希腊化时代的数学家，被称为“几何学之父”。欧几里得在著作《几何原本》中提出的五大公设，成为欧洲数学的基础。

我的《几何原本》共有13卷，其中的许多内容来自早期的数学家，我的贡献是将这些资料整理成单一的、有逻辑架构的作品。书中对等比数列的性质进行了研究，并总结出等比数列有限项的求和公式。

——我知道等差数列是指相邻两项的差永远不变的数列，比如1，3，5，7，9，…那么等比数列又是什么呢？

从字面意思就可以理解，等比数列指的是相邻两项的比值永远不变的数列，比如2，4，8，16，32，…这个数列的每一项都是前一项的2倍。

——这似乎是最常见的两种数列，它们在生活中具体有什么用途？

非常多。等差数列广泛用于解决等间隔的问题，如时间间隔、空间位置等。例如，在规划城市公交站点或建设房屋时，可能会使用等差数列来确定每个站点或房屋的位置。

——就好像道路两旁的树木，它们种植的间隔都相同，也就意味着它们与起点之间的距离是等差数列。那等比数列有什么用途呢？

等比数列则经常用于计算利息、生物种群的增长等问题，能够描述许多自然和社会现象中的指数增长模式。

原理解读！

- 如果一个数列从第二项起，每一项与它前一项的差为常数，这样的数列就称为等差数列。常数称为公差，通常表示为d，如下左图所示。
- 如果一个数列从第二项起，每一项与它前一项之比为常数，这样的数列就称为等比数列。这个常数称为公比，通常表示为r，如下右图所示。

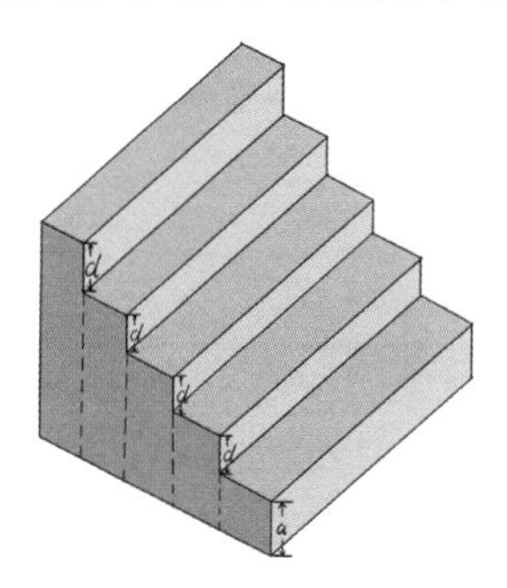

- 一个首项为a_1，公差为d的等差数列，第n项可以表达为：

$$a_n = a_1 + (n-1)d$$

- 一个首项为a_1，公比为r的等比数列，第n项可以表达为：

$$a_n = a_1 r^{n-1}$$

对于一个等差数列，如果公差为0，那么它是常数列；
对于一个等比数列，如果公比为1，那么它是常数列。

等差数列又被称为算术数列，等比数列又被称为几何数列。

等差数列的性质

在一个等差数列中选取某一项，该项的前一项与后一项之和，为原来该项的两倍，图1是等差数列求和公式的直观表达。即$a_{n-1}+a_{n+1}=2a_n$：

$$
\begin{aligned}
a_{n-1}+a_{n+1} &= a_1+(n-2)d+a_1+nd \\
&= 2a_1+2(n-1)d \\
&= 2a_n
\end{aligned}
$$

这个性质也可以写为$a_n=\frac{a_{n-1}+a_{n+1}}{2}$，$a_n$是$a_{n-1}$和$a_{n+1}$的等差中项。等差数列中的任意一项，是其前一项和后一项的算术平均数，因此等差数列也被称为算术数列（Arithmetic sequence）。

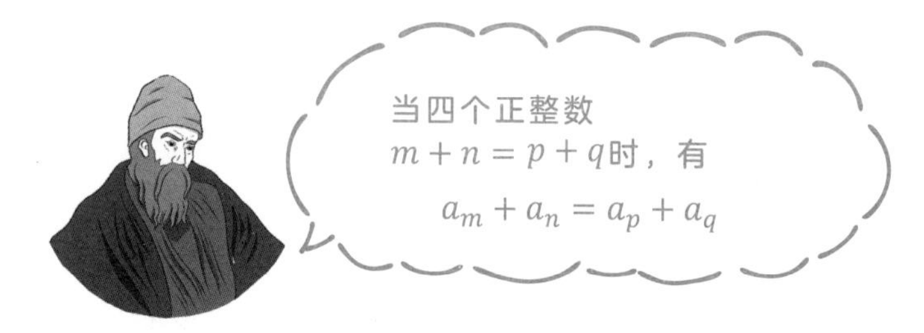

一个等差数列的首n项之和，称为等差数列和（sum of arithmetic sequence）或算术级数（arithmetic series），记作S_n。

将S_n按不同顺序写成两种形式：

$$S_n=a_1+a_2+\cdots+a_{n-1}+a_n$$

$$S_n=a_n+a_{n-1}+\cdots+a_2+a_1$$

将上述两个等式相加，可得

$$2S_n=(a_1+a_n)+(a_2+a_{n-1})+\cdots+(a_n+a_1)$$

注意到$a_1+a_n=a_2+a_{n-1}=\cdots=a_n+a_1=2a_1+(n-1)d$

因此

$$2S_n=n(a_1+a_n)$$

即

$$S_n=\frac{n(a_1+a_n)}{2}$$

[图1] 等差数列的求和公式

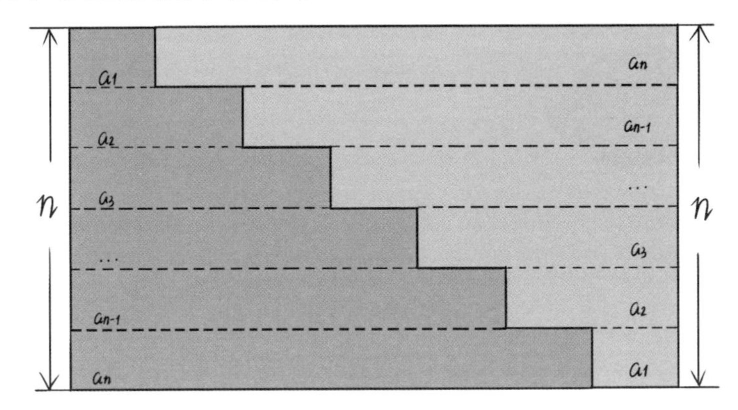

以上求得等差数列前n项和公式的方法被称为倒序相加法，据传高斯在小时候就使用这一方法求出了1～100所有自然数相加的和。在高斯上小学的时候，老师给出一道等差数列的题目，要求学生们计算出1～100所有自然数相加的和，高斯在几秒钟内就给出了答案5050，而其他学生还在手动计算。

老师感到非常惊讶，高斯解释道：我们可以把这个数列分成50组，每组相加，第一个数加最后一个数，即1+100=101；第二个数加倒数第二个数，即2+99=101，依次类推。因此，这100个数的和就是50×101=5050。

等比数列的性质

在一个等比数列中，选取某一项，该项的前一项与后一项之积，为原来该项的平方。即$a_{n-1} \times a_{n+1} = a_n^2$：

$$
\begin{aligned}
a_{n-1} \times a_{n+1} &= a_1 r^{n-2} \times a_1 r^n \\
&= a_1^2 r^{2n-2} \\
&= a_n^2
\end{aligned}
$$

这个性质也可以写为$a_n = \sqrt{a_{n-1}a_{n+1}}$，$a_n$是$a_{n-1}$和$a_{n+1}$的**等比中项**。等比数列中的任意一项，是其前一项和后一项的**几何平均数**，因此等比数列也被称为几何数列（Geometric sequence）。

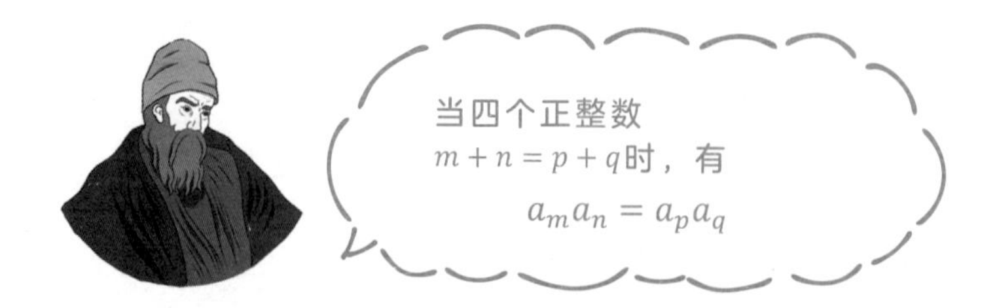

一个等比数列的首n项之和，称为**等比数列和**（sum of geometric sequence）或**几何级数**（geometric series），记作S_n。

$$S_n = a_1 + a_2 + \cdots + a_{n-1} + a_n$$

考虑

$$rS_n = ra_1 + ra_2 + \cdots + ra_{n-1} + ra_n$$
$$= a_2 + a_3 + \cdots + a_n + a_{n+1}$$

于是将上述两个等式相减可得

$$S_n - rS_n = a_1 + a_2 + \cdots + a_{n-1} + a_n - (a_2 + a_3 + \cdots + a_n + a_{n+1})$$

即

$$(1-r)S_n = a_1 - a_{n+1} = a_1(1-r^n)$$

如果$r \neq 1$，那么

$$S_n = \frac{a_1(1-r^n)}{1-r}$$

图2中是$r=\frac{1}{2}$时，等比数列和$\frac{1}{2}+\frac{1}{4}+\frac{1}{8}+\cdots+\frac{1}{2^n}=1-\frac{1}{2^n}$几何图形的直观表达。

［图2］等比数列的求和公式

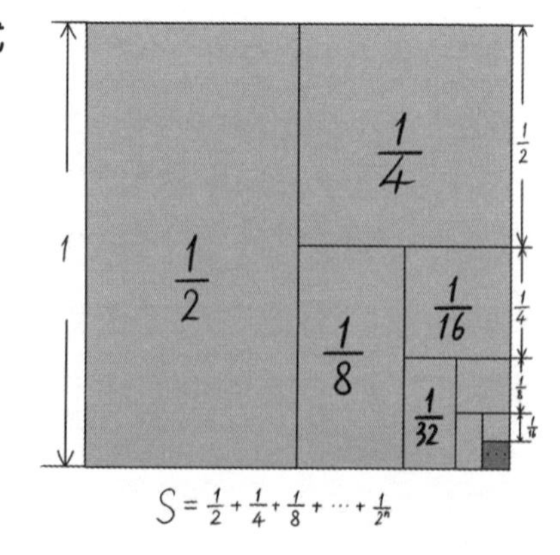

等谐数列

等谐数列，又名**调和数列**（harmonic sequence）。在等谐数列中，任何相邻两项倒数的差相等，该差值的倒数称为**公谐差**h（common harmonic difference）。

例如数列1，$\frac{1}{2}$，$\frac{1}{3}$，$\frac{1}{4}$，… 就是一个等谐数列。在这个数列中，从第二项起，每项与其前一项之公谐差都等于1。

等谐数列的通项公式可以写为$a_n = \frac{1}{\frac{1}{a_1}+\frac{n-1}{h}}$。

接下来请模仿等差数列和等比数列的介绍，自行证明关于等谐中项的性质：

$$a_n = \frac{2}{\frac{1}{a_n}+\frac{1}{a_n}}$$

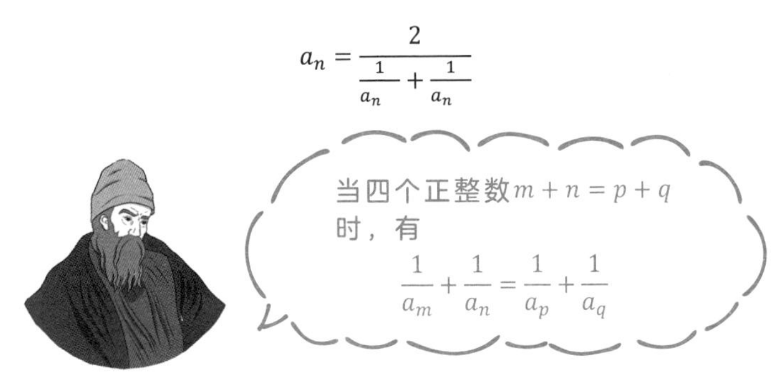

原理应用知多少！

普通利息和复利

复利是现代理财一个重要概念，由此产生的财富增长，称作“复利效应”。假设投资每年的回报率为30%，本金为10万元，如果只按照普通利息计算，整体财富按照公差为10万元的等差数列增长，那么每年的回报是10万元，10年也只有100万元。但按照复利方法计算，整体财富按照公比为1.3的等比数列增长。首年的回报是3万元，则令个人整体财富变成13万，第二年13万会变成16万，第三年再变成21.97万元，10年累计增长将高达13.786倍，即10万元的本金最后会变成137.86万元。普通利息和复利的财富积累对比如图3所示。

［图3］普通利息和复利的财富积累对比

在人类历史中，长期实现每年30%或以上的回报几乎是不可能的。以华人首富李嘉诚为例，他于1950年用7000美元创立长江塑胶厂，并在2006年积累了约188亿美元的财富。在这57年间，他的财富增长了268.6万倍，而年复合增长率仅为26.68%。

在另一个西方世界常引用的例子中，假设1626年美国原住民，愿意以60荷兰盾出售今日曼哈顿的土地，并将这60盾放到荷兰银行，收取每年6.5%的复利利率，他们2005年将可获得约8224亿美元的存款，较纽约市五条大街的物业总市值还要高。而2006年全球市值最大的上市公司埃克森美孚，市值亦只有约3750亿美元。

由于复利可以导致资金迅速增长，多个古代社会曾禁止收取复利。《古兰经》第3章第130节中明确禁止穆斯林收取“重复加倍的利息”，即复利。1571年，英国首次允许收取最高10%的年贷款利息，此举引发了一系列道德争议。从那时起，人们开始关注利息的影响。1613年，英国数学家理查德·威特（Richard Witt）发表了《数学问题》一书，系统研究了复利效应及其对土地估值的影响，该书成为复利研究的里程碑。

十二平均律

在西方音乐理论中，十二平均律是音乐调律的一种方法，它将一个八度音程平均分为12个半音，每个半音的频率比相邻的半音高出固定比例。中国明代音乐家朱载堉于明万历九年（1581）之前创建“新法密率”（见《乐律全书》），推算出以比率$\sqrt[12]{2}$将八度音十二等分的算法，并制造出十二平均律律管及律准，这是世界上最早的十二平均律乐器，如图4所示。

基准音（如中央C，记作$C4$）的频率为$256\ \text{Hz}$，相邻两音的频率比为$\sqrt[12]{2} \approx 1.059463$，这是因为一个八度的频率比为$\sqrt{2}$。

于是每个半音的频率是以$C4$的频率$256\ \text{Hz}$作为首项，$\sqrt[12]{2}$作为公比的等比数列。第n个半音的频率为$a_n = 256 \times 1.059463^{n-1}$，所以，第13个半音即$C5$的频率为$512\ \text{Hz}$，精确符合八度倍频的关系。

［图4］朱载堉的十二平均律律准

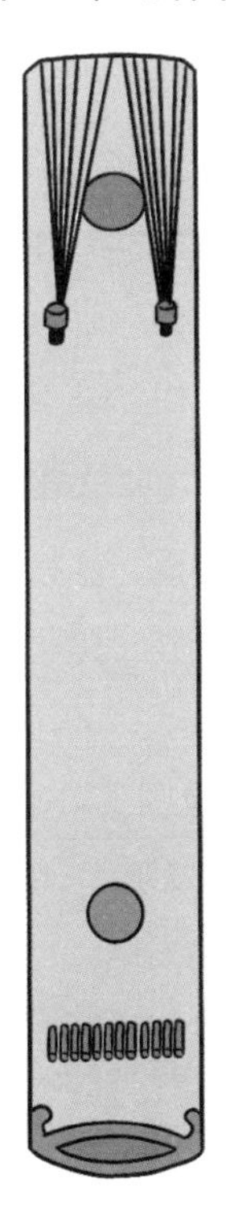

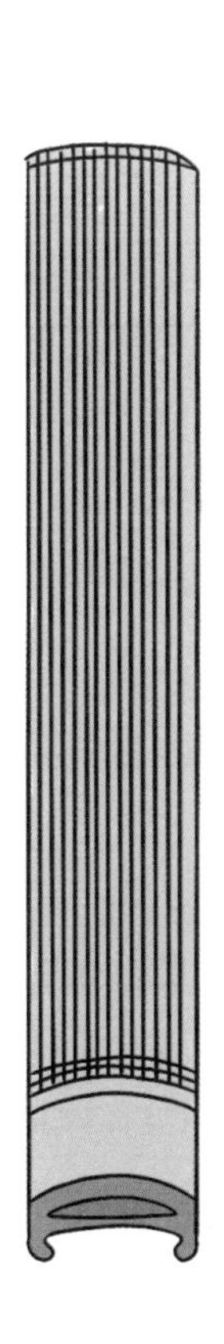

国际象棋盘与麦粒问题

国际象棋盘与麦粒问题，也称米粒问题，是一个关于数学的问题。问题的描述是这样的：在国际象棋盘上，第一个格子放1粒麦粒，后续每个格子放的麦粒数是前一个格子的两倍，如图5所示。要求计算填满整个棋盘所需的麦粒总数。

这个问题涉及的是等比数列的求和，具体答案为：

18446744073709551615

这个数值达到了10的19次方，远超地球上昆虫的总数，所以此问题常用于演示指数增长的惊人速度。国际象棋盘与麦粒问题的实质是求解数列$a_n = 2^{n-1}$的前64项和，即

$$S_n = \frac{1-2^{64}}{1-2} = 18446744073709551615$$

关于国际象棋盘与麦粒问题的背景，存在多个版本的记述。最早的记载可追溯到1256年，由伊斯兰教沙斐仪派学者伊本·哈利坎所作。

其中一个广为流传的故事版本涉及国王对象棋发明者的赏赐。据传，古印度国王为了奖励象棋的发明（一说是宰相西萨发明），答应按照麦粒问题的答案来赐给发明者粮食。国王最初以为这是一个微不足道的请求，但随后发现所需的粮食量竟是国库存量的千倍以上。

［图5］国际象棋盘与麦粒问题

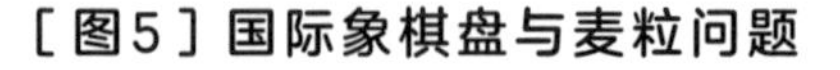

映射与函数

描述一种输入到输出的对应关系，每个输入值都对应一个输出值。

大师面对面

—— 戈特弗里德·威廉·莱布尼茨（Gottfried Wilhelm Leibniz，1646年7月1日—1716年11月14日），德国律师，是历史上少见的通才，素有“十七世纪的亚里士多德”之美誉。

我最早提出了函数的概念，并且和牛顿先后独立发明了微积分，而且我发明的数学符号被人们认为更综合，可以广泛地使用。此外，我还对二进制的发展做出了贡献。

—— 我经常听说映射和函数这两个概念，它们有什么联系和区别?

映射是一种数学概念，描述了一种输入到输出的对应关系，每个输入值都对应一个输出值。而函数是映射的一种特殊情况，通常我们讨论的函数是指从实数集或其子集到实数集的映射。

—— 所以函数是映射的一种，当一个映射的输入和输出值都是实数的时候，它就被称为函数。

是的，所有可能输入值的集合叫定义域，而包含所有可能输出值的集合叫值域。

—— 比如从国家到首都的映射关系，定义域就是世界上的所有国家，值域就是世界上的所有城市。当我们输入“中国”的时候，输出值就是“北京”。

没错！映射和函数都是用来描述一个变量是如何依赖于另一个或几个变量而确定的，它们都是数学语言中不可或缺的部分。

原理解读！

- 映射（Map）指的是两个集合之间的元素对应关系，形式上可以表示为$f: A \to B$，这里的A称为定义域，B称为值域。映射规定了A中每一个元素都在B中有唯一的对应元素。
- 函数（Funtion）是特定类型的映射，主要处理数集间的对应关系，通常定义为$f: R \to R$，这表示函数f把实数集R映射到实数集R。函数必须满足任意一个输入值$x \in R$，并有唯一的输出值$f(x) \in R$。

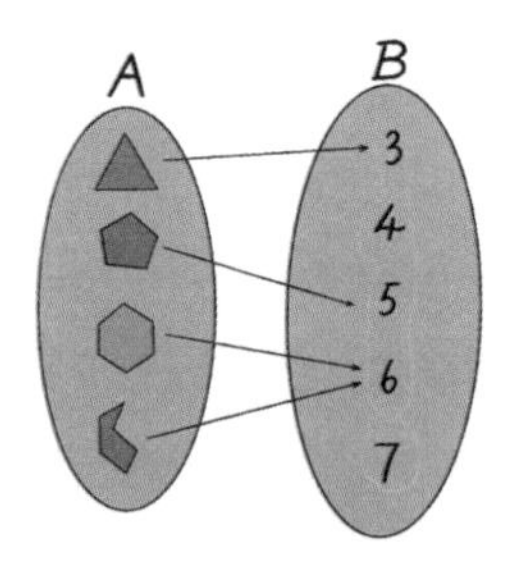

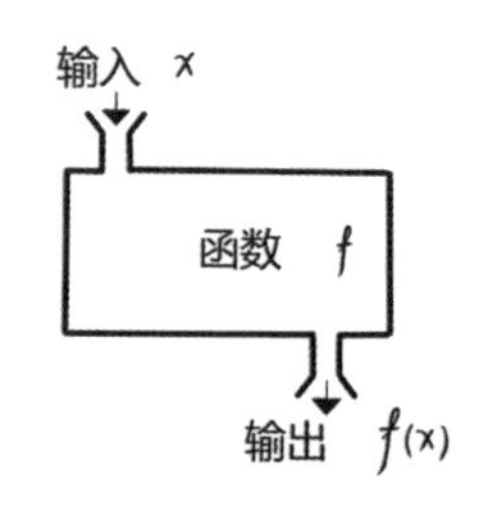

- 在映射$f: A \to B$中，定义域A中的元素被称为映射f的原像，值域B中的元素被称为映射f的像。
- 在函数$f: R \to R$中，定义域中的元素x被称为自变量，值域中的元素$y = f(x)$被称为因变量。

如果函数f的值域跟定义域都是实数集合，可以用x轴代表定义域的范围，y轴代表值域的范围。把函数的每个元素标示在平面直角坐标系上，这就是函数的图像。

映射的值域是定义域中所有元素的像的集合。

单射

如果一个映射$f: A \to B$，不同的输入值对应的输出值都不同，那么这个映射被称为单射（one-to-one）。单射的严格定义为：$f: A \to B$满足，对于任何x_1，$x_2 \in A$，若$f(x_1) = f(x_2)$，必有$x_1 = x_2$。这个定义的叙述也等价于：对于任何x_1，$x_2 \in A$，若$x_1 \neq x_2$，必有$f(x_1) \neq f(x_2)$。图1中是一个单射的例子。

例如，函数$f(x) = 2x + 1$是单射，但函数$g(x) = x^2$不是单射，因为$g(-1) = g(1) = 1$。

在密码学中，单射保证了加密过程中不同的明文会被加密为不同的密文，防止信息的泄露。

［图1］**单射**$f: A \to B$

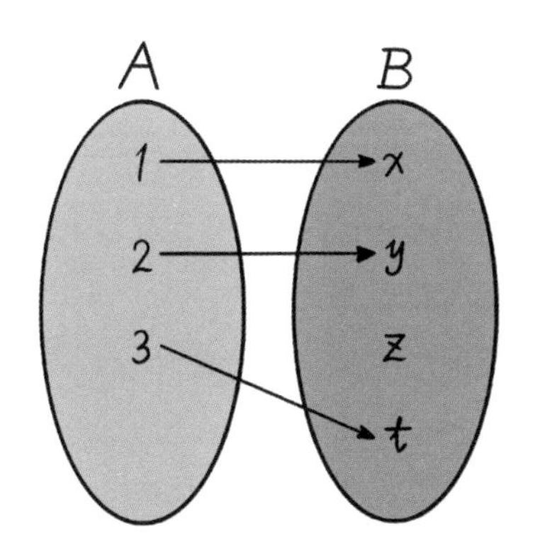

满射

如果一个映射$f: A \to B$，所有输入值对应的输出值覆盖了值域B中的每一个元素，那么这个映射被称为满射（onto）。满射的严格定义为：$f: A \to B$满足，对于任何$y \in B$，都存在$x \in A$，使得$f(x) = y$。图2中是一个满射的例子。

例如，函数$f: R \to R$定义为$f(x) = x^4$不是满射，因为不存在某个$x \in R$使得$f(x) = -1$，但如果把函数f的值域设定为正实数，即$f: R \to R^2$，则f为满射。

在统计学中，数据的分布映射到一个特定的概率分布模型，这种映射需求通常希望是满射，以覆盖所有可能的情况。在工程设计中，比如机械控制系统，设计的输入到输出的映射需要是满射，以确保所有输出状态都能被实现。

［图2］满射$f: A \to B$

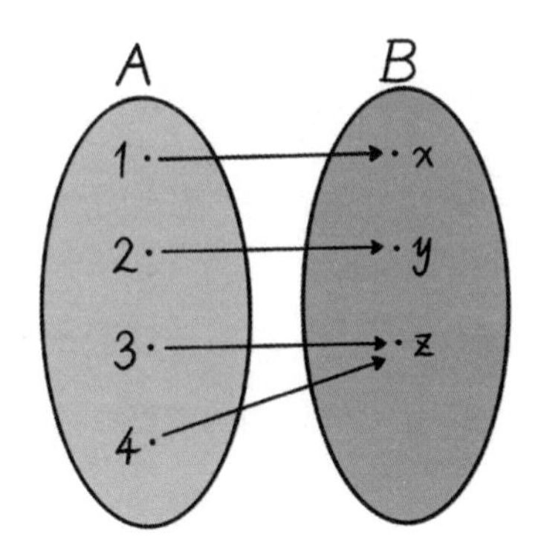

双射

如果一个映射$f: A \to B$，所有定义域中的元素都唯一对应一个值域中的元素，所有值域中的元素也都唯一对应一个定义域中的元素，那么这个映射被称为双射（bijection）。双射的严格定义为：$f: A \to B$满足，对于任何y_1，$y_2 \in B$，都存在x_1，$x_2 \in A$，使得$f(x_1) = y_1$，$f(x_2) = y_2$，并且当$y_1 \neq y_2$时，$x_1 \neq x_2$。图3中是一个双射的例子。

［图3］双射$f: A \to B$

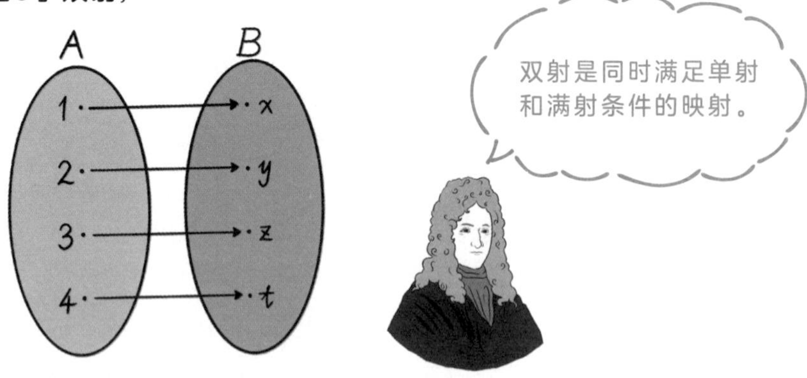

双射的每一个输入值都有一个唯一的输出值，且每一个输出值都来自一个唯一的输入值。在计算机科学中，双射用于数据结构的双向映射，如双向字典，可以从键找到值，也可以从值找到键。

原理应用知多少！

一次函数

一次函数是函数中的一种，一般形如$y = kx + b$（k，b是常数，$k \neq 0$），其中x是自变量，y是因变量。特别地，当$b = 0$时，$y = kx$（k为常数，$k \neq 0$），y叫作x的正比例函数。

· 经济学中的供需模型

在经济学中，商品价格与需求量的关系可以通过一次函数来模拟，公式如下：

$$q = b - ap$$

其中，q表示需求量，p表示价格，a和b是模型参数。这表示价格上升会导致需求减少，反之亦然，如图4所示。

［图4］经济学中的需求曲线

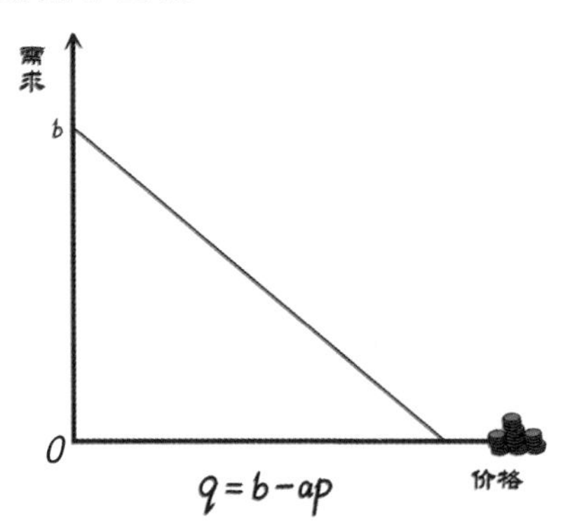

· 物理学中的速度与时间关系

匀速直线运动的位移与时间关系可以用一次函数表示，公式如下：

$$s = vt + s_0$$

其中s表示位移，v表示速度，t表示时间，s_0是初始位移。这个公式说明位移s随时间t线性增加，如图5所示。

［图5］物理学中的运动曲线

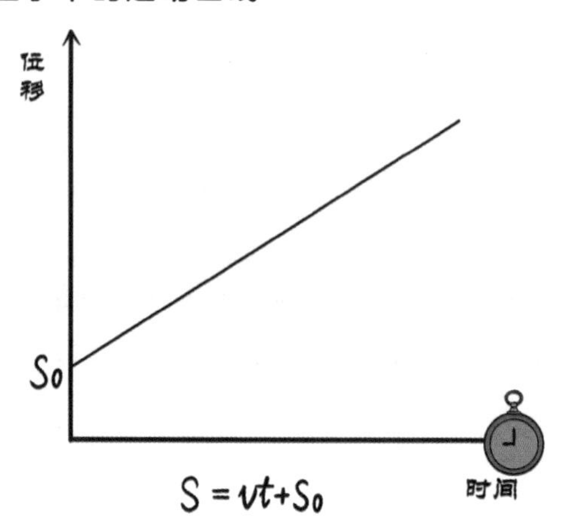

二次函数

二次函数是函数中的一种，一般形如$y = ax^2 + bx + c$（a，b，c是常数，$a \neq 0$），其中x是自变量，y是因变量。

桥梁的抛物线形状设计、篮球投篮或其他抛物线运动的轨迹都可用二次函数描述，如图6所示。

［图6］投篮时的抛物线

指数函数和对数函数

指数函数是函数中的一种，一般形如$y=AB^x$（A，B是常数，A，$B\neq 0$，$B\neq 1$），其中x是自变量，y是因变量。对数函数是函数中的一种，一般形如$y=\log_a x$（a是常数，$a>0$，$a\neq 1$），其中x是自变量，y是因变量。

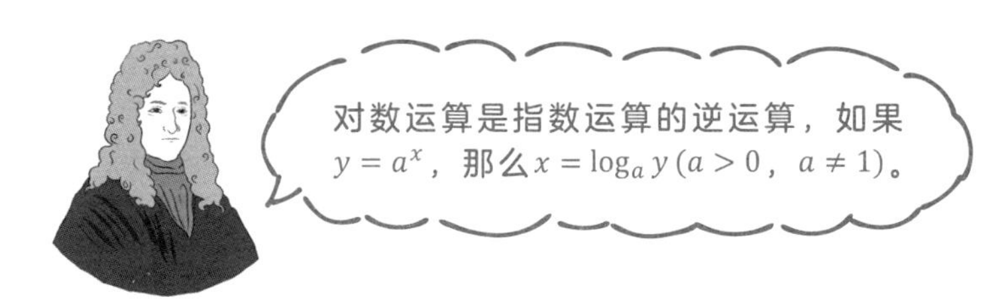

指数函数通常用于描述人口增长或放射性物质的衰减，人口增长的计算公式为

$$P(t)=P_0\mathrm{e}^{rt}$$

其中$P(t)$是时间t的人口数量，P_0是初始人口，r是人口增长率。而e是自然常数，是一个无限不循环小数，其值约为2.718281828459045。如图7左图所示。

对数函数在科学计算中有重要的应用，如地震强度的测量，其计算公式为

$$M=\log_{10}A$$

其中M是地震的里氏规模，A是地震波的振幅。对数函数帮助将广泛的数据范围压缩至更小的区间，便于分析和理解。如图7右图所示。

［图7］人口增长（左）和地震强度（右）

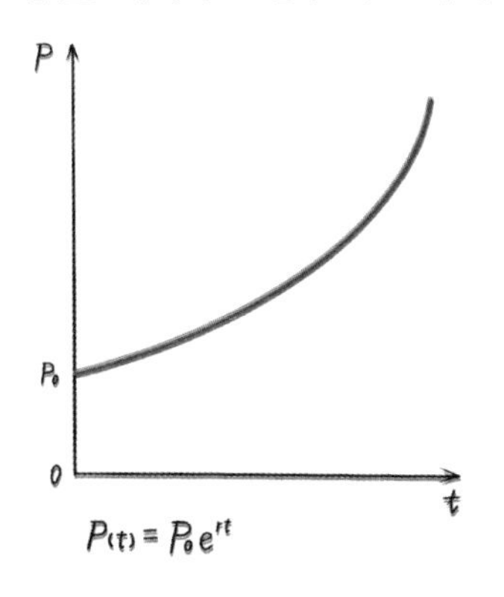

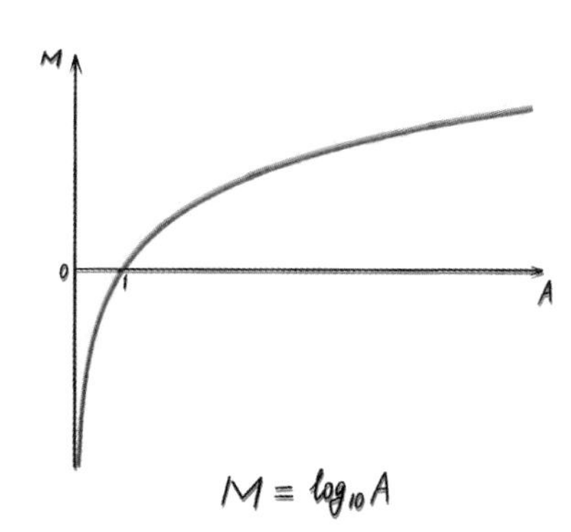

三角函数

三角函数是函数中的一种，主要有正弦函数$y = \sin x$，余弦函数$y = \cos x$，正切函数$y = \tan x$等。三角函数将直角三角形的内角和它的两边的比值相关联，亦可以等价地用单位圆的各种有关线段的长度来定义。三角函数在研究三角形和圆形等几何形状的性质时有着重要的作用，也是研究振动、波、天体运动和各种周期性现象的基础数学工具。在航海学、测绘学和工程学等其他学科中还会用到如余切函数（$y = \cot x$）、正割函数（$y = \sec x$）、余割函数（$y = \csc x$）、正矢函数和半正矢函数等其他三角函数。

在直角三角形中可以定义$\theta \in (0, \frac{\pi}{2})$时的三角函数，在单位圆中则可以定义任意定义域的三角函数，这里$|\theta|$表示以（1，0）为起点，绕原点逆时针旋转的度数（$\theta > 0$）或顺时针旋转的度数（$\theta < 0$），如图8所示。表1中给出了不同定义下三角函数的定义式。

［图8］采用直角三角形和单位圆定义的三角函数

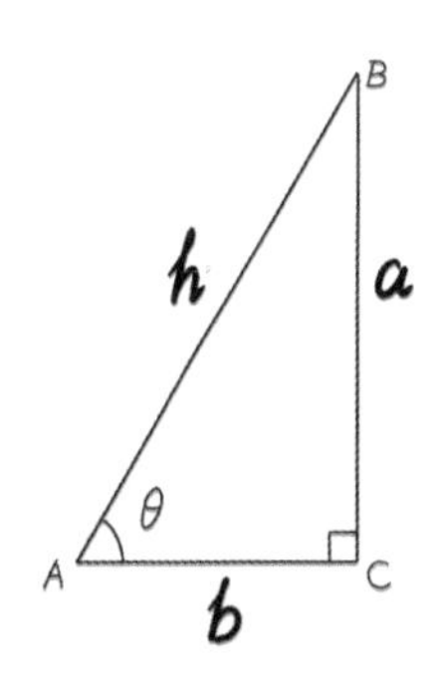

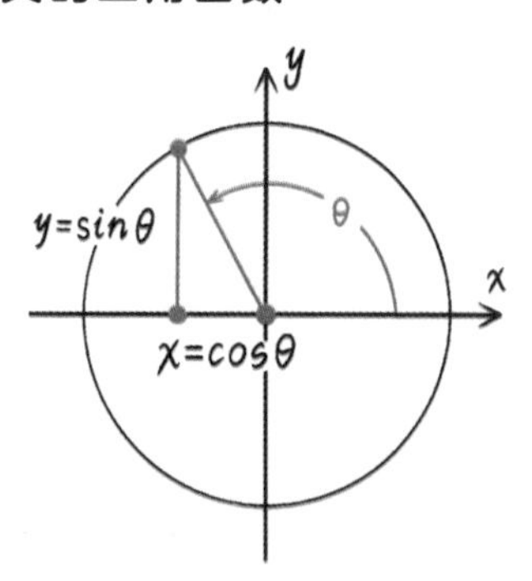

［表1］采用直角三角形和单位圆定义的三角函数定义式

函数名	正弦	余弦	正切	余切	正割	余割
三角形	$\sin\theta = \frac{a}{h}$	$\cos\theta = \frac{b}{h}$	$\tan\theta = \frac{a}{b}$	$\cot\theta = \frac{b}{a}$	$\sec\theta = \frac{h}{b}$	$\csc\theta = \frac{h}{a}$
单位圆	$\sin\theta = y$	$\cos\theta = x$	$\tan\theta = \frac{y}{x}$	$\cot\theta = \frac{x}{y}$	$\sec\theta = \frac{1}{x}$	$\csc\theta = \frac{1}{y}$

不同的三角函数之间有很多对任意的角度都成立的等式，称为三角恒等式。其中最著名的是**毕达哥拉斯恒等式**，它说明了对于任何角，正弦的平方加

上余弦的平方必定会是1，即$\sin^2 x + \cos^2 x = 1$。详细的证明可以由几何篇中的“勾股定理”推出。

表2是另一组常用的三角恒等式，称为和差公式。

[表2] 三角函数的和差公式

$\sin(x+y) = \sin x \cos y + \cos x \sin y$	$\sin(x-y) = \sin x \cos y - \cos x \sin y$
$\cos(x+y) = \cos x \cos y - \sin x \sin y$	$\cos(x-y) = \cos x \cos y + \sin x \sin y$
$\tan(x+y) = \dfrac{\tan x + \tan y}{1 - \tan x \tan y}$	$\tan(x-y) = \dfrac{\tan x - \tan y}{1 + \tan x \tan y}$

当两角相同，和角公式能简化为更简单的等式，称为二倍角公式（或倍角公式）：

$$\sin 2x = 2 \sin x \cos x$$

$$\cos 2x = \cos^2 x - \sin^2 x = 2\cos^2 x - 1$$

$$\tan 2x = \frac{2 \tan x}{1 - \tan^2 x}$$

图9中给出了一些特殊角度对应的三角函数值，图10中则是常见的三角函数的图像。

[图9] 特殊角的三角函数值

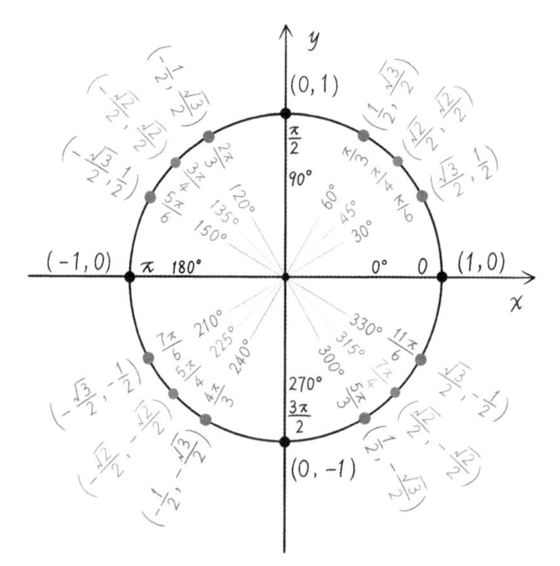

[图10] $\sin x$，$\cos x$，$\tan x$**的函数图像**

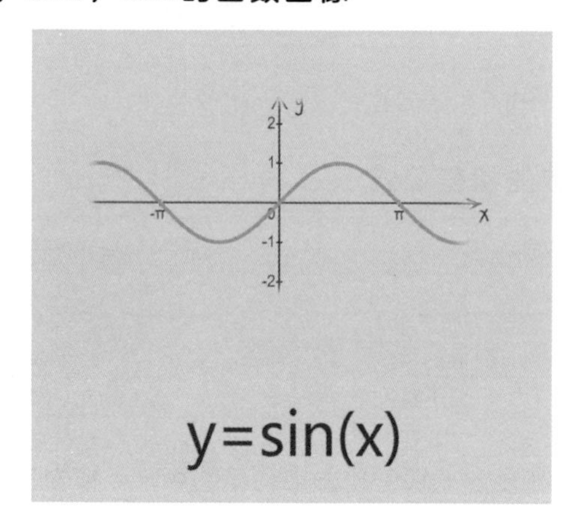

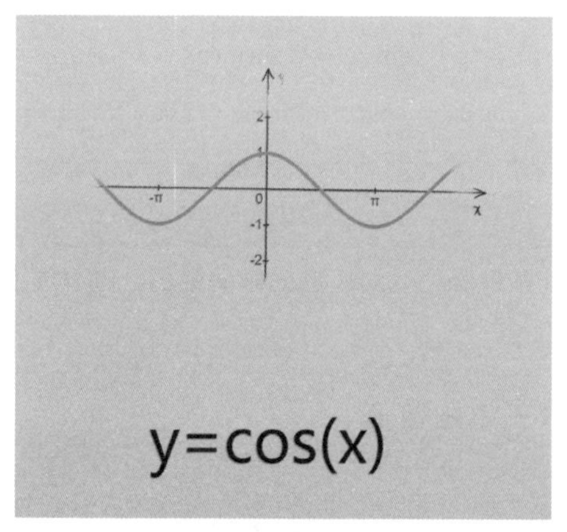

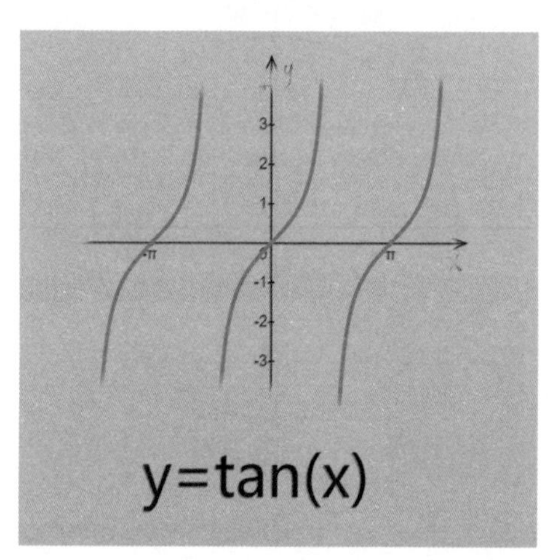

趣闻轶事

函数机

函数机（Function Machine）是19世纪一种理论上的或实际制造出的计算机械。这类机械被设计用于执行数学函数的计算任务，可以视为早期计算机的雏形。

最著名的例子之一是查尔斯·巴贝奇的差分机和解析机。巴贝奇的设计超前于他的时代，他构想的解析机能够执行任何数学计算，支持条件分支和循环，这些都是现代计算机的基本特征。

差分机：查尔斯·巴贝奇于1819年提出差分机的概念，这是一种自动的机械计算器，被设计用来生成多项式函数的数值表格。巴贝奇的差分机通过机械手段计算多项式函数的值，特别是用于制作数学表格，如对数表或三角函数表。

解析机：后来，巴贝奇又构想出更为复杂的解析机，这是一种早期的机械通用计算机，如图11所示。解析机的设计包括了一个存储器（用于存储数据），一个计算单元（负责执行操作），以及一个分支判断的能力，能够执行比差分机更复杂的计算过程。解析机由蒸汽机驱动，大约有30米长、10米宽，它的输入由程序和数据组成，并使用打孔卡输入，这种输入方法被当时的织布机广泛采用。解析机通过一台打印机、一个弯曲的绘图仪和一个铃铛输出，也可以在纸上打孔以便日后读取。

［图11］巴贝奇设计的解析机，现存于伦敦科学博物馆

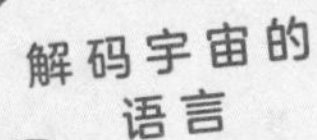

均值不等式

不同形式的平均数之间，也存在着某种必然的大小关系。

大师面对面

——奥古斯丁·路易·柯西（Augustin-Louis Cauchy，1789年8月21日—1857年5月23日），法国数学家，曾发现和证明过很多微分方程。

我一生写了789篇论文，编成《柯西著作全集》，自1882年开始出版。我最重要的贡献主要在微积分学、复变函数和微分方程三个领域。

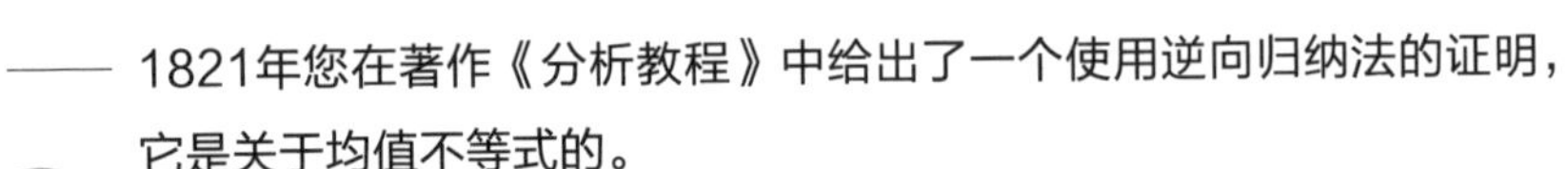

——1821年您在著作《分析教程》中给出了一个使用逆向归纳法的证明，它是关于均值不等式的。

均值不等式描述了不同平均数之间的大小关系，我们平时最常用的是算术平均数。两个数的算术平均数总是不小于几何平均数，比如对于周长固定的长方形，它的面积总是不超过其为正方形的情况。

——逆向归纳法又是什么？听起来和常见的数学归纳法不太一样。

普通的数学归纳法是从较小的数向较大的数递推，而逆向归纳法，顾名思义就是从较大的数向较小的数递推。

——普通归纳法证明了$n = 1$的时候命题成立，那么逆向归纳法是证明了n无穷大的时候命题成立吗？

可以这么理解，逆向归纳法的第一步就是证明命题对足够大的n成立，接下来会详细介绍采用逆向归纳法证明均值不等式的思路。

原理解读！

- 均值不等式是一个常见且基本的不等式，表达了关于正数的不同平均数恒定的不等关系：

调和平均数 ≤ 几何平均数 ≤ 算术平均数 ≤ 平方平均数

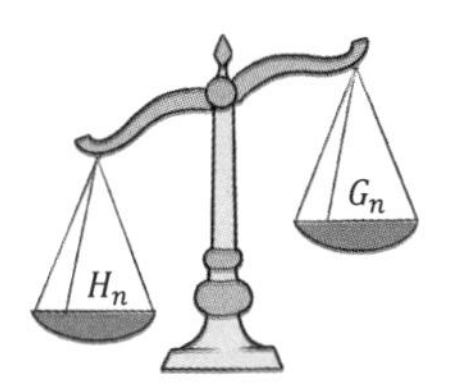

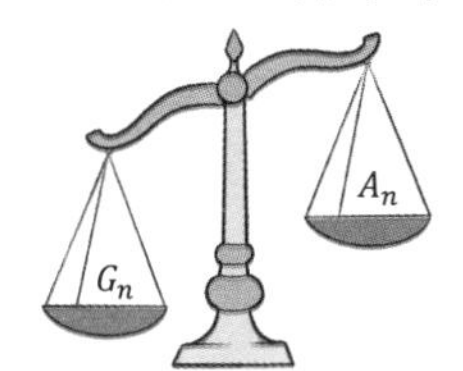

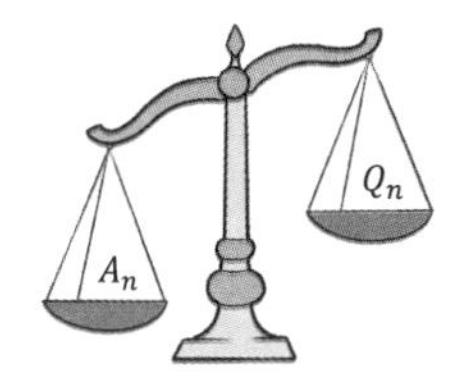

- n个数的调和平均数定义为：$H_n=\frac{n}{\sum_{i=1}^{n}\frac{1}{x_i}}=\frac{n}{\frac{1}{x_1}+\frac{1}{x_2}+\cdots+\frac{1}{x_n}}$

- n个数的几何平均数定义为：$G_n=\sqrt[n]{\prod_{i=1}^{n}x_i}=\sqrt[n]{x_1x_2\ldots x_n}$

- n个数的算术平均数定义为：$A_n=\frac{\sum_{i=1}^{n}x_i}{n}=\frac{x_1+x_2+\cdots+x_n}{n}$

- n个数的平方平均数定义为：$Q_n=\sqrt{\frac{\sum_{i=1}^{n}x_i^2}{n}}=\sqrt{\frac{x_1^2+x_2^2+\cdots+x_n^2}{n}}$

均值不等式所有的等号成立的条件均为：

$$x_1=x_2=\cdots=x_n$$

只有当x_1，x_2，…，x_n都是正数的时候，均值不等式才成立。

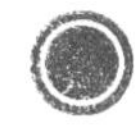

算术平均数

算术平均数（arithmetic mean）是表征数据集中趋势的一个统计指标，它是一组数据之和除以这组数据的个数或项数得出的。算术平均数在统计学上的优点是较中位数（一组数字的中间数字）、众数（一组数字中出现次数最多的数字）更少受到随机因素影响，缺点是更容易受到极端值影响。计算公式为:

$$A_n = \frac{\sum_{i=1}^{n} x_i}{n} = \frac{x_1 + x_2 + \cdots + x_n}{n}$$

算术平均数被广泛应用于多个领域，包括经济学、社会学、气象学、医学等。在商业领域，算术平均数可以用来分析产品的平均销售价格、客户满意度评分等。这可以帮助企业决策者理解市场趋势，调整产品策略，优化客户体验。在经济学中，算术平均数用来计算人均GDP（国内生产总值）、平均工资、人均消费水平等指标。例如，一个国家的年GDP为1万亿美元，总人口为2亿，那么人均GDP为：

$$GDP\ per\ capita = \frac{GDP}{N} = 5000\text{美元}$$

这个平均值能帮助政府和经济学家评估国家的经济发展水平，比较不同国家的经济表现。

在医学研究中，算术平均数用于分析患者的体温、血压、胆固醇水平等。例如，一项研究收集了100名患者的血压读数，通过计算这些数据的平均值，医生可以判断这些患者的群体健康状况，如图1所示。

［图1］医生正在收集患者们的血压信息

几何平均数

几何平均数（geometric mean）通过使用一组数据的乘积（算术平均数使用“和”）来指示一组数字的集中趋势或典型值。几何平均数的计算公式为

$$G_n = \sqrt[n]{\prod_{i=1}^{n} x_i} = \sqrt[n]{x_1 x_2 \dots x_n}$$

几何平均数可以用于描述不同数值的集中趋势，特别是当这些数值具有不对称分布时。与算术平均数相比，几何平均数通过对所有数值取乘积后再开相应级数的根来计算，在处理涉及成倍增长或需要平衡极端值的数据集时特别有用，它能够提供一个更加稳定和有代表性的中心趋势度量，尤其在金融、经济学、环境科学以及任何涉及比率和比例的分析中。

经济学中使用几何平均数来计算平均增长率。假设，一个国家在过去四年的GDP增长率分别为1.03、0.98、1.05和1.04（表示1.03倍、0.98倍等）。计算这四年的平均年增长率时，几何平均数提供了一个更准确的度量，如图2所示。计算式为：

$$g = (1.03 \times 0.98 \times 1.05 \times 1.04)^{1/4} = 1.025$$

这种方法可以正确地反映出增长的累积效应，尤其是在增长率波动时更为适用。

[图2] GDP的平均增长率

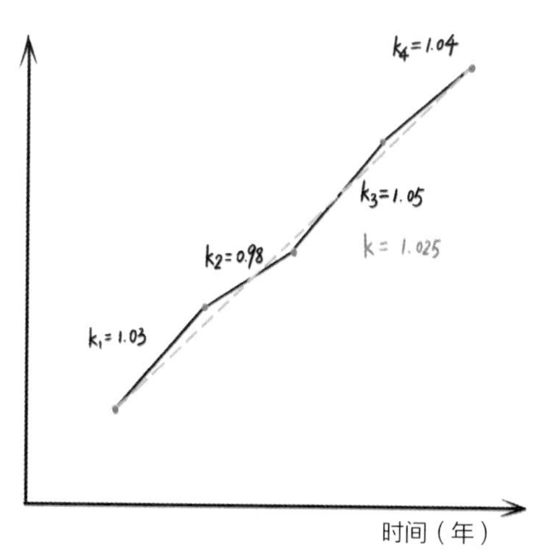

在生物学和医学研究中，几何平均数用于计算细菌或病毒的生长速率。由于生物生长往往呈指数形式（例如细菌分裂），几何平均数能够提供一个合理的生长速率估计，有助于研究和治疗相关的传染病。

调和平均数

调和平均数（harmonic mean）是求一组数据平均数的方法中的一种，一般是在计算平均速率时使用。调和平均数是将所有数据取倒数并求其算术平均数后，再将此算术平均数取倒数而得，其结果等于数据的个数除以数据倒数的总和。计算公式为：

$$H_n = \frac{n}{\sum_{i=1}^{n} \frac{1}{x_i}} = \frac{n}{\frac{1}{x_1} + \frac{1}{x_2} + \cdots + \frac{1}{x_n}}$$

调和平均数尤其适用于处理与每个数据倒数相关的计算时的情况，它通常用于速率和比例相关的问题中，因为能够根据数据点的大小给予适当的权重。

在物理学和工程学中，调和平均数被用于计算并联电阻的总电阻。假设有两个并联电阻器，电阻分别为R_1和R_2，则总电阻R可以使用调和平均数的一半来计算，如图3所示。计算式为：

$$R = \frac{1}{\frac{1}{R_1} + \frac{1}{R_2}}$$

［图3］并联电阻器的等效电阻

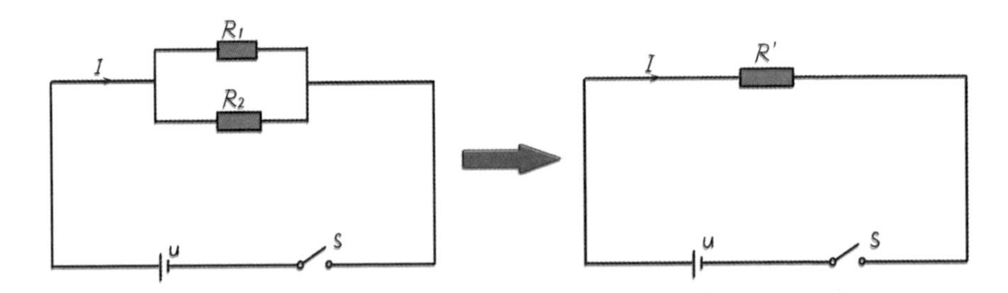

当一辆车以不同速度行驶相同距离的两段路时，其总平均速度可以使用调和平均数来计算。这在交通工程中特别有用，因为调和平均数提供了不同速度下行驶相同距离的平均速度，比简单地取速度的算术平均数更准确。

平方平均数

平方平均数（quadratic mean），又称均方根（或方均根，root mean square，缩写为RMS），是均方（一组数字平方的算术平均数）的平方根，是2次方的广义平均数的表达式，也可叫作2次幂平均数。其计算公式是：

$$Q_n=\sqrt{\frac{\sum_{i=1}^{n}x_i^2}{n}}=\sqrt{\frac{x_1^2+x_2^2+\cdots+x_n^2}{n}}$$

在电气工程中，平方平均数被用于计算交流电电压或电流的有效值（RMS）。有效值是指一个交流电波形可以产生与直流电相同热效应的等效电压或电流值。例如，家用电源通常标为“120伏特AC”，这指的是该电压的RMS值，而其峰值则大约是170伏特。计算方法为$\sqrt{120^2+120^2}=120\sqrt{2}\approx 170$伏特。

在统计学中，平方平均数是计算标准偏差的基础。标准偏差度量了一组数据的离散程度，即数据点偏离平均值的程度。计算公式为：

$$\bar{s}=\sqrt{\frac{(x_1-\overline{x})^2+(x_2-\overline{x})^2+\cdots+(x_n-\overline{x})^2}{n}}$$

其中$\bar{x}$是x_1，x_2，…，x_n的算术平均数。

$n=2$时的代数证明

当$n=2$时，均值不等式可写为以下形式（其中$a>0$，$b>0$）：

$$\frac{2}{\frac{1}{a}+\frac{1}{b}}\leqslant\sqrt{ab}\leqslant\frac{a+b}{2}\leqslant\sqrt{\frac{a^2+b^2}{2}}$$

事实上，上述不等式的每一部分都可以由以下显然的式子导出：

$$(a-b)^2\geqslant 0$$

由$(a-b)^2\geqslant 0$可以推出每一个不等式的示例，如图4所示。

[图4] 由$(a-b)^2 \geqslant 0$可以推出每一个不等式

先证明$\frac{a+b}{2} \leqslant \sqrt{\frac{a^2+b^2}{2}}$。由于$(a-b)^2 \geqslant 0$，因此$a^2-2ab+b^2 \geqslant 0$，即

$$2(a^2+b^2) \geqslant a^2+2ab+b^2=(a+b)^2$$

不等式两边开平方，可得

$$\sqrt{2(a^2+b^2)} \geqslant a+b$$

即$\frac{a+b}{2} \leqslant \sqrt{\frac{a^2+b^2}{2}}$得证。

同样我们可以证明$\sqrt{ab} \leqslant \frac{a+b}{2}$。由于$(a-b)^2 \geqslant 0$，因此$a^2-2ab+b^2 \geqslant 0$，即

$$(a+b)^2=a^2+2ab+b^2 \geqslant 4ab$$

不等式两边开平方，可得

$$a+b \geqslant 2\sqrt{ab}$$

即$\sqrt{ab} \leqslant \frac{a+b}{2}$得证。

在上述不等式的两边同时乘$\sqrt{ab}$，得到

$$ab \leqslant \frac{a+b}{2}\sqrt{ab}$$

再在两边同时除以$\frac{a+b}{2}$，得到

$$\frac{2ab}{a+b} \leqslant \sqrt{ab}$$

即$\frac{2}{\frac{1}{a}+\frac{1}{b}} \leqslant \sqrt{ab}$得证。

$n=2$时的几何无字证明

无字证明（proof without words）是指仅用图像而无需文字解释就能不证自明的数学命题。由于其不证自明的特性，这种证明方式被认为比严格的数学证明更为优雅。

图5是对于$n=2$时均值不等式的一个无字证明。为了保证无字证明的优雅，我们先给出结论再进行补充说明：显而易见的长度关系$CD \geqslant OD \geqslant CE \geqslant EF$就代表了$n=2$时的均值不等式。

［图5］$n=2$时均值不等式的无字证明

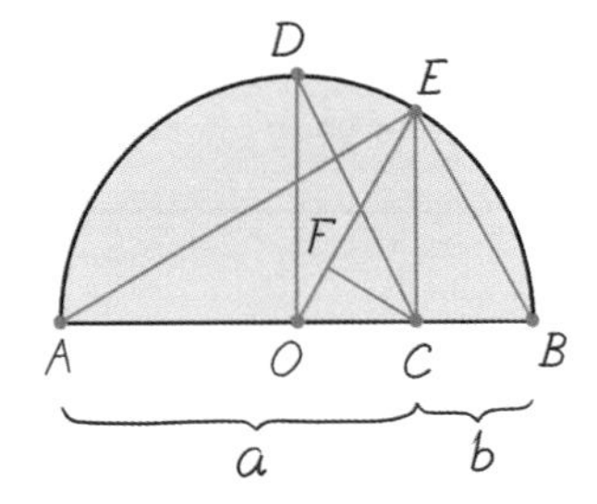

事实上（关于具体几何知识的介绍，详见几何篇），图5所示的半圆以AB为直径，并且$AC=a$，$BC=b$，$CE \perp AB$，$OD \perp AB$，$CF \perp OE$。$OD=r=\frac{a+b}{2}$，$OC=r-b=\frac{a-b}{2}$。根据勾股定理，则：

$$CD=\sqrt{OD^2+OC^2}$$

$$=\sqrt{\left(\frac{a+b}{2}\right)^2+\left(\frac{a-b}{2}\right)^2}$$

$$=\sqrt{\frac{a^2+b^2}{2}}$$

$$CE=\sqrt{OE^2-OC^2}$$

$$=\sqrt{\left(\frac{a+b}{2}\right)^2-\left(\frac{a-b}{2}\right)^2}$$

$$=\sqrt{ab}$$

而$\Delta CEF \sim \Delta OEC$，因此

$$\frac{EF}{CE}=\frac{CE}{OE}$$

$$EF=\frac{CE^2}{OE}=\frac{2}{\frac{1}{a}+\frac{1}{b}}$$

所以$EF \leqslant CE \leqslant OD \leqslant CD$就代表了

$$\frac{2}{\frac{1}{a}+\frac{1}{b}} \leqslant \sqrt{ab} \leqslant \frac{a+b}{2} \leqslant \sqrt{\frac{a^2+b^2}{2}}$$

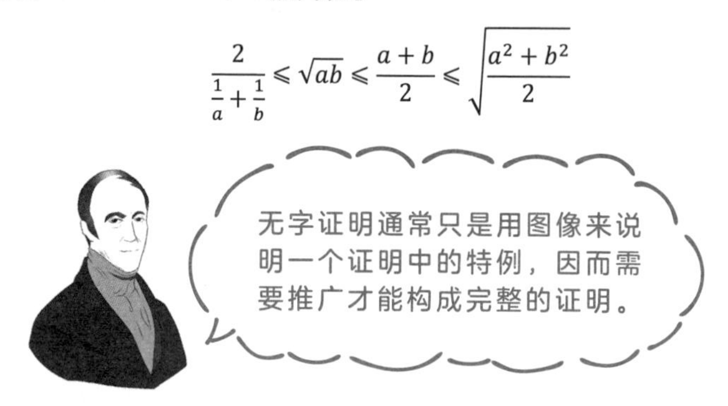

柯西对于一般性情况的证明

1821年，法国数学家柯西在他的著作《分析教程》中给出了使用逆向归纳法证明均值不等式的方法。

［图6］柯西的逆向归纳法和多米诺骨牌

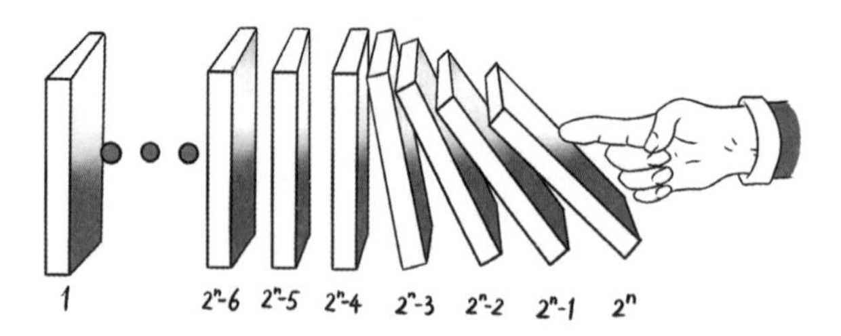

我们以证明$A_n \geqslant G_n$为例，阐述使用逆向归纳法的证明步骤。

首先当$n=2$时，如前所述已经证明$\frac{a+b}{2} \geqslant \sqrt{ab}$，即$A_2 \geqslant G_2$成立。

接下来先证明递推关系：**假设$A_k \geqslant G_k$，那么$A_{2k} \geqslant G_{2k}$。**

假设$A_k \geqslant G_k$，那么对于$2k$个正数x_1，x_2，…，x_k，y_1，y_2，…，y_k，有

$$\frac{x_1+x_2+\cdots+x_k+y_1+y_2+\cdots+y_k}{2k}=\frac{1}{2}\left(\frac{x_1+x_2+\cdots+x_k}{k}+\frac{y_1+y_2+\cdots+y_k}{k}\right)\geqslant\frac{1}{2}\left(\sqrt[k]{x_1x_2\ldots x_k}+\sqrt[k]{y_1y_2\ldots y_k}\right)\geqslant\sqrt{\sqrt[k]{x_1x_2\ldots x_k}\sqrt[k]{y_1y_2\ldots y_k}}=\sqrt[2k]{x_1x_2\ldots x_ky_1y_2\ldots y_k}$$

以上第一个不等号是基于$A_k\geqslant G_k$，而第二个不等号是基于$A_2\geqslant G_2$。

再证明递推关系：**假设$A_k\geqslant G_k$，那么$A_{k-1}\geqslant G_{k-1}$**。

假设$A_k\geqslant G_k$，那么对于$k-1$个正数x_1，x_2，…，x_{k-1}，记$A_{k-1}=\frac{x_1+x_2+\cdots+x_{k-1}}{k-1}$，$G_{k-1}=\sqrt[k-1]{x_1x_2\cdots x_{k-1}}$，有

$$\frac{x_1+x_2+\cdots+x_{k-1}+A_{k-1}}{k}\geqslant\sqrt[k]{x_1x_2\ldots x_{k-1}A_{k-1}}$$

这个不等号是基于$A_k\geqslant G_k$。考虑到

$$x_1+x_2+\cdots+x_{k-1}=(k-1)A_{k-1}$$

$$x_1x_2\cdots x_{k-1}=G_{k-1}^{k-1}$$

于是上述不等式变为$\frac{(k-1)A_{k-1}+A_{k-1}}{k}\geqslant\sqrt[k]{G_{k-1}^{k-1}A_{k-1}}$，即

$$A_{k-1}\geqslant G_{k-1}$$

综上所述，对于任意的自然数n，可以先找到足够大的k使得$2^k\geqslant n$，然后由第一条递推关系得到$A_{2^k}\geqslant G_{2^k}$，最后由第二条递推关系得到

$$A_n\geqslant G_n$$

上页图6所示的另一种推倒多米诺骨牌的方式，可以帮助我们更好地理解逆向归纳法的原理。普通的归纳法是先向右推倒第一块骨牌，于是后面的骨牌都会依次倒下。逆向归纳法是找到一块编号足够大的骨牌（比如2^n）并且向左推倒，于是前面的骨牌都会依次倒下。由于n的选择可以是足够大的，因此不论需要使哪一块骨牌倒下，都可以先让一块在它右边的骨牌向左倒下，从而使得之前的骨牌全部倒下。

使用逆向归纳法证明命题成立的两个步骤：
- 证明命题对充分大的自然数成立
- 假设命题对k成立，证明命题对$k-1$也成立

原理应用知多少！

行走时间比较

想象一个图7的这样场景：A、B两人从同一地点同时出发，沿同一路线走向终点，A有一半时间以速度x行走，另一半时间以速度y行走；B有一半路程以速度x行走，另一半路程以速度y行走，如果$x \neq y$，A、B两人谁能够先到达终点?

假设这段路线的总路程为s，A、B两人到达终点的时间分别为t_A、t_B，那么

$$\frac{1}{2}t_A x + \frac{1}{2}t_A y = s$$

$$t_B = \frac{\frac{1}{2}s}{x} + \frac{\frac{1}{2}s}{y}$$

解得

$$t_A = \frac{2s}{x+y} = \frac{s}{\frac{x+y}{2}}, \quad t_B = \frac{1}{2}s\left(\frac{1}{x} + \frac{1}{y}\right) = \frac{s}{\frac{2}{\frac{1}{x}+\frac{1}{y}}}$$

根据均值不等式及$x \neq y$可知：

$$\frac{x+y}{2} > \frac{2}{\frac{1}{x}+\frac{1}{y}}$$

所以$t_A < t_B$，即A先到达终点。

[图7] A、B两人以不同方式行走

 坏掉的天平

有一台坏掉的天平，除了两臂的长度不相等，其余部分都是精确的（图8）。有人尝试用它按照以下步骤称物体的质量：

- 将物体放在左边的托盘称一次，得到质量a。
- 将物体放在右边的托盘称一次，得到质量b。
- 取两次称量的算术平均数$\frac{a+b}{2}$为物体的质量。

结果发现，这样称量计算后得到的质量都比实际物体质量大。

［图8］坏天平称量物体的办法

假设天平的左、右臂长分别为l_1，l_2，物体的实际质量为M，那么根据杠杆的平衡原理：

$$l_1M = l_2a$$

$$l_2M = l_1b$$

将以上两个等式左右两边分别相乘，可得

$$M^2 = ab$$

即

$$M = \sqrt{ab}$$

因$l_1 \neq l_2$，所以$a \neq b$。根据均值不等式可知，$\sqrt{ab} < \frac{a+b}{2}$，解释了为什么这样称量计算后得到的质量都比实际物体的质量大。

所以这也启示我们，对于这样坏掉的天平，确实可以通过称量两次取平均数的方法来称出物体的质量，不过需要取几何平均数，而不是算术平均数。

难易程度：★★★★☆

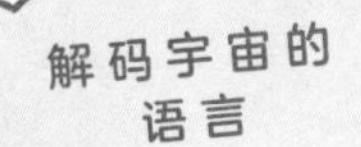

二项式定理

具有神奇性质的杨辉三角形中，隐藏着排列组合计数的秘密。

大师面对面

—— 艾萨克·牛顿（Isaac Newton，1643年1月4日—1727年3月31日），英国物理学家、数学家、天文学家、哲学家等。

我1687年发表《自然哲学的数学原理》，阐述了万有引力和三大运动定律，由此奠定现代物理学和天文学、现代工程学的基础。

—— 二项式系数的三角形排列通常被认为是法国数学家布莱兹·帕斯卡的贡献，您将二项式定理的系数推广到有理数。

我们知道完全平方公式揭示了$(a+b)^2$展开后每一项的结构及其系数。二项式定理则是将这样的展开推广到了任意正整数的范畴。

—— 通过模仿完全平方公式，可以推出$(a+b)^3=a^3+3a^2b+3ab^2+b^3$，但是对于更高的次数，就比较麻烦了。

所以我们需要找到一般性的方法，把这个问题一分为二：$(a+b)^n$展开后的多项式，合并同类项后由哪几项组成；每一项之前的系数应该是多少。

—— 第一个部分似乎更为简单，想象有n个$(a+b)$相乘，展开后的每一项都可以看作从这n个括号中选择a或b进行相乘，所以每一项都形如a^ib^{n-i}。

对，那么接下来就需要考虑每一项的a^ib^{n-i}对应的系数是多少。也就是说，在n个括号中选择i个括号取a，另外$n-i$个括号取b，这样的选择方式有多少种。

原理解读！

- 二项式定理表达了形如$(x+y)^n$的两数和的整数次幂形式展开成和的形式，具体公式为$(x+y)^n = C_n^0 x^n y^0 + C_n^1 x^{n-1} y^1 + \cdots + C_n^n x^0 y^n$，如下图所示。使用求和符号可以写为

$$(x+y)^n = \Sigma_{i=0}^{n} C_n^i x^{n-i} y^i$$

- 其中C_n^i是二项式系数，具体数值为$C_n^i = \frac{n!}{i!(n-i)!}$。

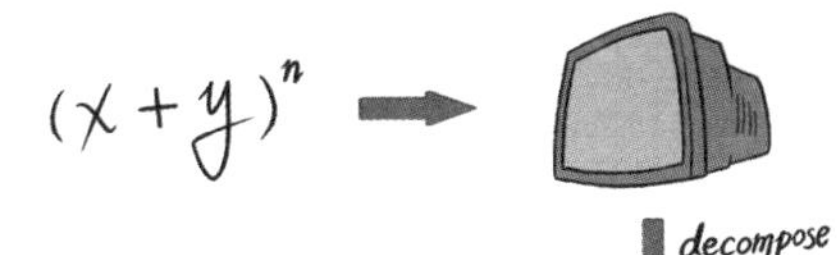

$$C_n^0 x^n y^0 + C_n^1 x^{n-1} y^1 + \cdots + C_n^{n-1} x^1 y^{n-1} + C_n^n x^0 y^n$$

- 特别地，如果取$y=1$，二项式定理可以变为关于x的单变量形式：

$$(1+x)^n = \Sigma_{i=0}^{n} C_n^i x^{n-i}$$

我通过对系数的深入研究，扩展了二项式定理的应用范围，不仅适用于整数指数，还适用于任何实数或复数指数。

C_n^i又被称为组合数，表示从n个不同的元素中选出i个元素的方法总数，不考虑顺序。

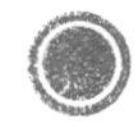

排列数

排列（Permutation）是将不同的元素根据确定的顺序重排，每个顺序都称作一个排列。例如，从1到5的数字有120种排列，对应于由这些数字组成的所有顺序，例如“4，5，2，3，1”与“3，2，4，1，5”。

我们用排列数P_n^k来表示从n个不同的元素中取出k个元素的排列数量，为了计算这个排列数，我们可以按顺序将k个元素依次取出。第1次选取时有n种选择方式，第2次选取时由于已经取出1个元素，所以有$n-1$种选择方式，以此类推，第k次选取时有$n-k+1$种选择方式。因此$P_n^k = n \times (n-1) \times \cdots \times (n-k+1)$，用阶乘符号可表达为

$$P_n^k = \frac{n!}{(n-k)!}$$

例如，某个周末在足球、篮球和乒乓球中选择2样运动分别作为周六和周日的锻炼活动，这样的选择方式共有$P_3^2 = 6$种，如图1所示。

［图1］选取运动

当$n = k$时，排列数$P_n^k = P_n^n = n!$，代表将n个元素直接进行排列的数量，也叫作全排列。

组合数

一个集合的元素的组合（Combination）是它的一个子集。若两个子集的元素完全相同并顺序相异，仍视为同一个组合，这是组合和排列的不同之处。

我们用组合数C_n^k来表示从n个不同的元素中取出k个元素的组合数量，为了计算这个组合数，我们可以先计算与之对应的排列数$P_n^k = \frac{n!}{(n-k)!}$。由于组合数中不考虑元素之间的顺序，而这$k$个被取出的元素共有k!种排列的可能性，即1种组合可以对应$k!$种对应的排列，因此组合数与排列数之间存在数量关系：$P_n^k = k!\,C_n^k$

于是得出

$$C_n^k = \frac{n!}{k!\,(n-k)!}$$

例如，某个周末在足球、篮球、乒乓球和羽毛球中选择2样运动分别作为锻炼活动，这样的选择方式共有$C_4^2 = 6$种，如图2所示。

［图2］选取运动

于是二项式定理中的二项式系数就是C_n^i，它代表了在n个括号中选择i个括号中的y和剩余$n-i$个括号中的x相乘，得到的$x^{n-i}y^i$共有几种组合。

在n个括号中选择i个可以看作在n个括号中选择剩余的$n-i$个，所以$C_n^i = C_n^{n-i}$。

杨辉三角形

杨辉三角形，又称帕斯卡三角形、贾宪三角形、海亚姆三角形等，是二项式系数的一种写法，形似三角形。在中国首现于南宋杨辉的《详解九章算法》，其在书中说明是引自贾宪的《释锁》，故又名贾宪三角形。图3是《永乐大典》中的杨辉三角形及其简化版。

［图3］《永乐大典》中的杨辉三角形及其简化版

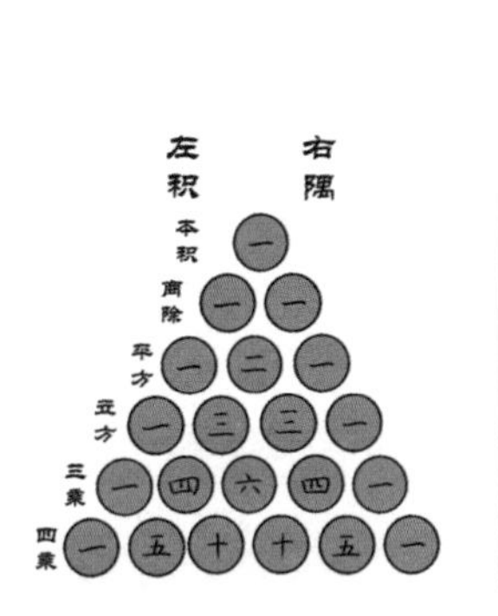

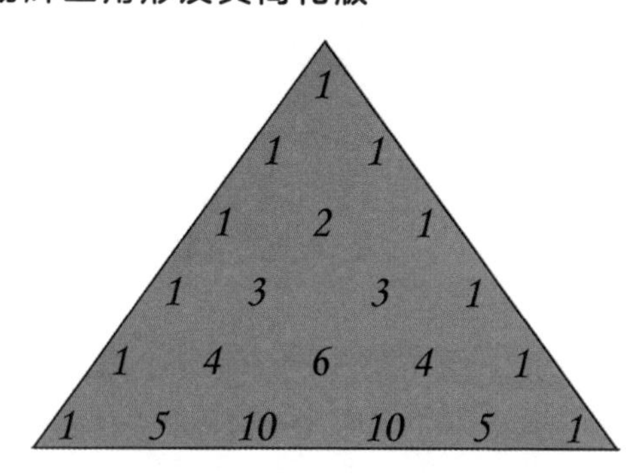

杨辉三角形的第$n+1$行正好对应于二项式$(x+y)^n$展开的系数，如第5行代表$(x+y)^4=x^4+4x^3y+6x^2y^2+4xy^3+y^4$。

在杨辉三角形中，除边缘的数字外，其他每一个数都为其上方两数之和。用组合数的语言描述就是

$$C_{n+1}^{k+1}=C_n^k+C_n^{k+1}$$

杨辉三角形有许多神秘而有趣的性质，例如：

• 杨辉三角形以正整数构成，数字左右对称，每行由1开始逐渐变大，然后变小，最后回到1。

• 杨辉三角形每一行的平方和在杨辉三角形中共出现奇数次。

• 杨辉三角形第2^a（a是正整数）行的所有数都是奇数，即$C_{2^a-1}^b$是奇数。

• 将三角形左端对齐之后，沿右斜45°的对角线方向（不改变三角形形状的话则需要按照中国象棋马的走法）取得的数之和为斐波那契数。

• 杨辉三角形第n行的数字总和为2^{n-1}。

• 杨辉三角形第n行的数字按顺序写下得到的数字是11^{n-1}。

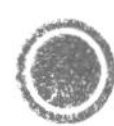

二项式定理的数学归纳法证明

杨辉三角形揭示的规律$C_{n+1}^{k+1}=C_n^k+C_n^{k+1}$，内含着某种递推关系，因为我们仅仅需要写出杨辉三角形的两条边（即所有的“1”），结合杨辉三角形“每一个数都为其上方两数之和”的性质，便可以将杨辉三角形一直画下去。这与数学归纳法的原理类似，事实上，二项式定理确实可以用数学归纳法来证明。

首先$n=1$时，$(x+y)^1=x+y=C_1^0x+C_1^1y$成立。

假设$n=k$时二项式定理成立，那么$n=k+1$时：

$$
\begin{aligned}
(x+y)^{k+1} &= (x+y)(x+y)^k \\
&= x(x+y)^k+y(x+y)^k \\
&= x\Sigma_{i=0}^{k}C_k^i x^{k-i}y^i+y\Sigma_{j=0}^{k}C_k^j x^{k-j}y^j \\
&= \Sigma_{i=0}^{k}C_k^i x^{k+1-i}y^i+\Sigma_{j=0}^{k}C_k^j x^{k-j}y^{j+1} \\
&= x^{k+1}+\Sigma_{i=1}^{k}C_k^i x^{k+1-i}y^i+y^{k+1}+\Sigma_{j=0}^{k-1}C_k^j x^{k-j}y^{j+1} \\
&= x^{k+1}+\Sigma_{i=1}^{k}C_k^i x^{k+1-i}y^i+\Sigma_{i=1}^{k}C_k^{i-1}x^{k+1-i}y^i+y^{k+1}(j=i-1) \\
&= x^{k+1}+\Sigma_{i=1}^{k}\left(C_k^i+C_k^{i-1}\right)x^{k+1-i}y^i+y^{k+1} \\
&= \Sigma_{i=0}^{k+1}C_{k+1}^i x^{k+1-i}y^i
\end{aligned}
$$

于是二项式定理得证。

原理应用知多少！

抛硬币的学问

如果向空中抛出偶数枚硬币，最后正面朝上和反面朝上的硬币数量最有可能是多少?

直觉告诉我们，最有可能发生的是两者的数量相等。想要从数学上证明，我们可以先来看图4的例子。

［图4］抛出6枚硬币

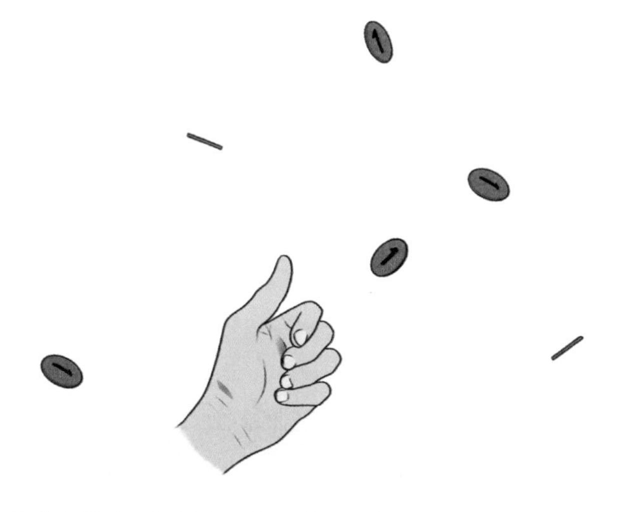

向空中抛出6枚硬币，其中i枚正面朝上而$6-i$枚反面朝上的所有情况数为C_6^i，对于单枚硬币，不管是正面朝上还是反面朝上的概率都是$\frac{1}{2}$，于是i枚正面朝上而$6-i$枚反面朝上的概率为$P(i)=C_6^i\left(\frac{1}{2}\right)^i\left(\frac{1}{2}\right)^{6-i}$。以此可以分别计算出

- 0正6反的概率：$P(0)=0.0156$
- 1正5反的概率：$P(1)=0.0938$
- 2正4反的概率：$P(2)=0.2344$
- 3正3反的概率：$P(3)=0.3125$
- 4正2反的概率：$P(4)=0.2344$

• 5正1反的概率：$P(5) = 0.0938$

• 6正0反的概率：$P(6) = 0.0156$

可以看出，确实是正面朝上和反面朝上数量相等的概率最大。

事实上，对于n枚硬币向上抛起的情况，可以将每一种情况的概率分布用二项式展开表示：

$$\left(\frac{1}{2}+\frac{1}{2}\right)^{n} = \Sigma_{i=0}^{n} C_{n}^{i}\left(\frac{1}{2}\right)^{n-i}\left(\frac{1}{2}\right)^{i} = \left(\frac{1}{2}\right)^{n}\Sigma_{i=0}^{n} C_{n}^{i}$$

上述等式的左边即为1，代表所有概率相加的总和为1。等式右边即为恰好有i枚硬币正面朝上的情况的概率（$i = 0$，1，2，…，n）。由于$\left(\frac{1}{2}\right)^{n-i}\left(\frac{1}{2}\right)^{i} = \left(\frac{1}{2}\right)^{n}$，因此只需要确定二项式系数中哪一个最大，那种情况发生的概率就是最大的。

从杨辉三角形便可以发现，最中间的组合数是最大的，也就是说当n为偶数的时候，正面朝上和反面朝上的硬币数量都为$\frac{n}{2}$发生的概率最大。

若想要严格地证明，我们考虑相邻两个组合数的比值：

$$\frac{C_{n}^{i+1}}{C_{n}^{i}} = \frac{\frac{n!}{(i+1)!(n-i-1)!}}{\frac{n!}{i!(n-i!)}}$$

$$= \frac{i!}{(i+1)!}\frac{(n-i!)}{(n-i-1)!}$$

$$= \frac{n-i}{i+1}$$

因此，当$i < \frac{n-1}{2}$时，$\frac{n-i}{i+1} > 1$，$C_{n}^{i+1} > C_{n}^{i}$；当$i > \frac{n-1}{2}$时，$\frac{n-i}{i+1} < 1$，$C_{n}^{i+1} < C_{n}^{i}$。所以当n为偶数时，最大的组合数为$C_{n}^{\frac{n}{2}}$。

在比较式子大小的时候，可以根据式子的结构更适合作加减运算还是乘除运算，选择“作差法”或“相除法”并分别与0或1来比较进行判断。

证明组合恒等式

证明$\Sigma_{i=0}^{n}C_n^i=2^n$，即杨辉三角形的第5条性质。

事实上对于前文中所推出的等式：

$$1=\left(\frac{1}{2}+\frac{1}{2}\right)^n=\left(\frac{1}{2}\right)^n\Sigma_{i=0}^{n}C_n^i$$

等式两边同时乘2^n即可得到$\Sigma_{i=0}^{n}C_n^i=2^n$，如图5所示。

另一种思路是，为了使得上述组合数的和出现，可以在二项式定理中令$x=y=1$，我们便立刻可以得到$(1+1)^n=\Sigma_{i=0}^{n}C_n^i1^i1^{n-i}$，即

$$\Sigma_{i=0}^{n}C_n^i=2^n$$

证明$\Sigma_{i是奇数}C_n^i=\Sigma_{i是偶数}C_n^i$。

上述结论可以直接在二项式定理中令$x=1$，$y=-1$得出。

[图5] 杨辉三角形每一行数字的和

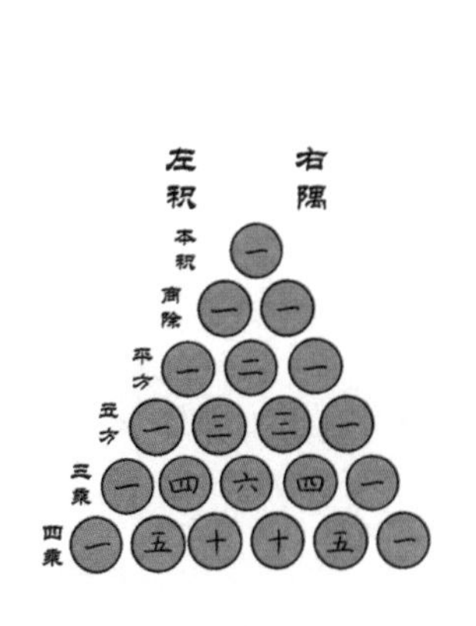

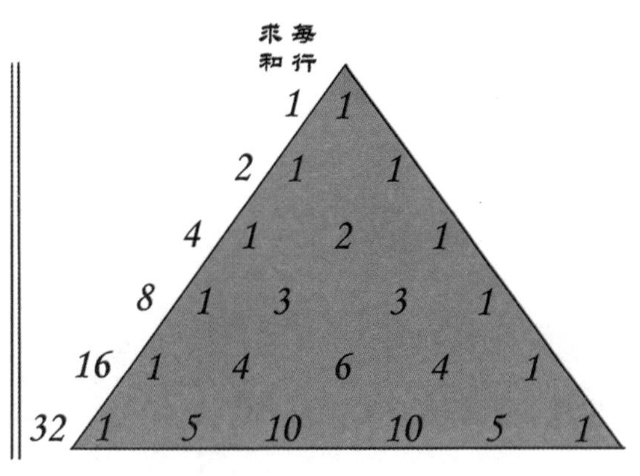

广义二项式定理

牛顿将二项式定理从n为正整数的形式推广到了n为任意实数的一般性情况，如图6所示。即

$$(x+y)^\alpha=\Sigma_{i=0}^{n}\binom{\alpha}{i}x^{\alpha-i}y^i$$

其中 $\binom{\alpha}{i}=\frac{\alpha(\alpha-1)\cdots(\alpha-i+1)}{i!}$。

［图6］牛顿的思考：把正整数 n 推广到实数 α

多项式定理

对于多元形式的多项式定理，可以看作二项式定理的推广：

$$(x_1+x_2+\cdots+x_k)^n$$

$$=\Sigma_{\alpha_1+\alpha_2+\cdots+\alpha_k=n}\frac{n!}{\alpha_1!\,\alpha_2!\cdots\alpha_k!}x_1^{\alpha_1}x_2^{\alpha_2}\cdots x_k^{\alpha_k}$$

其中 $\Sigma_{\alpha_1+\alpha_2+\cdots+\alpha_k=n}$ 表示对所有满足 $\alpha_1+\alpha_2+\cdots+\alpha_k=n$ 的自然数组（α_1，α_2，…，α_k）的情况进行求和。

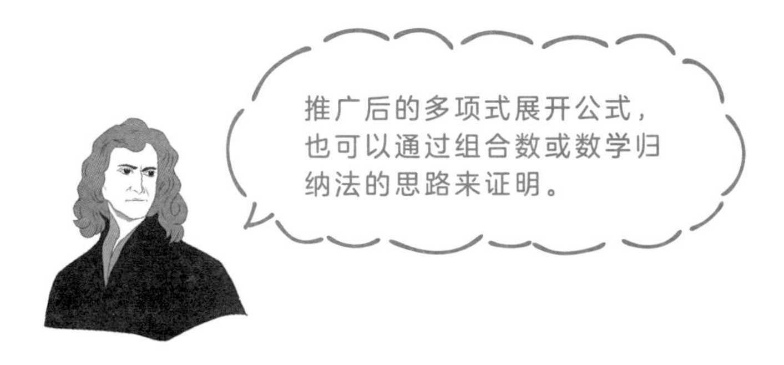

神奇的自然对数“e”

数学中的常数e是一个非常著名的数字，通常称为自然对数的底数，也称为自然常数、自然底数或欧拉数，以纪念瑞士数学家欧拉。e是一个无限不循环的小数，大致值为e≈ 2.71828182845904523…，如图7所示。第一次把e看作常数的是雅各布·伯努利，他在尝试计算表达式$\lim\limits_{n\to\infty}\left(1+\frac{1}{n}\right)^n$的值时引入了e。

［图7］自然对数e

上述代表式把1与无穷小相加，再自乘无穷多次。使用二项式定理能得出

$$e=\lim_{n\to\infty}\left(1+\frac{1}{n}\right)^n$$

$$=\lim_{n\to\infty}\Sigma_{i=0}^{n}\frac{n(n-1)\dots(n-i+1)}{i!}\frac{1}{n^i}$$

$$=\lim_{n\to\infty}\Sigma_{i=0}^{n}\frac{n(n-1)\dots(n-i+1)}{n^i}\frac{1}{i!}$$

$$=\lim_{n\to\infty}\Sigma_{i=0}^{n}1\left(1-\frac{1}{n}\right)\dots\left(1-\frac{i-1}{n}\right)\frac{1}{i!}$$

当n无穷大时，

$$\frac{1}{n}\approx 0,\ \frac{2}{n}\approx 0,\ \cdots,\ \frac{i-1}{n}\approx 0$$

因此上式右边$=\lim\limits_{n\to\infty}\Sigma_{i=0}^{n}\frac{1}{i!}$。即

$$e=\Sigma_{i=0}^{+\infty}\frac{1}{i!}=\frac{1}{0!}+\frac{1}{1!}+\frac{1}{2!}+\cdots$$

这能够帮助我们估计e的近似值。

棣莫弗公式

通过想象力定义负数的平方根，开启复数背后隐藏的虚拟世界。

大师面对面

——亚伯拉罕·棣莫弗（Abraham de Moivre，1667年5月26日—1754年11月27日），法国数学家，发现了棣莫弗公式，从而将复数和三角学联系起来。

我在英国皇家学会认识了牛顿先生，并且与他成了好朋友。1710年我还被指派处理牛顿和莱布尼茨关于微积分发明者的争议。

——我们都知道负数没有平方根，假设负数也有平方根，会发生什么?

我们可以用i来表示-1的算术平方根，即$i^2=-1$，$i=\sqrt{-1}$，这样便凭借想象构建出了一种新的数，称之为虚数，即虚拟的、想象的数。

——有了虚数，就可以表示负数的平方根了，结合实数的运算法则就能够发明出一套全新的运算逻辑，比如$\sqrt{-4}=2\sqrt{-1}=2i$。

因此，i也被称为虚数单位。实数和虚数一起，构成了更大的数系，即复数。17世纪笛卡尔先生称负数的平方根为虚数，即“子虚乌有的数”，以表达对此的无奈和不忿。

——那么，您发现的棣莫弗公式，表达了复数怎样的特征呢?

我们通常用数轴来表示实数，那么垂直于数轴，画上另外一条表示纯虚数的虚轴后，就可以用这个平面表示任意复数了。棣莫弗公式可以告诉我们，如果把所有的复数都在复平面上表示，那么复数的乘法就可以看作是在复平面上的旋转过程。

原理解读！

- 棣莫弗公式是一个关于复数和三角函数的公式，对于任何实数x和整数n，有以下恒等式成立：

$$(\cos x+\mathrm{i}\sin x)^n=\cos nx+\mathrm{i}\sin nx$$

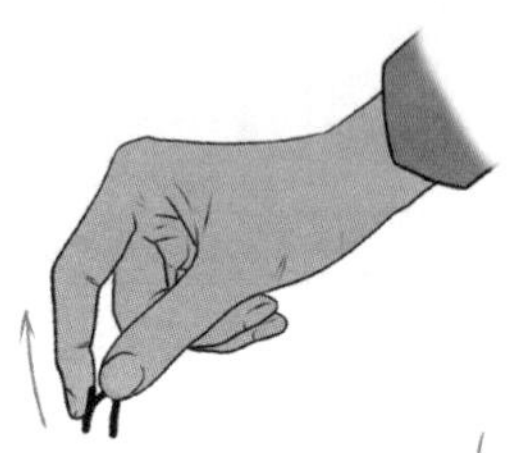

- i是虚数单位，即$\mathrm{i}^2=-1$。任何复数都可以表达为$a+b\mathrm{i}$的形式，其中a，b都是实数，分别称为复数的“实部”和“虚部”。

- 为了方便起见，我们常常将$\cos x+\mathrm{i}\sin x$记作$\mathrm{cis}(x)$，所以棣莫弗公式也可以写为

$$\mathrm{cis}^n(x)=\mathrm{cis}(nx)$$

虚部为零的复数可以看作是实数。

复数的运算

通过形式上应用代数的结合律、交换律和分配律，再加上 $i^2=-1$，我们可以定义复数的加法、减法、乘法和除法。

- 加法：$(a+bi)+(c+di)=(a+c)+(b+d)i$
- 减法：$(a+bi)-(c+di)=(a-c)+(b-d)i$
- 乘法：$(a+bi)(c+di)=(ac-bd)+(ad+bc)i$
- 除法：$\frac{(a+bi)}{(c+di)}=\frac{(a+bi)(c-di)}{(c+di)(c-di)}=\frac{ac+bd}{c^2+d^2}+\frac{bc-ad}{c^2+d^2}i$

复数中的虚数是无法比较大小的，即两个虚数只有相等和不等两种等量关系。当且仅当两个复数的实部和虚部分别相等，则两个复数相等。即若 $a+bi=c+di$，那么$a=c$，$b=d$。

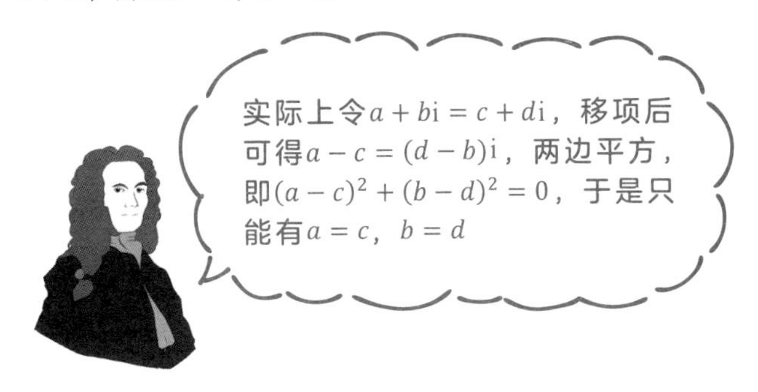

复平面

图1显示在几何上，复数将水平轴用于实部，将垂直轴用于虚部，将一维数线的概念扩展到二维复平面。这些数字的点位于复平面的垂直轴上。

［图1］复平面中的复数

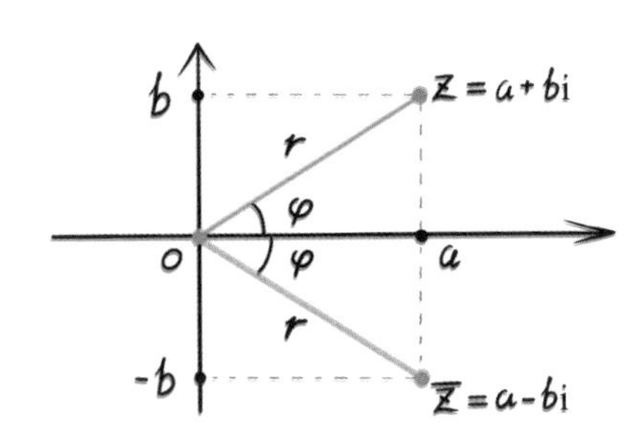

对于复数$z=a+b\mathrm{i}$，我们称$r=|z|=\sqrt{a^2+b^2}$为z的模，表示复平面上表示z的点到原点O的距离。

复数的辐角是指复数在复平面上对应的向量和正向实数轴所成的有向角（有标示起始边与终边的角）。图1中z的辐角为ϕ，由于$\sin\phi=\frac{b}{r}$，$\cos\phi=\frac{a}{r}$因此复数z也可以表示成极坐标形式：$z=r(\cos\phi+\mathrm{i}\sin\phi)$。也就是说复数既可以由它的实部、虚部两个参数来确定，也可以由它的模、辐角两个参数来确定。

$\bar{z}=a-b\mathrm{i}$称为z的共轭复数，是z关于实数轴的“对称点”。

复数乘法的几何意义

图2中，当我们需要计算复数z_1和z_2的乘积时，可以将它们先表示为极坐标形式：$z_1=r_1(\cos\theta_1+\mathrm{i}\sin\theta_1)$，$z_2=r_2(\cos\theta_2+\mathrm{i}\sin\theta_2)$，其中$r_j$是$z_j$的模，$\theta_j$是$z_j$的辐角，于是根据复数乘法的运算法则以及三角函数的和角公式，有

$$\begin{aligned}z_1z_2&=r_1r_2(\cos\theta_1+\mathrm{i}\sin\theta_1)(\cos\theta_2+\mathrm{i}\sin\theta_2)\\&=r_1r_2[(\cos\theta_1\cos\theta_2-\sin\theta_1\sin\theta_2)\\&\quad+(\cos\theta_1\sin\theta_2+\sin\theta_1\cos\theta_2)\mathrm{i}]\\&=r_1r_2(\cos(\theta_1+\theta_2)+\mathrm{i}\sin(\theta_1+\theta_2))\end{aligned}$$

即两个复数相乘，相当于模相乘、辐角相加。在复平面上体现为与原点连线的旋转与伸缩。

［图2］复数乘法的几何表示

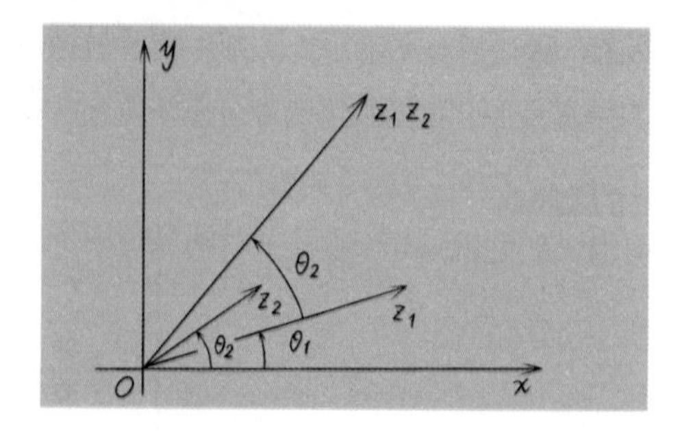

棣莫弗公式的证明

根据复数乘法的几何意义，对于$z=\cos x+\mathrm{i}\sin x$，$z^n$相当于$n$个$z$相乘，即模变为$1^n=1$，而辐角变为$nx$，即$z^n=\cos nx+\mathrm{i}\sin nx$。这便是棣莫弗公式。

我们用数学归纳法来严格地证明棣莫弗公式 $(\cos x+\mathrm{i}\sin x)^n=\cos nx+\mathrm{i}\sin nx$。

当$n=1$时，结论显然成立。

假设$n=k$时有$(\cos x+\mathrm{i}\sin x)^k=\cos kx+\mathrm{i}\sin kx$，

那么$n=k+1$时，

$$
\begin{aligned}
(\cos x+\mathrm{i}\sin x)^{k+1} &= (\cos x+\mathrm{i}\sin x)^k(\cos x+\mathrm{i}\sin x)\\
&= (\cos kx+\mathrm{i}\sin kx)(\cos x+\mathrm{i}\sin x)\\
&= (\cos kx\cos x-\sin kx\sin x)+(\cos kx\sin x+\sin kx\cos x)\mathrm{i}\\
&= \cos(x+kx)+\mathrm{i}\sin(x+kx)\\
&= \cos(k+1)x+\mathrm{i}\sin(k+1)x
\end{aligned}
$$

综上所述，根据数学归纳法，$(\cos x+\mathrm{i}\sin x)^n=\cos nx+\mathrm{i}\sin nx$成立。

另外，由恒等式$(\cos nx+\mathrm{i}\sin nx)(\cos(-nx)+\mathrm{i}\sin(-nx))=1$可知，公式对负整数的情况也成立。图3是棣莫弗公式在复平面上的一个具体表现形式。

[图3] 棣莫弗公式在复平面上的表现形式

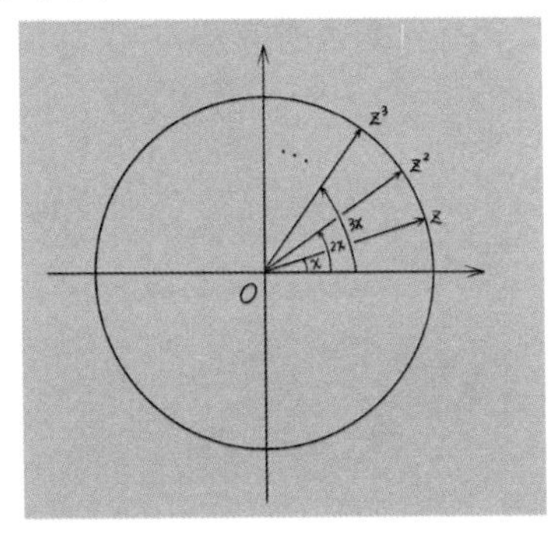

原理应用知多少！

用棣莫弗公式求根

棣莫弗公式可以用于求解复数的n次方根，比如如下方程需要求出z的n次方根w：

$$w^n = z$$

设$z = r(\cos x + \mathrm{i}\sin x)$，$w = r'(\cos y + \mathrm{i}\sin y)$，根据棣莫弗公式有：

$$z = w^n = (r')^n(\cos ny + \mathrm{i}\sin ny)$$

即$r(\cos x + \mathrm{i}\sin x) = (r')^n(\cos ny + \mathrm{i}\sin ny)$

于是得到

$$r' = \sqrt[n]{r}$$

$$ny = x + 2k\pi (k \in Z)$$

也就是

$$y = \frac{x + 2k\pi}{n}$$

图4中，当k取0，1，2，…，$n-1$，我们便得到n个不同的根：

$$w_k = \sqrt[n]{r}\left(\cos\frac{x + 2k\pi}{n} + \mathrm{i}\sin\frac{x + 2k\pi}{n}\right)$$

［图4］复数z的n个n次方根

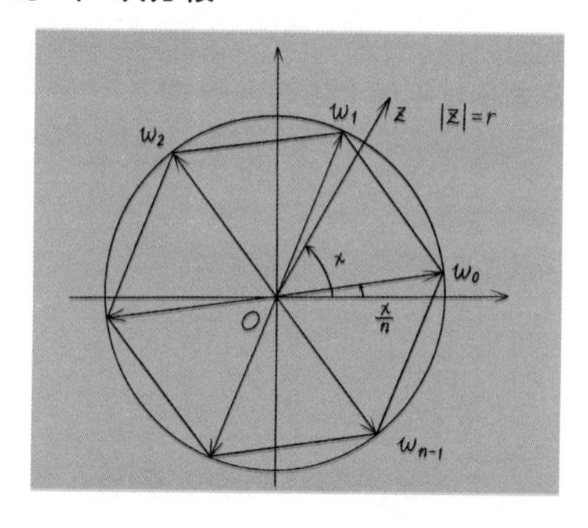

美妙的欧拉公式

欧拉公式为$e^{ix}=\cos x+i\sin x$，如图5所示。欧拉公式在数学、物理和工程领域应用广泛，特别是在复数分析、波动方程、量子力学等理论中，该公式提供了一种将三角函数与指数函数联系起来的强大工具。物理学家理查德·费曼将欧拉公式称为“我们的珍宝”和“数学中最非凡的公式”。

当$x=\pi$时，欧拉公式便成为欧拉恒等式：

$$e^{i\pi}+1=0$$

这个公式将数学中最常见的5个常数：0（加法单位元）、1（乘法单位元）、i（虚数单位）、π（圆周率）和e（自然常数）通过一个恒等式巧妙地联系在了一起，因此也被许多的数学家、科学家和名人作为自己最喜欢的数学公式。

欧拉公式也说明了当x取遍不同的值时，e^{ix}在复平面上显示出的轨迹为单位圆。

［图5］欧拉公式图示

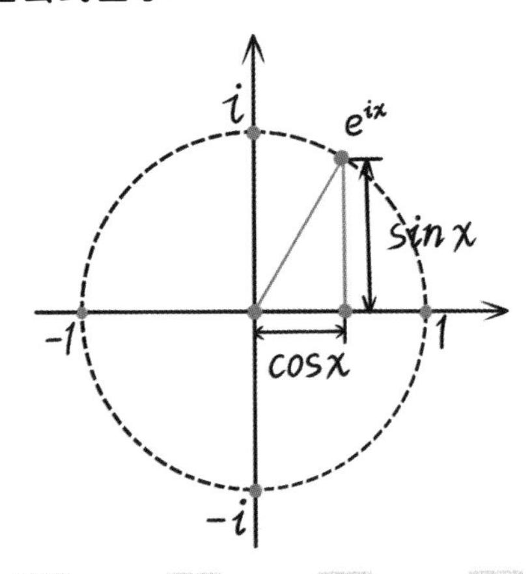

几何篇

发 现 形 状 的 奥 秘

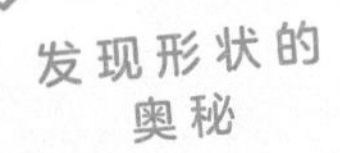

难易程度：★☆☆☆☆

欧几里得公理

建立几何学的基础，5条基本公理定义了空间和数学逻辑的基础结构。

大师面对面

——公元前3世纪，古希腊数学家欧几里得（Euclid）将当时已广泛接受的几何学知识整理为一系列定义和公理。

我在这些知识的基础上探究图形的特性，建立了一套严密的演绎系统，并撰写了著名的《几何原本》，从而奠定了欧氏几何学的基础。

——《几何原本》这部著作共分为13卷，包含465个命题。整部书是基于6个定义、5个公设以及5个公理构建的完整数学体系，内容覆盖了平面几何、算术、立体几何等领域。

书中主要采用演绎推理法（即三段论）来展开数学命题，展示了丰富的数学知识，其中的9卷专门讨论几何学问题。

——《几何原本》的证明逻辑严密、结构精确，其价值远超过书中内容的丰富性或是对定理的精确论证。

我在此书中引入了公理化的方法，这种方法不仅孕育了理性思考的精神，还展示了理性思维的强大力量：仅凭几条基本的公理，就能推演出数百乃至数千条定理。

——寻求真理的人模仿您的方法来构建自己的理论体系。如牛顿的力学和爱因斯坦的相对论，都是基于几个核心原理通过逻辑推理演绎出来的。

从5条基本的公理出发，从零开始搭建欧几里得几何学的高楼大厦吧。

原理解读！

- 欧几里得几何是指按照欧几里得的《几何原本》构造的几何学，其传统描述是一个公理系统，通过有限的公理来证明所有的真命题。

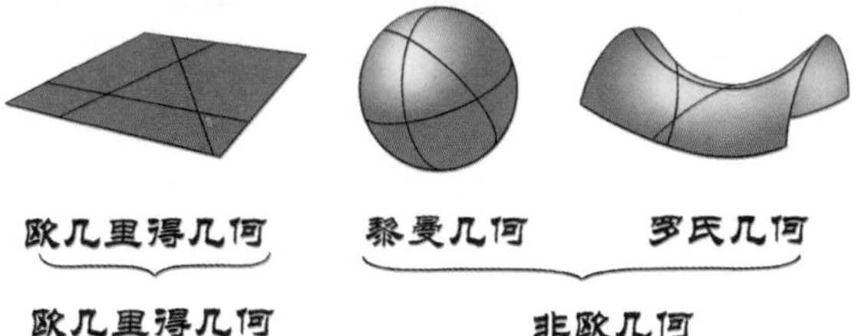

- 公理1（点与线的公理）：任意两点之间可以画一条线段，并且这条线段可以无限延长成直线。
- 公理2（线段延长公理）：任何线段都可以在两端无限延长。
- 公理3（圆的公理）：以任意一点为中心，任意距离为半径，都可以画一个圆。
- 公理4（直角相等公理）：所有的直角都相等。
- 公理5（平行公理）：如果一条直线与另外两条直线相交，使得交点一侧的内角之和小于两个直角，则这两条直线在那一侧会相交。

我还提出了5个一般概念：
- 与同一量相等的两个量相等。
- 相等的量加上相等的量，和仍然相等。
- 相等的量减去相等的量，差仍然相等。
- 完全重叠的两个图形是全等的。
- 整体大于局部。

平行公理可以推出命题：
通过一个不在直线上的点，有且仅有一条不与该直线相交的直线。

欧几里得维度

几何维度（欧几里得维度）描述的是构成一个几何体所需要的独立参数个数。

0维是一个点，没有长度；1维是线，只有长度；2维是一个平面，是由长度和宽度形成面积；3维是2维加上高度形成体积。三维空间中一共有3个维度，可以往上下、前后、左右移动，其他方向的移动只需用3个三维空间轴来表示。向下移就等于负方向地向上移，向右前移就只是向右和向前移的结合。

［图1］以二维图像表示的前四个空间维度

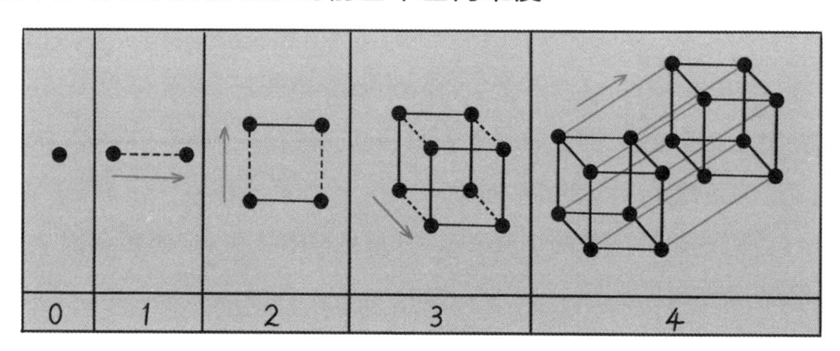

图1是以二维图像表示的前4个空间维度。两个点可以连接形成一个线段，两个平行线段可以连接形成一个正方形，两个平行的正方形可以连接形成一个立方体，两个平行的立方体可以连接形成一个超正方体。

事实上，欧几里得《几何原本》的开头明确提出了23个定义，紧接着是10条几何公理和一些一般公理。在这些定义中，前6个尤为关键：

①点定义：点是无部分之物（A point is that which has no part）。也就是说，点只有位置而没有大小。

②线段定义：线段仅有长度，没有宽度（A line is breadthless length）。

③线段的端点定义：线的极端是点（The extremities of a line are points）。这说明线段由点构成，且线段具有长度而无面积。

④直线定义：直线是均匀地与其上面的点对齐的线（A straight line is a line which lies evenly with the points on itself）。

⑤面定义：面是仅具有长度和宽度的对象（A surface is that which has

length and breadth only）。

⑥面的边界定义：面的极端是线（The extremities of a surface are lines）。

根据第3个到第6个定义，面是由线构成的，且无厚度。因此，面仅具有面积而无体积。

这6个定义为《几何原本》中的几何理论提供了基础，欧几里得正是通过它们建立了其数学论证的框架。

欧几里得空间

欧几里得空间是欧几里得建立的角和空间中距离之间联系的法则。欧几里得首先研究了平面上二维物体的“平面几何”，接着又分析了三维物体的“立体几何”。三维欧几里得空间中的每个点由3个坐标（x，y，z）确定，如图2所示。这些数学空间可以被扩展来应用于任何有限维度，叫作n维欧几里得空间，简称n**维空间**。

［图2］三维欧几里得空间中的每个点由3个坐标(x，y，z)确定

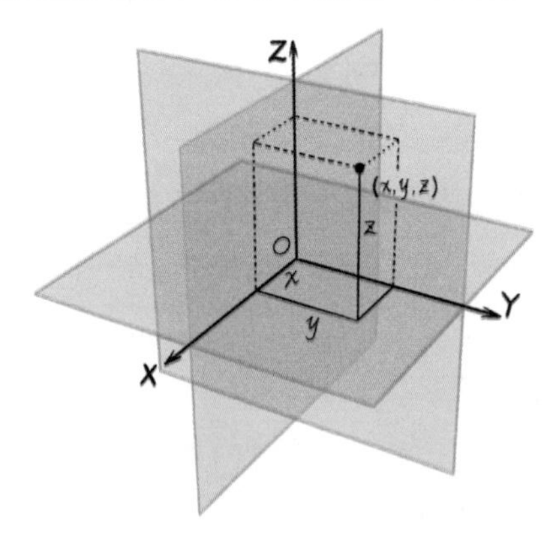

对任意一个正整数n，全体n元实数组构成了R上的一个n维向量空间，用R^n来表示，有时也称之为实数坐标空间。R^n中的元素可以表示为$\vec{x}=(x_1, x_2, \cdots, x_n)$，其中$x_i$为实数。运算的定义如下：

- 加法：$\vec{x}+\vec{y}=(x_1+y_1, x_2+y_2, \cdots, x_n+y_n)$

- 数乘：$a\vec{x} = (ax_1, ax_2, \cdots, ax_n)$
- 点乘（内积）：$\vec{x} \cdot \vec{y} = x_1y_1 + x_2y_2 + \cdots + x_ny_n = \sqrt{\sum_{i=1}^{n} x_iy_i}$

在欧氏几何中，我们希望能讨论两点间的距离、直线或向量间的夹角。一个自然的方法是在R^n中引入向量的标准内积（即“点积”）。利用这个内积，可以建立长度、距离、角度等概念。

- 长度：$|\vec{x}| = \sqrt{\vec{x} \cdot \vec{x}} = \sqrt{x_1^2 + x_2^2 + \cdots + x_n^2} = \sqrt{\sum_{i=1}^{n} x_i^2}$
- 距离：$d(\vec{x}, \vec{y}) = |\vec{x} - \vec{y}| = \sqrt{\sum_{i=1}^{n}(x_i - y_i)^2}$
- 夹角：$\cos < \vec{x}, \vec{y} > = \frac{\vec{x} \cdot \vec{y}}{|\vec{x}||\vec{y}|}$

以二维空间为例，如图3所示。

$$\vec{x} = (x_1, x_2), \vec{y} = (y_1, y_2),$$
$$\vec{x} + \vec{y} = (x_1 + y_1, x_2 + y_2)$$
$$a\vec{x} = (ax_1, ax_2)$$
$$\vec{x} \cdot \vec{y} = x_1y_1 + x_2y_2$$

线段OX的长度为

$$|\vec{x}| = \sqrt{x_1^2 + x_2^2}$$

线段XY的长度为

$$d(\vec{x}, \vec{y}) = \sqrt{(x_1 - y_1)^2 + (x_2 - y_2)^2}$$

夹角θ的余弦值满足

$$\cos\theta = \frac{x_1y_1 + x_2y_2}{\sqrt{x_1^2 + x_2^2}\sqrt{y_1^2 + y_2^2}}$$

[图3] 二维向量空间中的有关计算

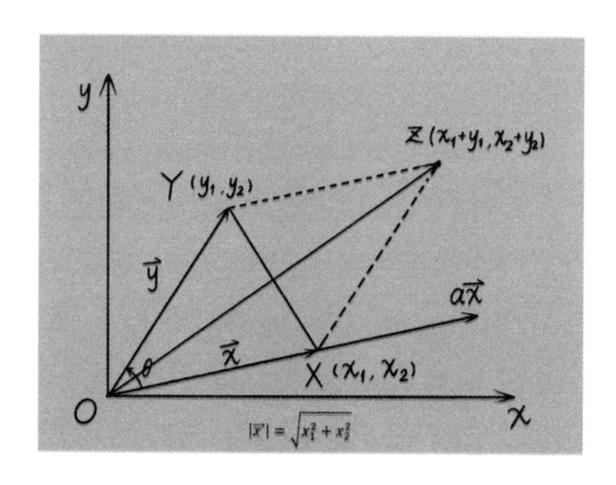

尺规作图

尺规作图（Compass-and-straightedge construction）是一种古希腊起源的数学作图方法，如图4所示。此作图法仅允许使用**圆规和直尺**，并要求在有限步骤内完成各种平面几何作图。在《几何原本》中，许多命题的证明和构造正是使用尺规进行的。

[图4] 尺规作图

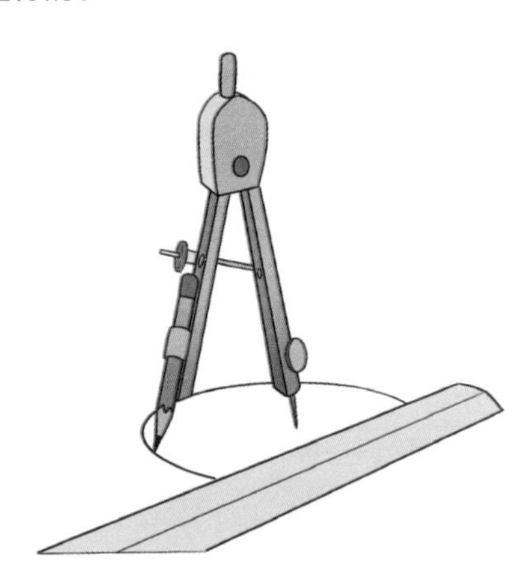

在尺规作图中，使用的“直尺”和“圆规”具有特殊定义，与现实中的工具有所区别。具体的限制如下：

- 直尺：直尺没有刻度，长度无限，仅用于绘制通过任意两点的直线。
- 圆规：圆规的开合距离可以无限大，但不能有刻度。它的开合只能是之前已构造过的某个具体长度或任意选择的长度。

以下是尺规作图中可用的基本方法，也称为**作图公法**，如图5所示。任何尺规作图的步骤均可分解为以下5种方法：

- 通过两个已知点可作一直线。
- 已知圆心和半径可作一个圆。
- 若两已知直线相交，可得其交点。
- 若已知直线和一已知圆相交，可得其交点。
- 若两已知圆相交，可得其交点。

其中前2条公法是欧几里得公理的公理1和公理3，而后3条公法则是利用了直尺和圆规各自的功能以及两者交互的作用。

[图5] 尺规作图的作图公法

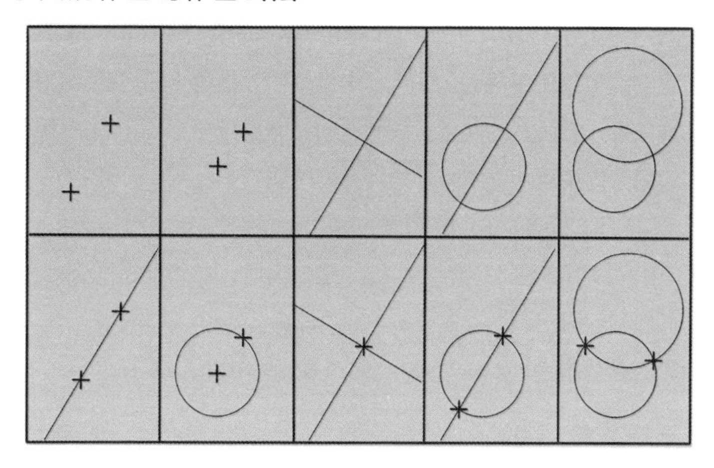

尺规作图的一个重要数学成果是对某些几何问题的不可解性的证明。例如，公元前三世纪的希腊数学家们已尝试使用尺规作图来解决三等分任意角问题、方圆问题（用直尺和圆规作一个与给定圆面积相等的正方形）和倍立方问题（用直尺和圆规将给定立方体的体积加倍），它们并称为古希腊三大难题。然而，直到19世纪，数学家才证明了这些问题在仅使用直尺和圆规的条件下是不可能解决的。

1672年，乔治·莫尔（Georg Mohr）证明了如果把“作直线”解释为“作出直线上的2点”，那么凡是尺规能作的，单用圆规也能作出，拿破仑问题（给定一圆和其圆心，只用圆规将此圆四等分）就是一个例子。
只用直尺就能作的图其实不多，但在已知一个圆和其圆心的情况下，凡是尺规能作的图，单用直尺也能作出。

平行线

在欧几里得几何中，永远不会相交的直线称为平行线。由平行公设，过直线外的任意一个点，都能画出唯一的一条与它平行的直线。

平面上，用一条直线截另外两条直线时，会截出两个交点，构成八个角，称为三线八角，如图6所示。在这八个角中有对顶角、同位角、同旁内角、同旁外角（它们的对顶角是同旁内角）、内错角和外错角（它们的对顶角是内错角）这几种关系。当所截的两条直线平行时，有同位角相等、内错角相等、外错角相等、同旁内角互补、同旁外角互补的性质。

在任何情况下，两条直线相交形成的对顶角都相等，比如$\angle 1=\angle 3$，$\angle 2=\angle 4$。

在图6中，$\angle 1$和$\angle 5$是同位角，$\angle 2$和$\angle 8$是内错角，$\angle 3$和$\angle 8$是同旁内角。根据平行线的性质我们得出$\angle 1=\angle 5$，$\angle 2=\angle 8$，$\angle 3+\angle 8=\pi$。

而$\angle 4$和$\angle 6$是外错角，$\angle 4=\angle 6$。$\angle 4$和$\angle 7$是同旁外角，$\angle 4+\angle 7=\pi$。

[图6] 三线八角

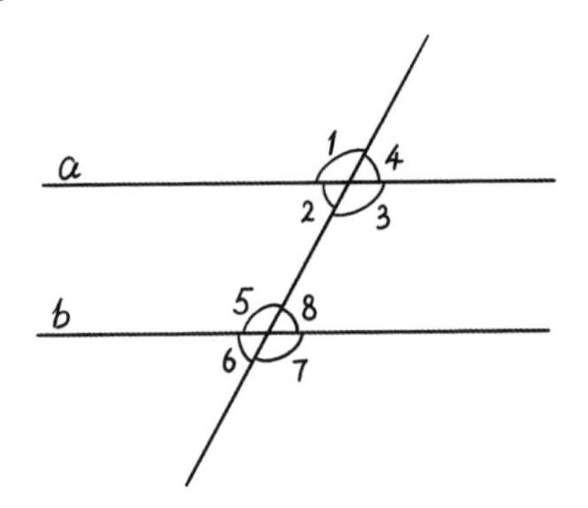

原理应用知多少！

三角形内角和定理

三角形的内角和定理是指在欧几里得几何中，三角形的三个内角和等于180°（即弧度制表示下的π）。

事实上，这个定理可以由欧几里得公理的平行公理推出。

在图7的ΔABC中，我们分别记三个内角为$\angle 1$，$\angle 2$，$\angle 3$，根据平行公理的推论，即“通过一个不在直线上的点，有且仅有一条不与该直线相交的直线”，可知过点A可以作出一条BC的平行线l。根据平行线的性质，得$\angle 2 = \angle 4$，$\angle 3 = \angle 5$，因此三角形的内角和为

$$\angle 1 + \angle 2 + \angle 3 = \angle 1 + \angle 4 + \angle 5 = \pi$$

［图7］平行公理证明三角形的内角和定理

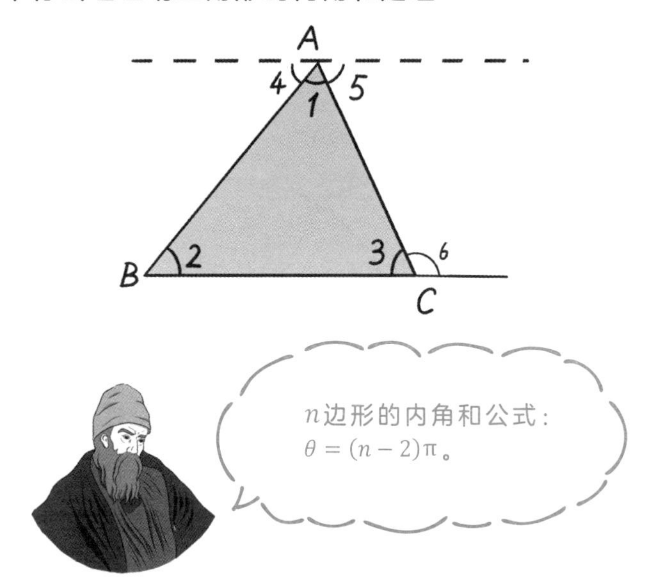

利用三角形的内角和定理可以得出一些有用的推论，比如：

- 直角三角形的两个锐角互余。
- 三角形的一个外角等于和它不相邻的两个内角和。

在图7中，延长BC得到$\angle 6$，由于$\angle 3 + \angle 6 = \pi$，因此

$$\angle 6 = \angle 1 + \angle 2$$

命题1：已知线段作等边三角形

欧几里得《几何原本》第1卷开篇的第1个命题是：给定一条已知线段，可以作出一个等边三角形。这一命题不仅展示了尺规作图的基本步骤，也体现了欧几里得系统化几何学的思想。《几何原本》中的作图方式如图8所示。下面是构造等边三角形的具体步骤：

- 选择起点：选择线段的一个端点A作为起点。

• 画圆：以点A为圆心，线段的长度作为半径，使用圆规画一个圆。

• 选择另一点：选择线段的另外一个端点B。

• 画另一个圆：以点B为圆心，线段的长度作为半径，使用圆规画一个圆，两个圆会有一个交点C。

• 连接顶点：使用直尺连接点A、B和C，形成一个三角形。

由于$AB = AC = BC$，因此所作的三角形是等边三角形。

［图8］《几何原本》中的作图方式

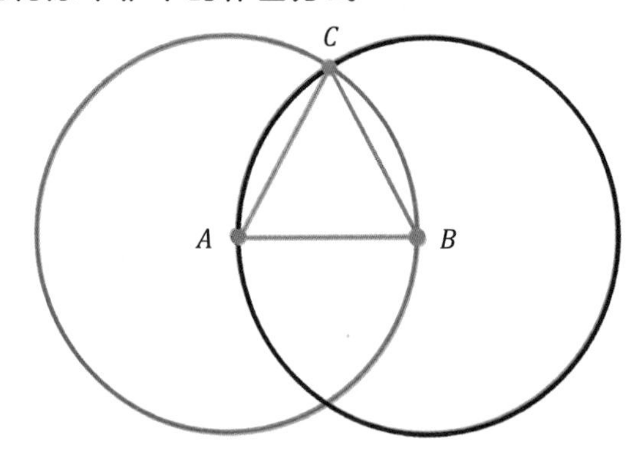

在实际的尺规作图中，我们可以只保留必要的圆弧而不必作出整个圆，这样能够使得作图过程和结果得到简化并且更清晰。简化后的尺规作图步骤，如图9所示。

［图9］简化后的尺规作图步骤

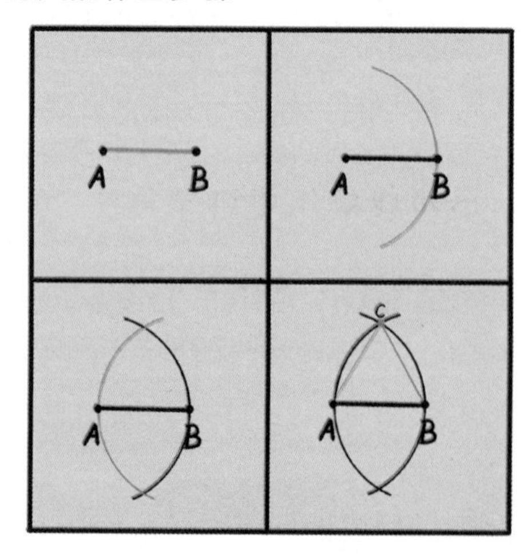

在几何学里，没有专为国王铺设的大道

在古希腊哲学与科学的黄金时代，几何学不仅是学者的专业领域，还意外成了社会时尚的一部分。普罗克洛斯在其著作《几何学发展概要》中记载了一个脍炙人口的故事，主角是欧几里得和他的一位不同寻常的学生——国王托勒密一世。

托勒密一世不仅是政治家，还是一位热衷学术的学者。在他的时代，几何学正如时下流行的网络热词一样，无人不谈。于是，国王也决定学习几何学，却发现这门学问并不浅显，如图10所示。

托勒密的学习过程并不顺利，几何学的严谨和复杂让他感到学习过程异常困难。在一次学习中，国王困惑不已，他询问欧几里得："大师，学习几何学难道没有什么捷径吗？"

欧几里得回答："陛下，学习数学就像耕作田地，没有不劳而获。在这个过程中，国王和百姓无异，都需付出努力。"

这段对话很快在民间广为流传，成了一句经典警句："在几何学里，没有专为国王铺设的大道。"这句话也深刻揭示了学术追求的公正性——无论身份高低，知识的探求都需付出相应的努力。

[图10] 国王正在学习几何学

毕达哥拉斯

勾股定理

古老定理的多样化证明方法，直角三角形最基本的数量关系。

大师面对面

——毕达哥拉斯（Pythagoras of Samos，公元前570年—公元前495年）是一名古希腊哲学家、数学家和音乐理论家，是毕达哥拉斯主义的创立者。

我认为数学可以解释世界上的一切事物，并对数字痴迷到几近崇拜。同时我也认为一切真理都可以用比例、平方及直角三角形去反映和证实，比如平方数“100”意味着“公正”。

——在“映射与函数”这一章中，我们学习了三角函数和一个重要的恒等式，那就是 $\sin^2 x + \cos^2 x = 1$。

这个恒等式正是通过“勾股定理”证明的，当然，我更喜欢叫它毕达哥拉斯定理。具体来说，直角三角形的两条直角边的平方相加恰好等于斜边的平方。

——这听起来真的很有趣。这个定理是怎么被发现的呢?

在我很年轻的时候，我观察到很多自然界的现象都可以用数学来描述，并通过不断的实验和推理发现了这个关于边长的定理。我始终坚信，数学是理解世界的一种方式。

——这个定理有什么实际用途吗?

非常多。从建筑到天文学，再到现代科技，处处都有它的身影。这个定理是欧几里得几何学的基础，对现代科学的发展具有重大意义。

原理解读！

- 勾股定理（Pythagorean theorem）是人类早期发现并证明的重要数学定理之一，其表述为：在一个直角三角形中，两条直角边的平方和等于斜边的平方。如果直角三角形的直角边长分别为a，b，斜边长为c，如下右图所示那么

$$a^2 + b^2 = c^2$$

直观体现为两个小正方形的面积之和等于大正方形的面积。

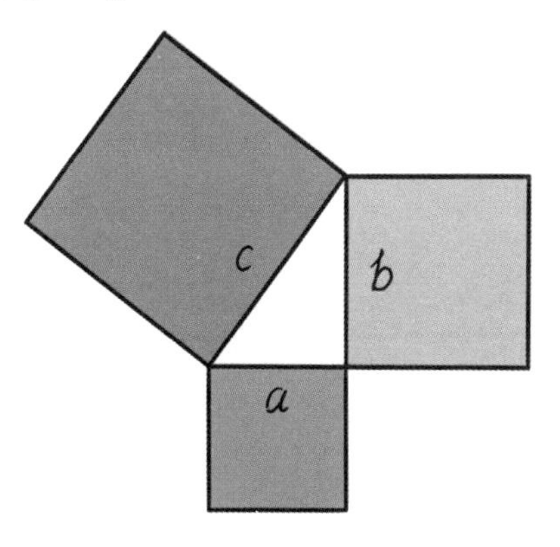

- 在不同文化和地区中，这一定理被赋予了多种名称，如商高定理、新娘座椅定理、百牛定理等。在现代，西方数学界普遍接受并称之为“毕达哥拉斯定理”。而日本还常用“三平方之定理”来指代这一定理，凸显了其中三个平方数的关系。

- 只要知道直角三角形的其中两条边长，便能求出第三条边长。

毕达哥拉斯定理可考的严谨数学证明，起源略晚于我的《几何原本》。但奇怪的是，这个定理从未被叫作“欧几里得定理”。

在中国古代，较短直角边称为勾，较长直角边称为股，而斜边称为弦。

赵爽勾股圆方图证明法

在三国时期，数学家赵爽创造了“勾股圆方图”，也被称为“弦图”，用于证明勾股定理，如图1所示。这种证明方法适用于所有的直角三角形，并且是一种无须文字说明的证明方式，体现了东方数学的独特魅力。2002年第24届国际数学家大会在北京举行，为了纪念这一事件，中国邮政发行了一枚特别的邮资明信片，其图案是赵爽的弦图。这不仅彰显了中国古代数学的深厚底蕴，也向世界展示了中国数学的丰富传统。

［图1］勾股圆方图

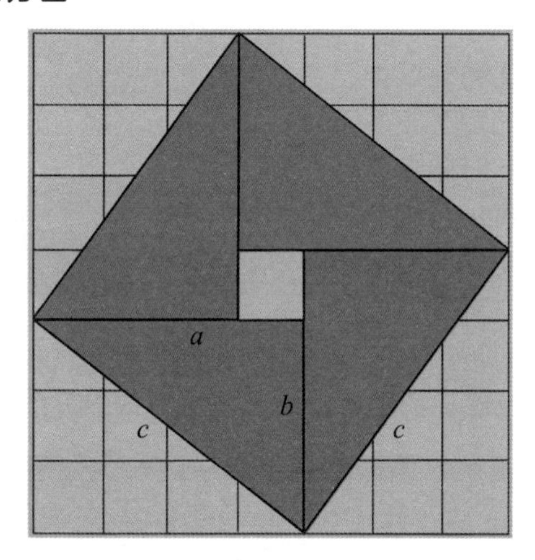

在勾股圆方图中，直角三角形的直角边长分别为a，b，斜边长为c。大正方形的面积既可以表示为c^2，又可以表示为小正方形的面积加上四个三角形的面积，即$(a-b)^2+4\times\frac{1}{2}ab=a^2+b^2$，因此

$$a^2+b^2=c^2$$

刘徽“割补术”证明法

在魏晋时期，数学家刘徽发展了“割补术”，通过这种方法为勾股定理提供了新的证明思路，创造了“青朱出入图”，如图2所示。在图示中，刘徽将

直角三角形的两个直角边分别以红色和青色表示（因本书为双色印刷，图中以文字标识原图颜色），红色正方形代表一条直角边（勾）的平方，称为“朱方”，青色正方形代表另一条直角边（股）的平方，称为“青方”。刘徽将这两个正方形底边对齐排列，通过割补术用多余的部分填补不足的部分，保持内部分割线不动，而将外部按类相合，形成了斜边（弦）的正方形，即“弦方”。最后，通过开方运算得到斜边的长度。描述割补术的原文为“勾自乘为朱方，股自乘为青方，令出入相补，各从其类，因就其余不动也，合成弦方之幂。开方除之，即弦也”。

[图2] 青朱出入图

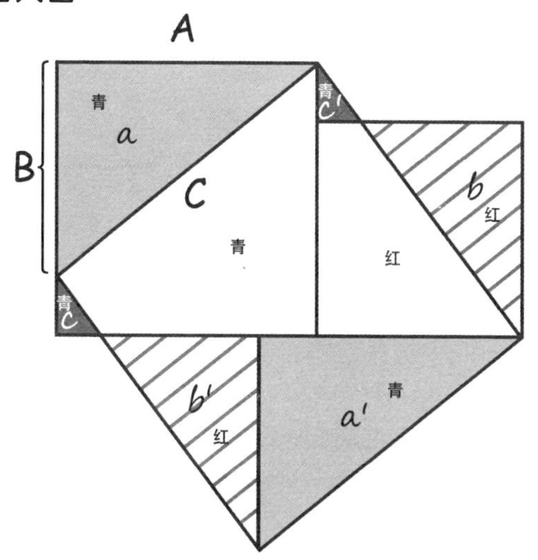

在图2中，$S_a = S_{a'}$，$S_b = S_{b'}$，$S_c = S_{c'}$，于是原来两个小正方形的面积之和就可以表示为大正方形的面积，即

$$A^2 + B^2 = C^2$$

总统证明

1876年的一个周末傍晚，美国俄亥俄州的共和党议员、未来的美国总统詹姆斯·艾布拉姆·加菲尔德在华盛顿郊外散步时，遇到两个小孩在讨论数学问题。这两个小孩在研究直角三角形的斜边长度问题，他们询问了两个具体的

问题：当直角边长度为3和4时，斜边长度是多少？当直角边长度为5和7时，斜边长度又是多少？

加菲尔德轻松回答了第一个问题，斜边长度为5。然而，第二个问题让他陷入了思考，他无法立即给出答案。这个问题激发了他的好奇心，他回家后开始深入研究勾股定理，并最终发现了一种简洁的证明方法。他的这一发现不仅解答了小男孩的问题，也丰富了自己的数学知识。

1876年4月1日，加菲尔德在《新英格兰教育日志》上发表了自己的勾股定理的证明方法，该证明方法后来被广泛认可，以其简洁明了著称，被称为"总统证法"。他的这一贡献在他1881年就任美国总统后，被更多人所知晓和赞扬，成为数学史上的一个佳话。

在图3所示的梯形中，梯形的面积为

$$S=\frac{1}{2}(a+b)(b+a)=\frac{1}{2}(a+b)^2$$

［图3］总统证法

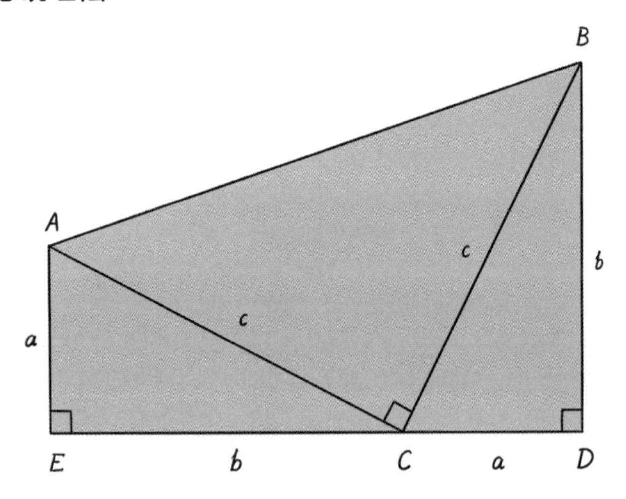

另一方面，梯形的面积可以表示为三个直角三角形的面积之和，即

$$S=\frac{1}{2}ab+\frac{1}{2}ab+\frac{1}{2}c^2$$

于是$\frac{1}{2}(a+b)^2=\frac{1}{2}ab+\frac{1}{2}ab+\frac{1}{2}c^2$，即

$$a^2+b^2=c^2$$

图形重排法证明

图形重排法以图形重新排列证明勾股定理。在图4中，两个正方形的面积分别为a^2和b^2，将四个三角形的位置重新排列后，大正方形的面积为c^2，因此

$$a^2+b^2=c^2$$

［图4］图形重排法证明

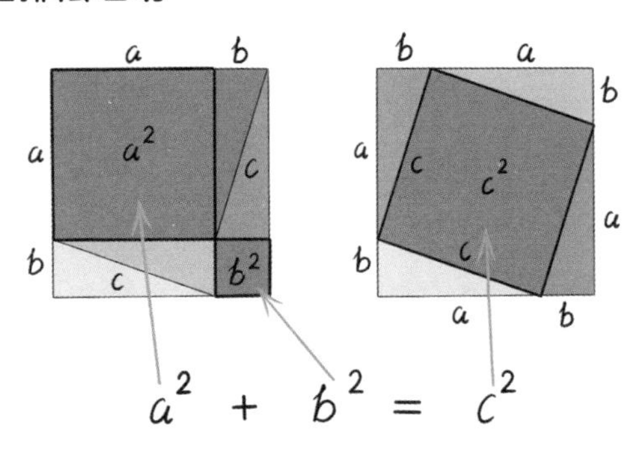

勾股定理有许多证明的方法，其证明的方法可能是数学众多定理中最多的。卢米斯（Elisha Scott Loomis）的《毕达哥拉斯命题》一书中总共提到了367种证明方式。包括爱因斯坦、欧几里得等著名数学家都给出了自己独特的证明方法，不过其中需要用到相似三角形和全等三角形的有关性质，因此我们在后续的章节中再来讨论。

原理应用知多少！

勾股数

勾股数，又名商高数或毕氏数（Pythagorean triple），是由三个正整数a，b，c组成的数组，并且满足勾股定理$a^2+b^2=c^2$。

如果a，b，c是勾股数，那么它们的正整数倍数，也是勾股数，即na，nb，nc也是勾股数。如果a，b，c三者互质（最大公因数是1），它们就称为**素勾股数**或**本原勾股数组**。

表1中是小于100的所有素勾股数。

［表1］小于100的所有素勾股数

a	3	5	7	8	9	11	12	13	16	20	28	33	36	39	48	65
b	4	12	24	15	40	60	35	84	63	21	45	56	77	80	55	72
c	5	13	25	17	41	61	37	85	65	29	53	65	85	89	73	97

事实上，将某个奇数$2n+1$的平方拆分为两个相邻的自然数b和c，则它们一定能组成勾股数，这是因为：$(2n+1)^2=4n^2+4n+1=(2n^2+2n)+(2n^2+2n+1)$，而

$$
\begin{aligned}
(2n^2+2n+1)^2-(2n^2+2n)^2 &= 4n^2+4n+1 \\
&= (2n+1)^2
\end{aligned}
$$

因此，当n为正整数时，$2n+1$，$2n^2+2n$，$2n^2+2n+1$是一组勾股数。

同样，当n为正整数时，$2n$，n^2-1，n^2+1也是一组勾股数。

更一般地，所有的素勾股数可用以下表达式找出：

$$
\begin{gathered}
a=m^2-n^2 \\
b=2mn \\
c=m^2+n^2
\end{gathered}
$$

从而可以得出推论：存在无穷多的素勾股数。

仔细观察，你是否发现了某些勾股数组中，b，c是相邻的自然数或差为2。进一步地，$b+c$是否与a的平方有某种联系？
像这样的勾股数你能一直写下去吗？

勾股定理的逆定理

勾股定理的逆定理是判断三角形为钝角、锐角或直角的一个简单方法。设三角形的最长边为c，其余两边长为a，b，如图5所示。

如果$a^2+b^2>c^2$，那么这个三角形为锐角三角形；

如果$a^2+b^2=c^2$，那么这个三角形为直角三角形；

如果$a^2+b^2<c^2$，那么这个三角形为钝角三角形。

这个逆定理其实只是余弦定理$\cos C=\frac{a^2+b^2-c^2}{2ab}$的一个延伸，有关余弦定理，我们会在“正弦定理与余弦定理”一章中详细讨论。

［图5］勾股定理的逆定理

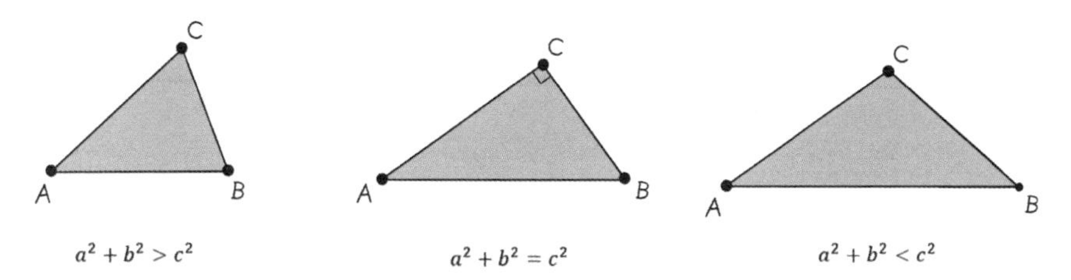

精确地画出无理数$\sqrt{n}$

我们知道，**在数轴上可以画出任意有理数**，因为它们总是整数、有限小数或者无限循环小数。但要画出长为无理数的线段似乎是一件很困难的事情，比如$\sqrt{n}$在n不是完全平方数的情况下就难以在数轴上表示，因为它是无限不循环小数。

然而，勾股定理可以帮助我们完成这件事，如图6所示。我们可以画出一个直角边长均为1的直角三角形，于是根据勾股定理，斜边长为$\sqrt{1^2+1^2}=\sqrt{2}$，这样我们便得到了长度为$\sqrt{2}$的线段；接着再以$\sqrt{2}$和1为直角边作直角三角形，我们便得到了长度为$\sqrt{3}$的线段。以此类推，我们可以得到任意$\sqrt{n}$长度的线段。

勾股定理是由欧几里得公理推导出来的，证明过程中涉及平行公理，所以在非欧几里得的几何中是不成立的。

[图6] 画出长为$\sqrt{n}$的线段

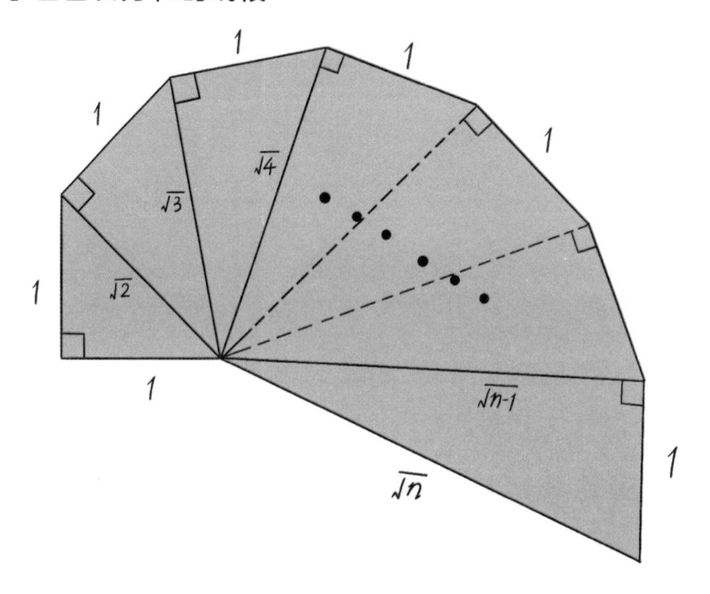

这个过程也可以借助圆规把所有得到的数都画在数轴上，如图7所示。

[图7] 另一种在数轴上的表示方法

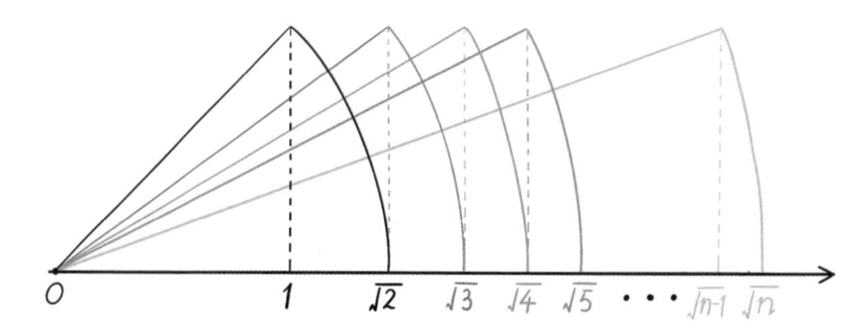

勾股定理的悠久历史

早在有明文描述勾股定理前，公元前2600年的古埃及纸莎草就记载有3，4，5这一组勾股数，而巴比伦泥板所记载的最大的一个勾股数组是12709，13500，18541，如图8所示。后来中国的算经、印度与阿拉伯的数学文献中也有相关描述。在中国，《周髀算经》中记述了3，4，5这一组勾股数，金朝数学家李冶在《测圆海镜》中建立了系统的天元术，推导出692条关于三角形的各边的公式。

巴比伦人早在公元前2000年左右就掌握了一些勾股数，然而这些数并非通过严格的数学推导获得，而是经验性地通过测量得到的。后来的毕达哥拉斯学派在公元前6世纪也对勾股数进行了研究。尽管毕达哥拉斯本人没有留下任何著作，但一些古代学者仍将勾股定理的发现归功于毕达哥拉斯及其学派。

[图8] 公元前18世纪记录各种勾股数组的巴比伦泥板

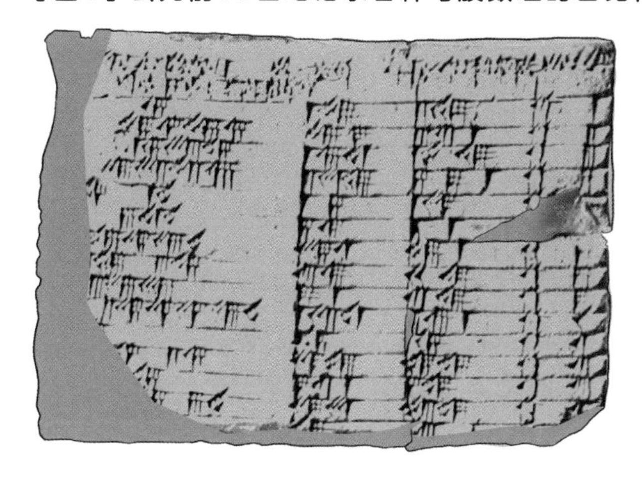

根据一些古代文献中的传说，毕达哥拉斯为庆祝勾股定理的发现，杀了一百头公牛。尽管毕达哥拉斯学派可能最早观察到了这一定理，但他更赞赏《几何原本》的作者欧几里得，因为欧几里得提供了清晰明确的证明，并且证明了更一般化的命题。

在中国，《周髀算经》记录了勾股定理的应用方法，但并未以明确的形式陈述。该定理的首次书面表述为“若求邪至日者，以日下为勾，日高为股，勾股各自乘，并而开方除之，得邪至日”。这段文字暗含着勾股定理的核心思想，但并未以现代数学的方式表达。三国时期，赵爽在为《周髀算经》做注时，给出的“勾股圆方图”注文对勾股定理做了更为明确的解释，“勾股各自乘，并之，为弦实，开方除之，即弦”。刘徽在《九章算术注》中对勾股定理进行了深入的研究和应用，他反复利用勾股定理求解各种问题，甚至利用勾股定理求解圆周率，并使用割补术来完成勾股定理的几何图形证明。

至今，关于勾股定理是否有多次独立发现的辩论仍在继续。

全等三角形

揭秘几何世界中的对称之美，三角形也能找到另一个默契的自己。

大师面对面

——泰勒斯（Thales，公元前624年—公元前547年），古希腊古风时期的哲学家、数学家、天文学家，前苏格拉底哲学家，希腊七贤之一。

我在数学方面的划时代贡献是引入了命题证明的思想。我在数学中引入了逻辑证明，以保证命题的正确性，并揭示各定理之间的内在联系，使古代数学开始发展成严密的体系。

——泰勒斯先生开创了数学命题逻辑证明的先河，并发现了第一个全等三角形的判定定理——三角形两角及其夹边已知，则此三角形完全确定。

全等三角形就是指两个完全相等的三角形，这不包括位置和方向，只需要它们的三条边和对应的三个角相等，我们就称之为全等三角形。

——那么为了确保两个三角形是全等三角形，我们需要逐一检查三条边和三个角都相等吗?

实际上是不需要的，当三角形的两角及其夹边已知，此三角形就能完全确定。所以我们只需要知道两个三角形的某三个元素是否相等，就可以判定它们是否全等。

——比如知道三条边对应相等，或者三个角对应相等，都可以推出这两个三角形是全等三角形。

你说对了一半，事实上已知三个角和已知两个角是一样的，因为剩下的角总是可以由三角形内角和定理算出，所以这不足以判断是否全等。

原理解读！

- 全等三角形（congruent triangles）是指三条边及三个角都对应相等的两个三角形。
- 全等的数学符号为“≅”，当使用该符号时，需保证符号两边的角、边一一对应。

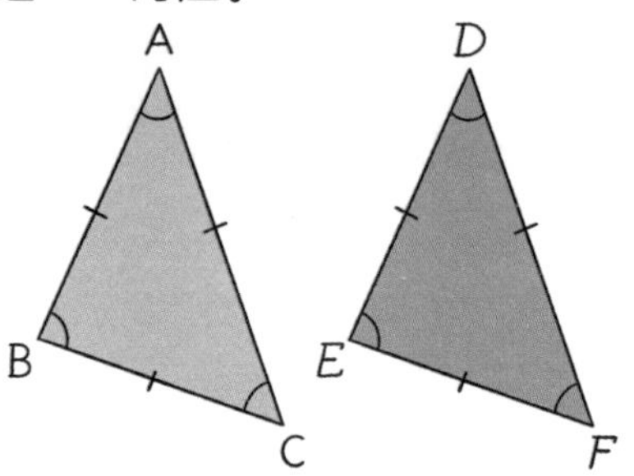

- 比如，上图中的$\Delta ABC \cong \Delta DEF$就代表以下边和角的对应等量关系：

$$AB = DE,\ BC = EF,\ AC = DF$$
$$\angle A = \angle D,\ \angle B = \angle E,\ \angle C = \angle F$$

- 下列三对边长为“对应边”：

$$AB、DE,\ BC、EF,\ AC、DF$$

- 下列三对角为“对应角”：

$$\angle A、\angle D,\ \angle B、\angle E,\ \angle C、\angle F$$

全等三角形是几何中全等的图形之一。若两个几何图形的形状和大小完全相同，则称这两个图形是全等的图形。

不改变图形形状、大小的几何变换为全等变换，包括平移、旋转、轴对称。

SSS判定法

全等三角形的SSS（Side-Side-Side，边、边、边；三边）判定法是指：当两个三角形的三边长度对应相等时，两个三角形全等。

为了证明SSS判定法能够判定两个三角形是全等的，我们可以用尺规作图的方法来说明给定三条边长时，只能画出**唯一形状和大小**的三角形。

假设给定三条边的长度为a，b，c，我们尝试用尺规作图画出符合要求的三角形，并确认这种画法得到的三角形的形状和大小是不是唯一的。

在图1中，首先画出线段$BC = a$，具体来说，先用直尺画出以B为端点的射线l，然后用圆规的两端取已知长度a，并以B为圆心作半径为a的圆弧，其与l的交点C满足$BC = a$，并且这个点C是唯一的。

然后，分别以B，C为圆心，作半径为a和b的圆弧，这两段圆弧会相交于点A和点A'，满足$AB = A'B = c$，$AC = A'C = b$。这样一来，我们便得到了两个三角形ΔABC和$\Delta A'BC$，满足三边长分别为a，b，c，由于这两个三角形是轴对称图形，因此它们代表的形状和大小是一样的。也就是说，知道三角形的三边能够画出唯一形状和大小的三角形，即SSS能够用于判定全等三角形。

关于SSS判别法及下文中提到的其他判别法的严格几何证明，可以在《几何原本》中找到答案。

［图1］已知三条边长，尺规作图求三角形

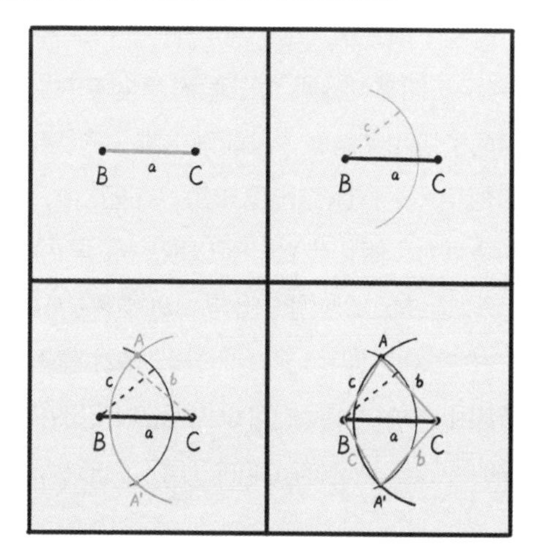

在图2中，$AB = CD$，$BC = DA$，$AC = AC$，因此由SSS判定法可得

$$\Delta ABC \cong \Delta CDA$$

［图2］SSS判定法图示（左）与可用SSS判定的全等三角形（右）

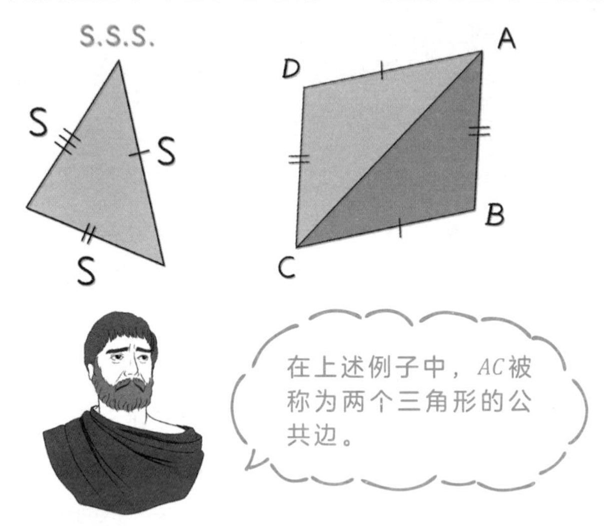

 SAS判定法

全等三角形的SAS（Side-Angle-Side，边、角、边；两边一夹角）判定法是指：当两个三角形的两边长度对应相等且夹角也对应相等时，两个三角形全等。

为了证明SAS判定法能够判定两个三角形是全等的，我们可以用尺规作图的方法来说明给定两条边和夹角时，只能画出唯一形状和大小的三角形。

首先我们讨论如何用尺规作图作出已知角。在图3中，在已知角$\angle A$的两边分别取$AB = c$，$AC = b$（为了简化步骤，可以取$b = c = R$），连结BC，其边长记为r。如前所述，可以通过尺规作图作出与ΔABC全等的ΔDEF，于是根据全等三角形对应角相等，$\angle D = \angle A$，即我们作出了一个角$\angle D$等于已知角$\angle A$。

于是，给定两条边和夹角时，我们可以先画出给定的夹角，再在其两条边上各取线段等于已知的两边长，这样所作的三角形的形状和大小是唯一的，如图4左图所示。

［图3］尺规作图作已知角

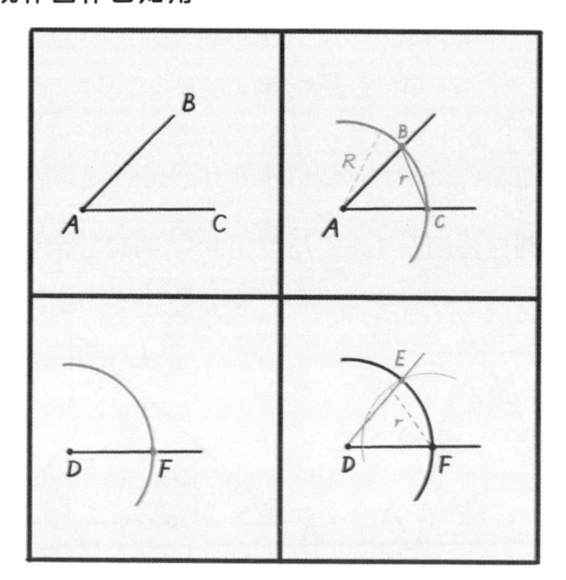

［图4］SAS判定法图示（左）与可用SAS判定的全等三角形（右）

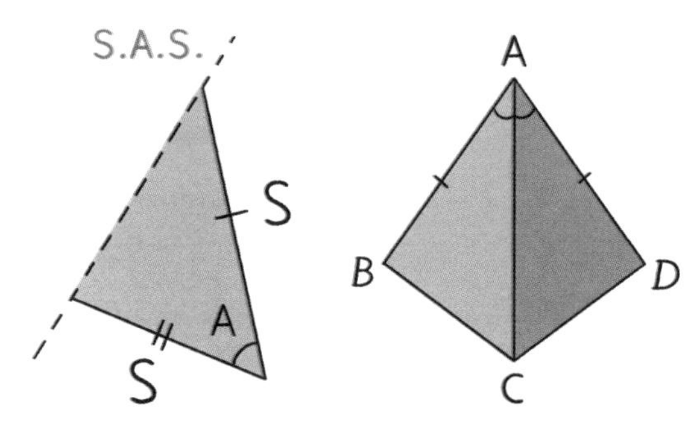

在图4右图中，$AB = AD$，$\angle BAC = \angle DAC$，$AC = AC$，因此由SAS判定法可得

$$\Delta ABC \cong \Delta ADC$$

ASA判定法与AAS判定法

全等三角形的ASA（Angle-Side-Angle，角、边、角；两角一夹边）判定法是指：当两个三角形的两个角相等且**夹边**也对应相等时，两个三角形全等。

为了证明ASA判定法能够判定两个三角形是全等的，我们可以用尺规作图的方法来说明给定两个角和夹边时，只能画出唯一形状和大小的三角形。

如前所述，给定两个角和夹边时，可以先尺规作图画出夹边AB，然后以AB为一边，A，B分别为顶点在线段两侧尺规作图作出两个已知角，并且两个角的另一边交于点C，这样所作的三角形的形状和大小是唯一的，如图5所示。

［图5］ASA判定法图示（左）与可用ASA判定的全等三角形（右）

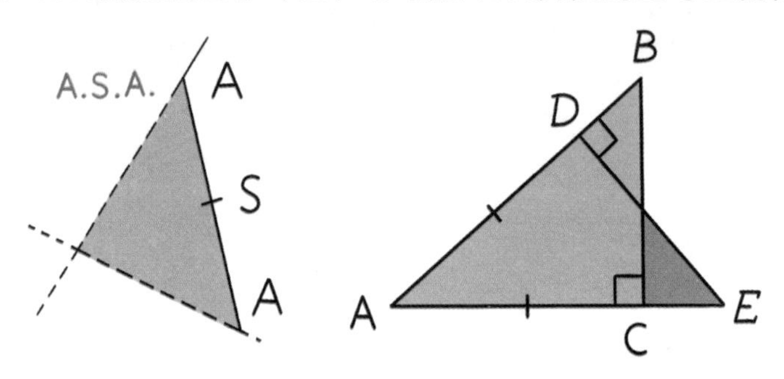

在图5右图中，$AC = AD$，$\angle ACB = \angle ADE$，$\angle BAC = \angle EAD = \angle A$，因此由ASA判定法可得

$$\Delta ABC \cong \Delta AED$$

另外，全等三角形的AAS（Angle-Angle-Side，角、角、边；两角一对边）判定法是指：当两个三角形的两个角相等且**非夹边**也对应相等时，两个三角形全等。事实上，当两个三角形的两个角对应相等时，那么根据三角形内角和定理可知剩下的那个角也对应相等，于是我们可以用ASA判定法得出两个三角形全等，如图6左图所示。

[图6] AAS判定法图示（左）与可用AAS判定的全等三角形（右）

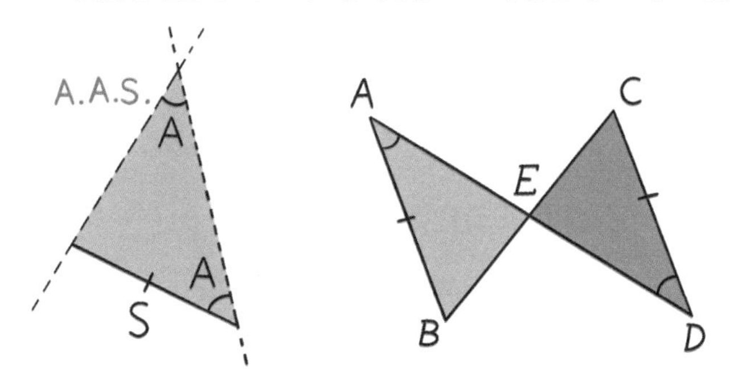

在图6右图中，$AB = DC$，$\angle BEA = \angle CED$，$\angle A = \angle D$因此由AAS判定法可得

$$\Delta ABE \cong \Delta DCE$$

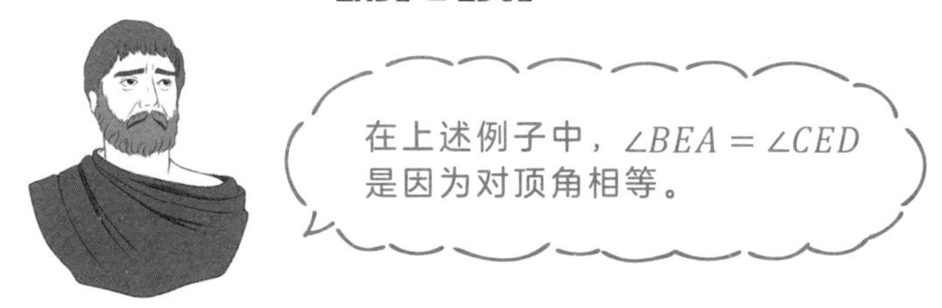

不能验证全等三角形的条件

AAA（Angle-Angle-Angle，角、角、角）是指两个三角形的三个角都对应相等，但这不能判定全等三角形，只能用于判定相似三角形。图7中的两个三角形是相似三角形，它们有相同的形状，但是大小不同。

[图7] 用 AAA 不能验证三角形全等

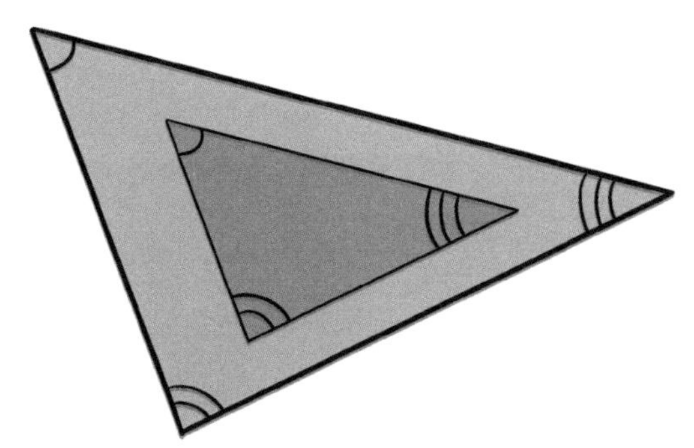

SSA（Side-Side-Angle，边、边、角）是指两个三角形的两条边与非夹角对应相等，但这不能判定全等三角形。在图8两图中，已知两边AB,BC与非夹角$\angle A$，通过尺规作图能够作出两个形状不一样的三角形：ΔDEG和ΔDEF，但事实上只有ΔDEF是与ΔABC形状和大小都一样的三角形。

［图8］用SSA不能验证三角形全等

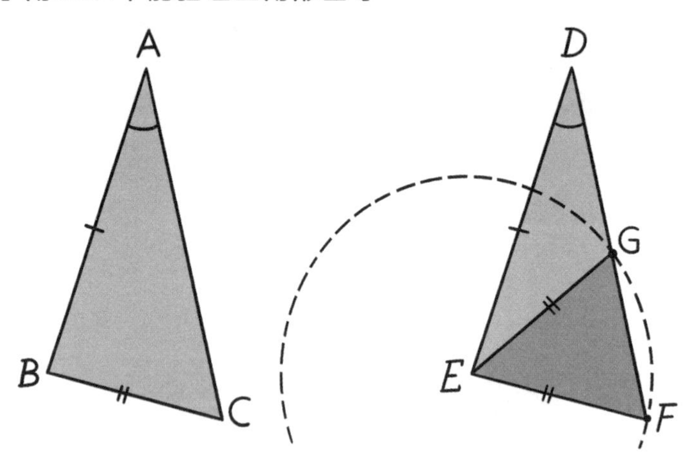

当然，如果已知角是直角，那么这种判定方法就成立了。一方面，可以根据勾股定理计算出剩下一边的长度，然后用SSS判定法；另一方面，通过尺规作图说明确实只能画出形状和大小唯一的三角形。这种直角三角形专属的全等判定法被称为RHS（Right angle-Hypotenuse-Side，直角、斜边、直角边）或 HL（Hypotenuse-Leg，斜边、直角边）。如图9两图所示。

［图9］RHS判定法图示（左）与可用RHS判定的全等三角形（右）

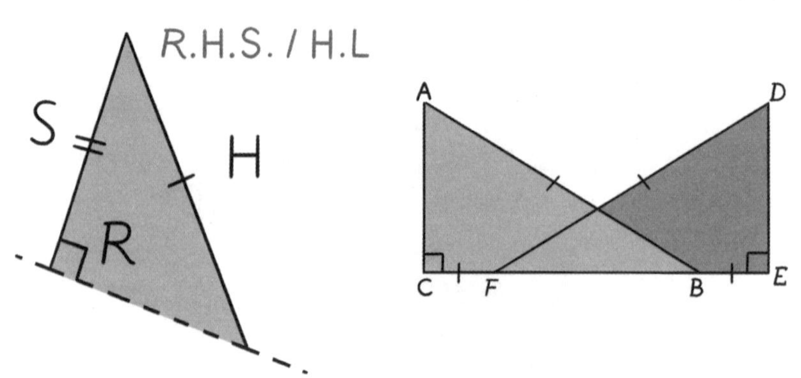

原理应用知多少！

等腰三角形的性质

等腰三角形（Isosceles triangle）是指至少有两边长度相等的三角形。等腰三角形有如下基本性质：

- 等腰三角形的两个底角相等；
- 等腰三角形顶角的角平分线、底边的中线和高互相重合。

下面我们用全等三角形的判定法来证明以上两个性质。

在图10中，等腰三角形ABC满足$AB = AC$。我们过点A作底边BC的高AD，于是ΔABD和ΔACD都是直角三角形。

由于$AB = AC$，$AD = AD$，因此由RHS判定法可知

$$\Delta ABD \cong \Delta ACD$$

从而

$$\angle B = \angle C$$

即等腰三角形的两个底角相等。另外，

$$BD = CD$$

$$\angle BAD = \angle CAD$$

即等腰三角形顶角的角平分线、底边的中线和高互相重合。

［图10］等腰三角形

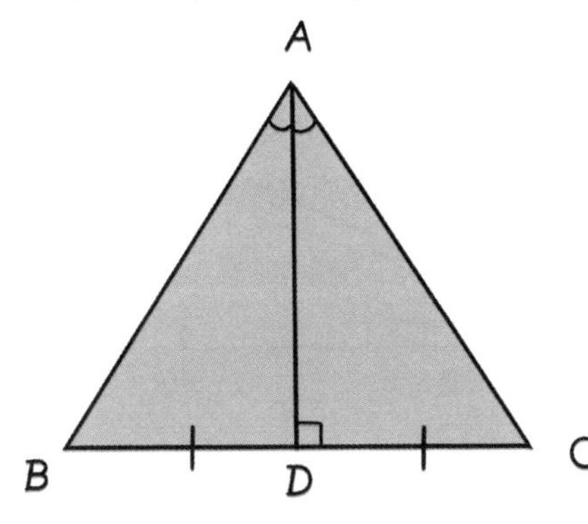

同样我们也可以用全等三角形的方法证明等腰三角形的判别性质：有两个内角相等的三角形一定是等腰三角形。

中垂线和角平分线的性质

一条线段的垂直平分线（中垂线）是指垂直于该线段并且通过线段的中点的直线。垂直平分线的基本性质为：中垂线上的每一点到该线段两端的距离相等，如图11左图所示。相反的则是它的判定性质：到线段两端距离相等的点必在这条线段的中垂线上，如图11右图所示。

[图11] 中垂线的性质（左）及其判定性质（右）

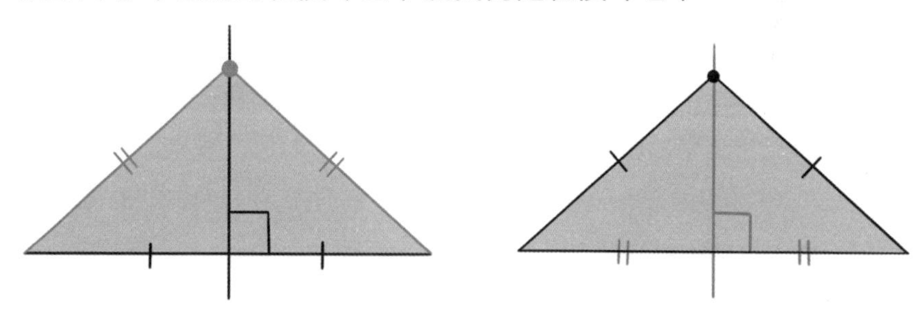

在图11中，黑色部分代表**已知条件**，紫色部分代表**辅助线或推出的结论**。读者可以自己尝试用全等三角形对基本性质和判定性质进行证明。

一个角的角平分线是指从该角的顶点出发，恰好将这个角二等分的射线。角平分线的基本性质为：角平分线上的点到角两边的距离相等，如图12左图所示。相反的则是它的判定性质：到角两边距离相等的点必在这个角的角平分线上，如图12右图所示。

[图12] 角平分线的性质（左）及其判定性质（右）

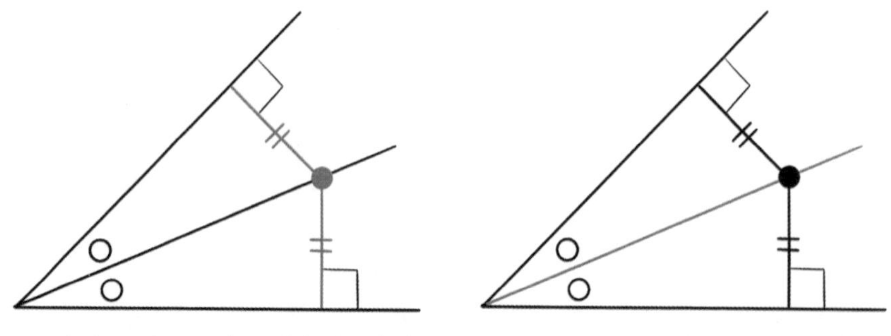

在图12中，黑色部分代表已知条件，紫色部分代表辅助线或推出的结论。读者可以自己尝试用全等三角形对基本性质和判定性质进行证明。

勾股定理的欧几里得证明

公元前4世纪，古希腊数学家欧几里得在《几何原本》中明确证明了勾股定理。

在图13中，对于直角三角形ABC，分别从它的三条边为边长向外作正方形，$AL \perp DE$且与BC相交于点K。

由于$\angle ABD = \angle FBC$，$AB = FB$，$BC = BD$，因此$\Delta ABD \cong \Delta FBC$。而$S_{ABFG} = 2S_{\Delta \mathrm{FBC}} = 2S_{\Delta \mathrm{ABD}} = S_{BKLD}$，同样，$S_{ACIH} = S_{CKLE}$。

于是$S_{BCED} = S_{ABFG} + S_{ACIH}$，即

$$BC^2 = AB^2 + AC^2$$

［图13］欧几里得的勾股定理证明

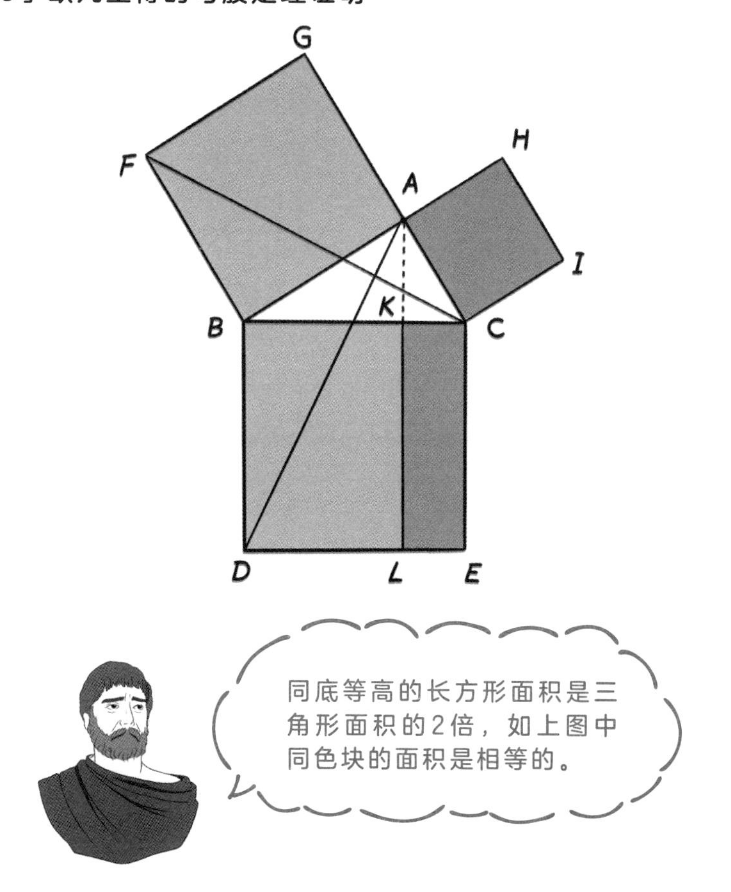

拿破仑三角形

拿破仑·波拿巴是法国历史上著名的军事和政治领袖，以卓越的军事才能和政治智慧闻名于世。除了战场上的辉煌战绩，拿破仑也与数学界有着特殊的联系，特别是与“拿破仑定理”相关。

拿破仑定理涉及被称为“拿破仑三角形”（Napoleon Triangle）的特殊几何构造。该定理描述了以下过程和结果。

• 构造外接三角形：给定一个任意的ΔABC，在每条边上构造一个等边三角形，使这些等边三角形全部在原三角形的外侧。

• 连接新顶点：取每个等边三角形的中心点，分别为A、B、C形成拿破仑三角形，即连接这些新顶点L、M、N形成一个新的三角形。

为外侧任意两个正三角形作外接圆，其两圆有2个交点，其中一个交点为中间三角形的顶点，设另外一个交点为O，并连接O与中间三角形的另外两个顶点，因为O在两圆上，所以$\angle AOB=\angle AOC=\angle COB=120°$。因为中间正三角形的顶点在圆心上，且$AO$、$BO$、$CO$是外正三角形外接圆交点的连线，所以$OA\perp MN$、$OB\perp NL$、$OC\perp ML$。

因为$\angle ACO+\angle CAO=60°$，$\angle CAO+\angle AMN=\angle ACO+\angle CML=60°$，所以$\angle AMN+\angle CML=60°$，所以$\angle NML=60°$，其余两角同理。

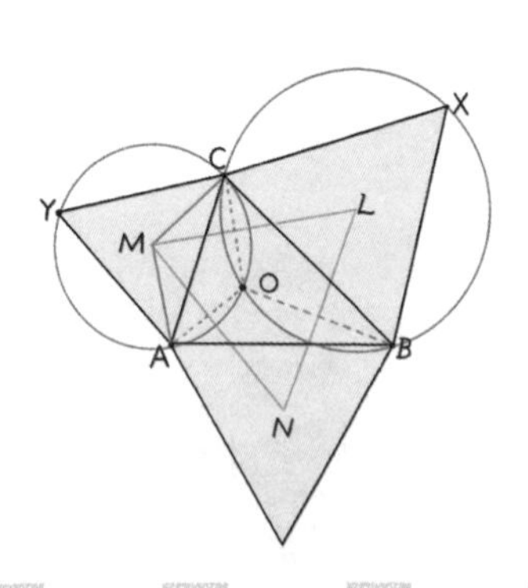

［图14］拿破仑定理的证明

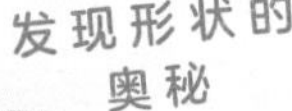

难易程度：★★★☆☆

相似三角形

比例的力量与美学，通过相同的形状发现不同大小图形之间的关系。

大师面对面

——泰勒斯先生在上一章节中带我们领略了形状和大小都相同的三角形，也就是全等三角形。

在很多情况下，拥有相同形状的三角形并不是大小相同的，这样的两个三角形被称为相似三角形。

——对于两个全等三角形，我们能通过平移、旋转或轴对称这些变换使得它们最终重合。对于相似三角形来说，则多了一个放大或缩小的过程。

是的。我常说我们需要借助经验观察和理性思维来解释世界，这里经验观察体现为肉眼观察两个三角形的形状是相同的，而理性思维则需要与全等三角形类似的判定法去严格证明。

——经验观察更直观、速度更快，而理性思维更严谨、更有说服力。前一章您提到AAA判定法只能确定三角形的形状而不能确定大小，所以这个判定法不能用于全等三角形，但它似乎可以用于判断相似三角形。

没错，甚至我们只需要知道两个角对应相等就足以判定相似三角形，因为当两个角对应相等时，第三个角也必定对应相等。当然，相似三角形也有很多其他的判定法。

——想必相似三角形在生活中一定有很多的应用。

相似三角形的应用范围非常广泛，甚至可以测出金字塔的高度。感兴趣的话，你可以在“趣闻轶事”里查看详细的测量步骤。

原理解读！

- 相似三角形（similar triangles）是指三个对应内角的角度都一样、对应边成比例的两个三角形。对应边之比称为相似比k。
- 相似的数学符号为"～"，当使用该符号时，需保证符号两边的角、边一一对应。

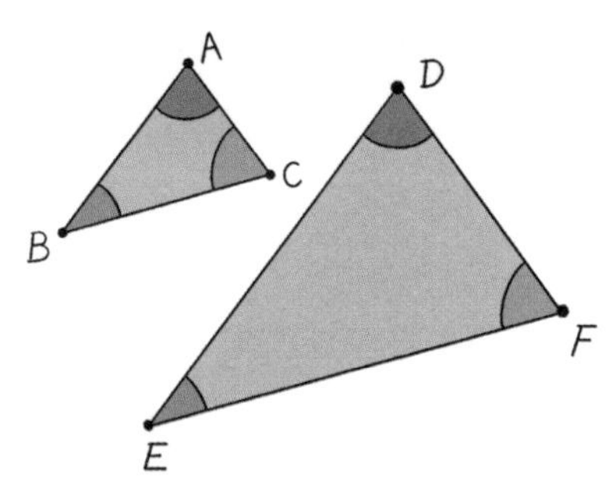

- 比如，上图中的$\Delta ABC \sim \Delta DEF$就代表以下边和角的对应等量关系：

$$\frac{AB}{DE}=\frac{BC}{EF}=\frac{AC}{DF}=k$$

$$\angle A=\angle D，\angle B=\angle E，\angle C=\angle F$$

- 下列三对边长为"对应边"：

AB、DE，BC、EF，AC、DF

- 下列三对角为"对应角"：

$\angle A$、$\angle D$，$\angle B$、$\angle E$，$\angle C$、$\angle F$

全等三角形是几何中的全等之一。

两个相似比为 1 的相似三角形称为全等三角形。

平行截割定理

观察图1的三条平行线l_1，l_2，l_3，它们共同被两条直线所截，得到线段AB，BC，DE，EF。

［图1］三条直线被两条直线所截

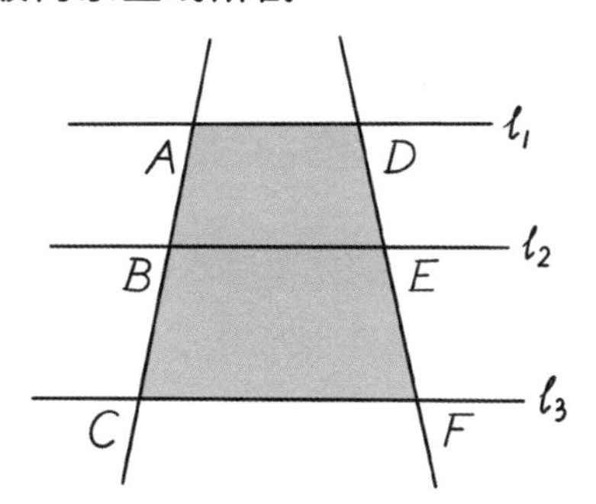

连结AE、BD、BF、CE，由于平行线之间的距离处处相等，因此$\triangle ABE$和$\triangle DBE$底边相同、高也相等，可得

$$S_{\triangle ABE}=S_{\triangle DBE}$$

同样

$$S_{\triangle BCE}=S_{\triangle BEF}$$

于是

$$\frac{S_{\triangle ABE}}{S_{\triangle BCE}}=\frac{S_{\triangle DBE}}{S_{\triangle BEF}}$$

对于高相等的三角形，其面积比等于底边的比：

$$\frac{S_{\triangle ABE}}{S_{\triangle BCE}}=\frac{AB}{BC},\ \frac{S_{\triangle DBE}}{S_{\triangle BEF}}=\frac{DE}{EF}$$

因此

$$\frac{AB}{BC}=\frac{DE}{EF}$$

这就是**平行截割定理**（平行线分线段成比例定理），即三条平行线被两条直线所截，得到的四条线段对应成比例。平行截割定理是相似三角形判定定理的基础，有以下的推论：

• 根据比例的性质，也可以写为

$$\frac{AB}{AC}=\frac{DE}{DF},\ \frac{BC}{AC}=\frac{EF}{DF}$$

• 过一点的两条（或更多）直线被平行线截得的对应线段成比例。

• 平行于三角形一边的直线截其他两边（或两边的延长线）所得的对应线段成比例。

• 平行于三角形一边，并且和其他两边相交的直线，所截得的三角形的三边与原三角形的三边对应成比例。

相似三角形的判定法

基于平行截割定理，相似三角形主要有如下的一些判定方法：

• 平行于三角形一边的直线和其他两边相交，所构成的三角形与原三角形相似。

• 三边成比例的两个三角形相似。

• 两边成比例且夹角相等的两个三角形相似（SAS）。

• 两角分别相等的两个三角形相似（AAA或AA）。

• 如果两个三角形分别与同一个三角形相似，那么这两个三角形也相似。

• 两个直角三角形的斜边、直角边成比例，则两个直角三角形相似。

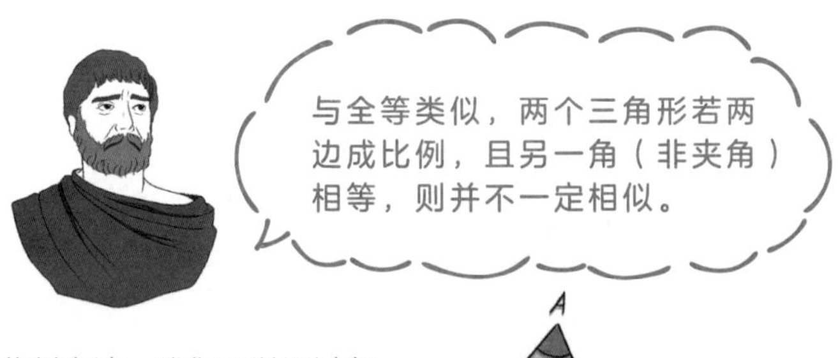

对于这些判定法，我们可以通过在较大的三角形内部作出一个较小并与之全等的三角形，来证明它们是成立的。我们以AA判定法为例，在图2中的ΔABC、ΔDEF满足$\angle B=\angle E$，$\angle C=\angle F$的条件下，求证：$\Delta ABC\sim\Delta DEF$

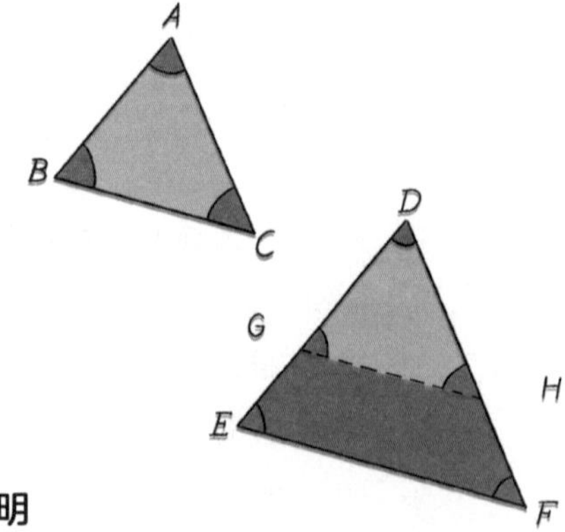

［图2］相似三角形AA判定法的证明

我们可以在DE上取一点G，使得$DG = AB$，再过点G作EF的平行线，与DF相交于点H。根据已知条件和平行线的性质得

$$\angle DGH = \angle E = \angle B，\angle DHG = \angle F = \angle C$$

因此由AAS判定法可知

$$\Delta ABC \cong \Delta DGH$$

于是由平行截割定理得

$$\frac{DG}{DE} = \frac{DH}{DF}$$

即

$$\frac{AB}{DE} = \frac{AC}{DF}$$

同样，若我们在DF上取一点截出AC的长度并作DE的平行线，则能得到

$$\frac{AC}{DF} = \frac{BC}{EF}$$

即

$$\frac{AB}{DE} = \frac{AC}{DF} = \frac{BC}{EF}$$

三个角对应相等，三条边对应成比例，故$\Delta ABC \sim \Delta DEF$

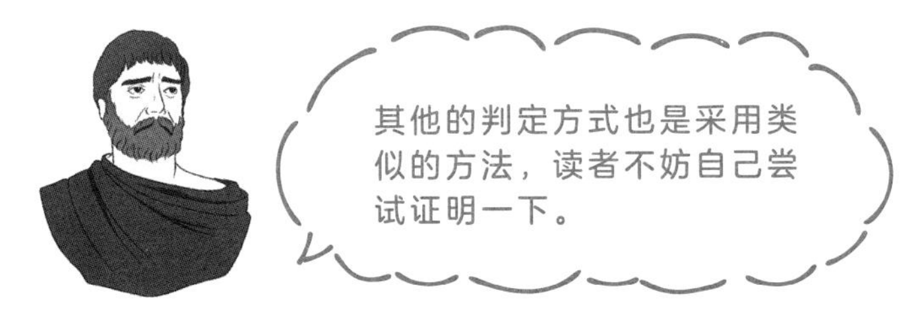

相似三角形的性质

相似三角形主要有以下的基本性质：

- 相似三角形的对应角相等，对应边成比例。
- 相似三角形对应高的比、对应中线的比和对应角平分线的比都等于相似比。
- 相似三角形周长的比等于相似比。
- 相似三角形面积的比等于相似比的平方。

以高线为例，我们可以通过相似三角形的基本性质（即第1条性质）和相似三角形的判定法来证明第2条性质。

在图3中，$\Delta ABC \sim \Delta DEF$，$AG \perp BC$，$DH \perp EF$，由相似三角形的基本性质可得

$$\angle B = \angle E$$

$$\frac{AB}{DE} = \frac{AC}{DF} = \frac{BC}{EF} = k$$

在ΔABG和ΔDEH，由于

$$\angle AGB = \angle DHE = 90°$$

$$\angle B = \angle E$$

于是由相似三角形的AA判定法可知

$$\Delta ABG \sim \Delta DEH$$

由相似三角形的基本性质可得

$$\frac{AG}{DH} = \frac{AB}{DE} = k$$

即相似三角形对应高的比等于相似比。

［图3］相似三角形的高线之比等于相似比

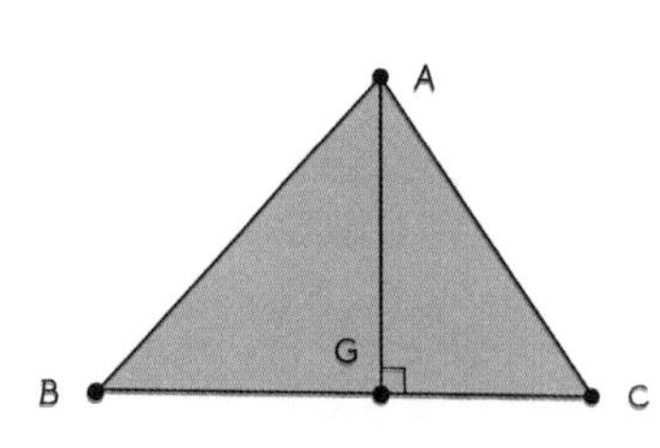

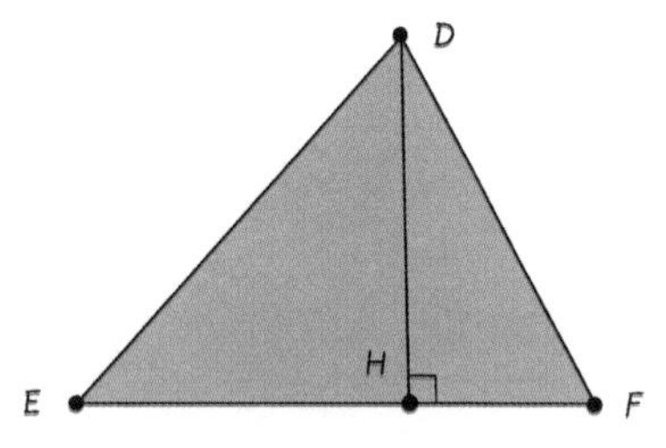

基于类似的方法可以证明相似三角形对应中线的比、对应角平分线的比都等于相似比。

而在图3的ΔABC和ΔDEF中，

$$\frac{AB + BC + AC}{DE + EF + DF} = \frac{kDE + kEF + kDF}{DE + EF + DF} = k$$

$$\frac{\frac{1}{2}BC \times AG}{\frac{1}{2}EF \times DH} = \frac{BC}{EF} \times \frac{AG}{DH} = k^2$$

即相似三角形周长比等于相似比，相似三角形面积比等于相似比的平方。

旋转相似三角形

旋转相似三角形，又称为**真正相似**三角形，是一种特殊的相似三角形。如果两个相似三角形的对应点沿边界的环绕方向相同，则称这两个三角形为旋转相似三角形。

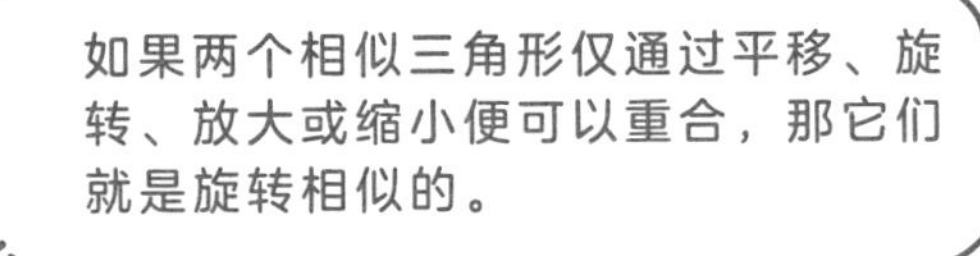

图4是旋转相似的一种特殊情况。ΔABC和ΔDBE有一个公共点B，且$\Delta ABC \sim \Delta DBE$，由于对应点沿边界的环绕方向相同，因此我们说$\Delta ABC$和$\Delta DBE$是旋转相似的。并且

$$\frac{AB}{DB} = \frac{BC}{BE}$$

$$\angle ABC = \angle DBE$$

即

$$\frac{AB}{BC} = \frac{DB}{BE}$$

$$\angle ABD = \angle CBE$$

根据相似三角形的SAS判定法，可得

$$\Delta ABD \sim \Delta CBE$$

也就是说，对于有公共点的一对旋转相似三角形，公共点与两组对应点形成的两组三角形也相似，并且也是旋转相似三角形。

［图4］有公共点的旋转相似三角形

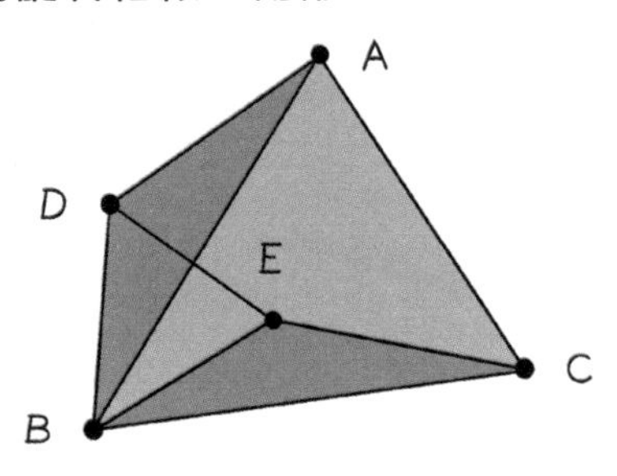

镜像相似三角形

镜像相似三角形，又称为逆相似三角形，是一种特殊的相似三角形。如果两个相似三角形的对应点沿边界的环绕方向相反，则称这两个三角形为镜像相似三角形。

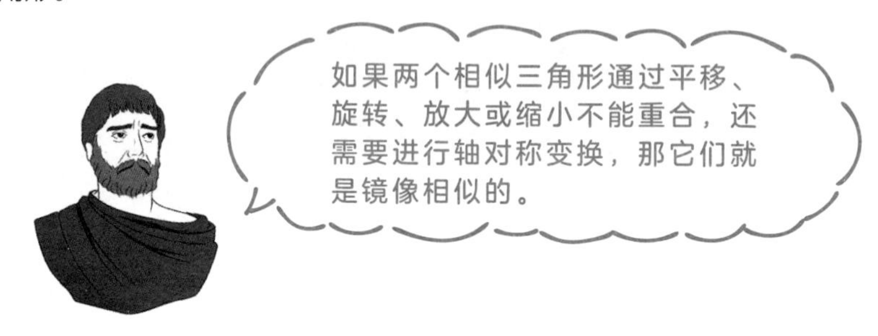

图5是镜像相似的一种特殊情况。ΔABC和ΔAED有一个公共角$\angle A$，且$\Delta ABC\sim\Delta AED$，由于对应点沿边界的环绕方向相反，因此我们说ΔABC和ΔAED是镜像相似的。并且

$$\angle ADE=\angle C$$

$$\angle AED=\angle B$$

这时我们称DE和BC为逆平行线，这个称谓代表了其与平行线在同位角方面相反的性质。并且可以证明，同一条直线的两条逆平行线是互相平行的。

[图5] 有公共角的镜像相似三角形

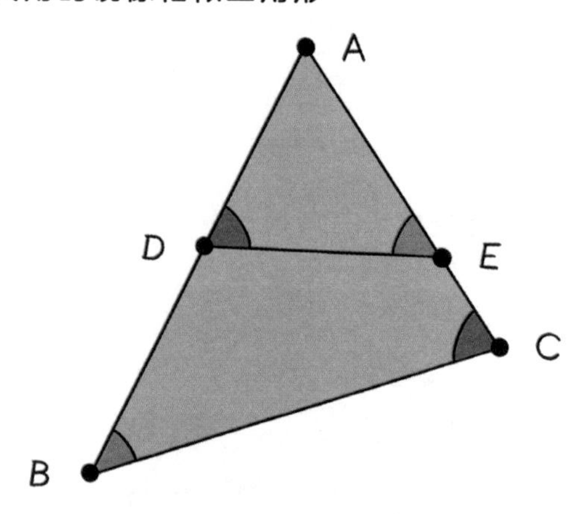

原理应用知多少！

三角形的中位线

在图6中，D，E分别为AB，AC的中点，连结DE。

在ΔABC和ΔADE中，

$$\frac{AD}{AB}=\frac{AE}{AC}=\frac{1}{2}$$

$$\angle A=\angle A$$

由相似三角形的SAS判定法可知

$$\Delta ABC\sim\Delta ADE$$

于是

$$\frac{DE}{BC}=\frac{AD}{AB}=\frac{1}{2}$$

$$\angle ADE=\angle B$$

根据平行线的判定方法，

$$DE\parallel BC$$

［图6］三角形的中位线

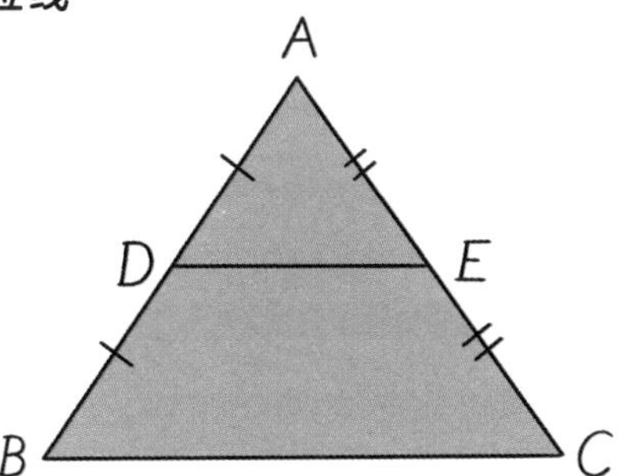

DE被称为ΔABC的边BC的中位线，且满足中位线的性质：

$$DE\parallel BC$$

且

$$DE=\frac{1}{2}BC$$

射影定理

射影定理，也被称为母子相似定理或欧几里得定理，这个定理出现在欧几里得所著的《几何原本》第1卷当中，其内容是：在直角三角形中，一条直角边的平方等于这条边在斜边上的**正投影**乘斜边的长度。

［图7］直角三角形*ABC*

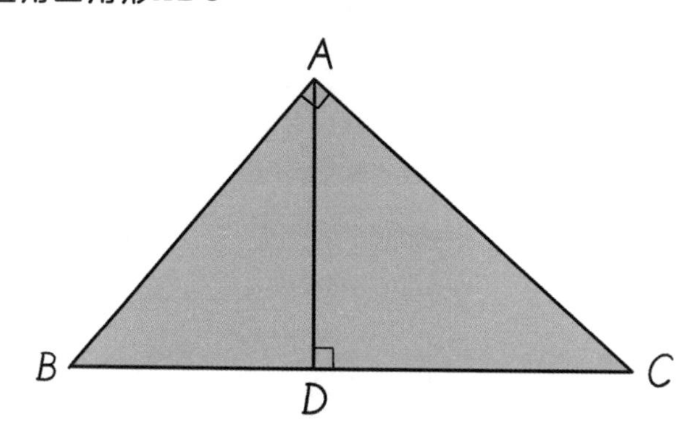

在图7中，ΔABC是直角三角形，AD为斜边BC上的高。根据相似三角形的AA判定法，我们比较容易得到以下相似三角形的关系：

$$\Delta ABC \sim \Delta DBA \sim \Delta DAC$$

由$\Delta ABC \sim \Delta DBA$可得

$$\frac{AB}{BD} = \frac{BC}{AB}$$

即

$$AB^2 = BD \cdot BC$$

同理可得

$$AC^2 = CD \cdot CB$$

$$AD^2 = BD \cdot CD$$

以上三个等式的内容便是射影定理，进一步的，由前两个式子我们得

$$AB^2 + AC^2 = BC(BD + CD) = BC^2$$

事实上，在《几何原本》中，射影定理正是勾股定理证明过程的一部分。

另外，根据相似三角形的面积关系得

$$\frac{S_{\Delta ABC}}{BC^2}=\frac{S_{\Delta DBA}}{AB^2}=\frac{S_{\Delta DAC}}{AC^2}$$

根据比例的性质得

$$\frac{S_{\Delta DBA}}{AB^2}=\frac{S_{\Delta DAC}}{AC^2}=\frac{S_{\Delta DBA}+S_{\Delta DAC}}{AB^2+AC^2}=\frac{S_{\Delta ABC}}{AB^2+AC^2}$$

即

$$\frac{S_{\Delta ABC}}{BC^2}=\frac{S_{\Delta ABC}}{AB^2+AC^2}$$

$$AB^2+AC^2=BC^2$$

这便是爱因斯坦证明勾股定理的方法，如图8所示。据说他在11岁时得到了一本几何书，有一天叔叔给他讲勾股定理时，他觉得书中的证明方法太复杂，于是就自己想出了这个办法来证明。

而上面射影定理的第三个等式则代表AD是BD和CD的几何平均，这个等式被称为几何平均定理，是《几何原本》第6卷中的第8个命题。

［图8］爱因斯坦证明勾股定理的方法

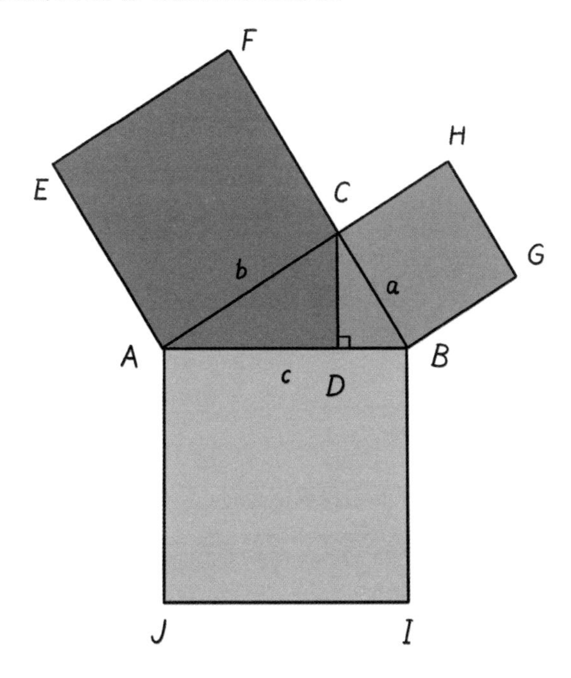

泰勒斯测量金字塔的高度

提到埃及，我们自然会想到金字塔。这些建筑作为埃及国王的陵墓，其宏伟壮观程度令人赞叹。在古埃及科技水平有限的背景下，这些高大的建筑是如何建成的，常常引发人们的好奇和猜测。但在当时缺乏先进的测量工具，无从得知其准确高度，所以金字塔有多高一直是个难题。

直到古希腊哲学家泰勒斯的到来，这一问题才得以解决。泰勒斯到达金字塔前，利用阳光将自己的影子投射到地面上。他不时测量影子的长度，直到影子的长度与他身高相等时，就在金字塔在地面上的影子尖端做了标记。接着，他测量了从金字塔底部到该标记点的直线距离，通过这种方法，他成功测定了金字塔的精确高度。

实际上这就是利用了相似三角形的基本性质。假设泰勒斯身高为h，影子长为l，而金字塔高H，影子长为L。那么由于太阳光可以视为平行线，因此以泰勒斯和他的影子为直角边构成的直角三角形，与金字塔及其影子构成的直角三角形是相似三角形，即

$$\frac{h}{H}=\frac{l}{L}$$

于是便可以通过以下公式来算出金字塔的高度

$$H=\frac{hL}{l}$$

而当泰勒斯的影子长与身高相等时，即$h=l$，则有$H=L$。不过也有记载称，泰勒斯是用了木棍及其影子而非自己的身高作为测量手段。

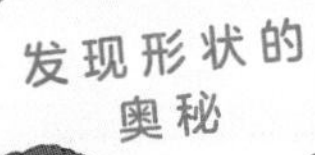

圆

完美的对称与无穷的探索，圆的几何性质及其核心地位。

大师面对面

—— 阿基米德（Archimedes，公元前287年—公元前212年），希腊数学家、物理学家、发明家、工程师和天文学家。阿基米德对数学和物理学的影响极为深远，被视为古希腊最杰出的科学家。

《数学大师》一书中将我与牛顿和高斯并列为有史以来最伟大的三位数学家。我证明了圆面积等于圆周率乘半径的平方。

—— 您对几何学有很深的见解，尤其是关于圆的研究。我想知道，圆在您的研究中有什么特别之处?

圆是一个非常奇妙的形状，象征着完美与和谐。你看，每一个圆都有一个中心点，所有圆周上的点到中心的距离都是相等的，这展示了一种美妙的均衡和对称性。

—— 我知道，这个中心点就叫圆心，距离就叫半径。那么，这种特性有哪些应用呢?

圆的应用无处不在，从日常生活中的轮子到天文学中的行星轨道。但更重要的是，研究圆可以引导我们深入了解其他更复杂的几何形状，因为许多形状都可以从圆中派生出来。

—— 我听说圆周率π是和圆紧密相关的一个数学常数。

圆周率π是圆周长与直径的比例，这个比例是恒定的。圆周率是无理数，也是超越数，这意味着它在数学上具有非常基础而深远的意义。我自己也曾用穷竭法来计算π的近似值，这是一种早期的积分思想。

原理解读！

- 欧几里得的《几何原本》对圆（Circle）的定义为：在同一平面内到定点O的距离等于定长R的点的集合。
- 定点O称为圆心，定长R称为半径，圆的边界C称为圆周。通过圆心O并且两端都在圆周C上的线段D称为直径，如下图所示。

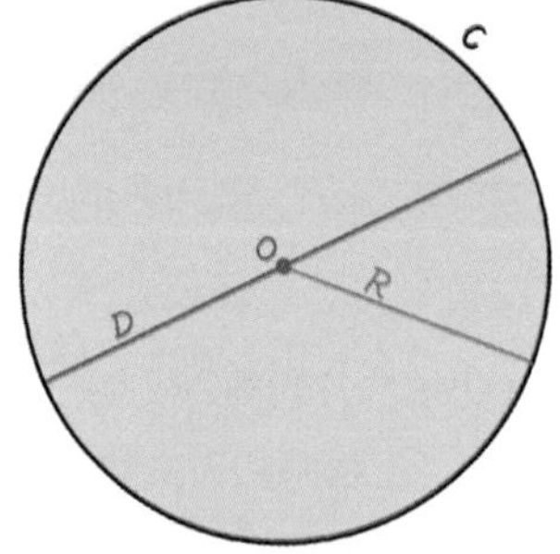

- 圆的周长与半径的关系是：

$$C = \pi d = 2\pi r$$

其中d为圆的直径，r为圆的半径，π是一个数学常数，被称为圆周率。

- 圆的面积与半径的关系是：

$$S = \pi r^2$$

古埃及人认为，圆是神赐给人的神圣图形。两千多年前墨子给圆下了定义：圆，一中同长也。意思是说：圆有一个圆心，圆心到圆周上各点的距离（即半径）都相等。

圆既是轴对称图形又是中心对称图形，圆的对称轴为经过圆心O的任意直线，圆的对称中心为圆心O。

弦与弧

圆周上任何两点相连的线段称为圆的**弦**（chord）。在图1中，A、B是圆上的任意两点，则AB连成的线段是这个圆的一条弦。弦与圆心的距离被称为弦心距。

圆周上任意两点间的部分叫作**弧**（arc），通常用符号“⌒”表示。弧分为半圆、优弧（长度大于半圆）、劣弧（长度小于半圆）三种。

［图1］圆的弦和弧

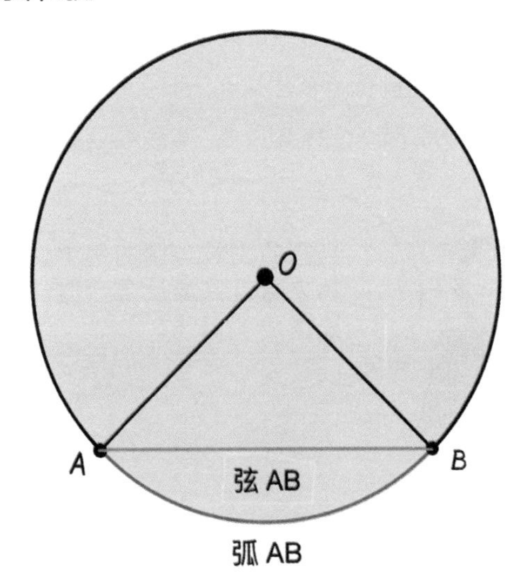

切线与割线

如果一条直线与圆相交且仅有一个交点，那么称这条直线是这个圆的**切线**，与圆相交的点叫作**切点**。图2中的直线AC与圆相切于点C。

[图2] 圆的切线和割线

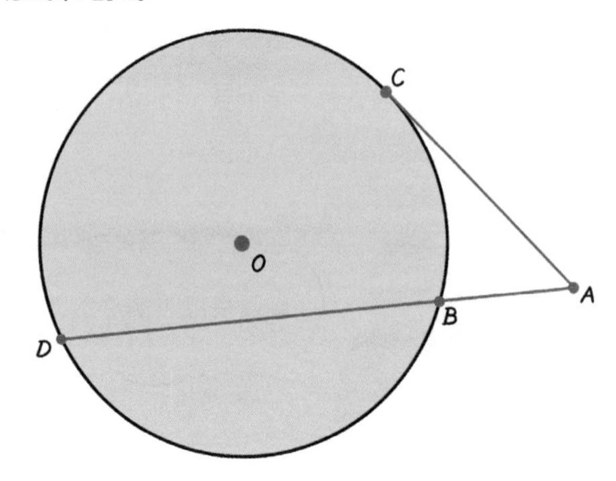

圆的切线垂直于经过切点的半径。

以上结论有两个推论：

- 经过圆心且垂直于切线的直线必经过切点。
- 经过切点且垂直于切线的直线必经过圆心。

如果一条直线与圆相交且有两个公共点，那么称这条直线是这个圆的割线。图2中的直线AD与圆O有两个公共点B，D，直线AD就是圆O的割线。

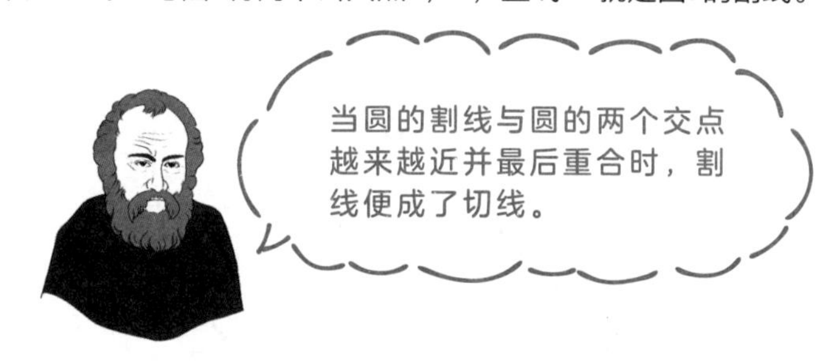

圆心角与圆周角

顶点在圆心的角叫**圆心角**，圆心角的度数等于它所对的弧的度数。圆心角θ对应的弧长L为周长C的$\frac{\theta}{2\pi}$倍，即：

$$L=\frac{C\theta}{2\pi}=\theta r$$

其中r为圆的半径。在图3中，O为圆心，则$\angle BOC$为圆心角。

[图3] 圆周角与圆心角

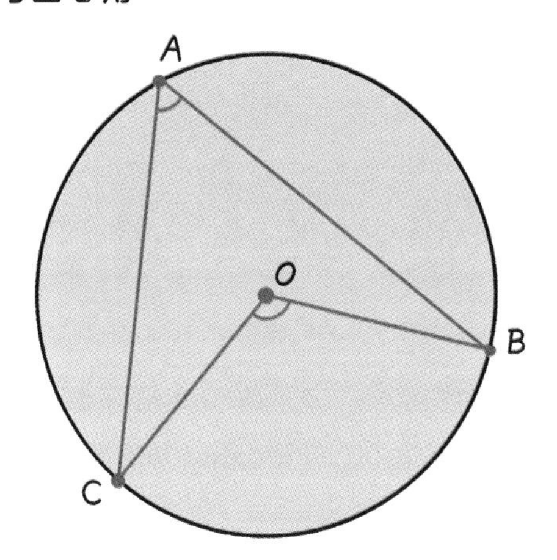

顶点在圆周上，角两边和圆相交的角叫**圆周角**。在图3中，A，B，C均在圆周上，则$\angle BAC$为圆周角。

解析几何

解析几何（Analytic geometry）早先被叫作笛卡尔几何，是一种借助解析式进行图形研究的几何学分支。解析几何通常使用二维的平面直角坐标系研究直线、圆等各种平面曲线，使用三维的空间直角坐标系来研究平面、球等各种空间曲面。

由于圆上的每一个点（不妨设为$(x，y)$）都应当与圆心（不妨设为$(a，b)$）距离为r，根据勾股定理可以写出直角坐标系中的圆的表达式为：

$$(x-a)^2+(y-b)^2=r^2$$

参数方程通过一个或多个参数来间接地表达数学对象之间的关系。在这种方程中，各个变量（如直线或曲线上的点的坐标）都是参数的函数。圆的参数方程定义为：

$$x=a+r\cos\theta$$
$$y=b+r\sin\theta$$

原理应用知多少！

圆心角定理

在图4中，圆O的弧$\overset{\frown}{AB}$所对应的圆心角为$\angle AOB$，设这个圆的半径为r，$\angle AOB = \theta$。则弧$\overset{\frown}{AB}$的长度为

$$\overset{\frown}{AB} = \theta r$$

作$OC \perp AB$于点C，考虑到$OA = OB$，即ΔOAB是等腰三角形。根据等腰三角形三线合一的性质，C是AB的中点，且OC是$\angle AOB$的角平分线。于是AB的弦长为

$$AB = 2AC = 2OA\sin\frac{\theta}{2} = 2r\sin\frac{\theta}{2}$$

AB的弦心距为

$$OC = OA\cos\frac{\theta}{2} = r\cos\frac{\theta}{2}$$

［图4］圆心角、弧长、弦长与弦心距的关系

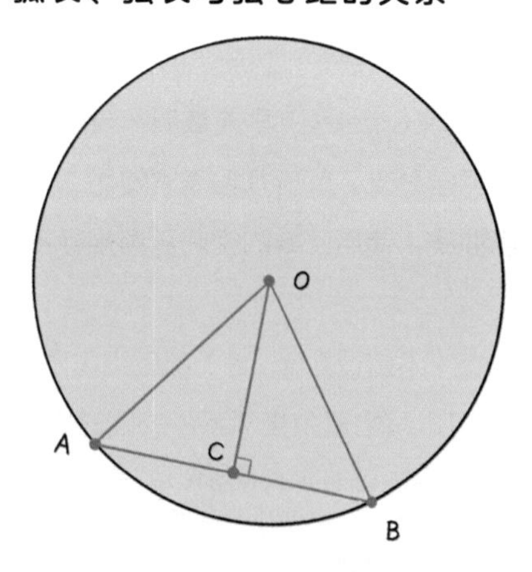

也就是说，当圆的半径和圆心角的大小确定时，圆心角对应的弧长、弦长和弦心距都是确定的。这就是圆心角定理，可以表述为：

在同圆或等圆中，相等的圆心角所对的弧相等，所对的弦相等，所对的弦心距也相等。

圆心角定理有如下的推论：

• 在同圆或等圆中，如果两条弧相等，那么它们所对的圆心角相等，所对的弦相等，所对的弦心距也相等。

• 在同圆或等圆中，如果两条弦相等，那么它们所对的圆心角相等，所对的弧相等，所对的弦心距也相等。

所以，在同圆或等圆中，两个圆心角、两条弧、两条弦中有一组量相等，它们所对应的其余各组量也相等。

垂径定理

上页图4中当我们作$OC \perp AB$于点C，便可以得到C是AB的中点，且OC是$\angle AOB$的角平分线。这就是垂径定理，可以表述为：

垂直于弦的直径平分这条弦，并且平分弦所对的两条弧。

圆周角定理

在图5中，ΔABC的三个顶点都在圆周上，O是圆心。由于OA，OB，OC都是半径，因此ΔOAB，ΔOBC，ΔOCA都等腰三角形。于是

$$\angle OCA = \angle OAC = \frac{\pi - \angle AOC}{2}$$

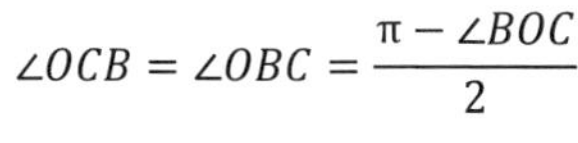

$$\angle OCB = \angle OBC = \frac{\pi - \angle BOC}{2}$$

[图5] 圆周角定理1

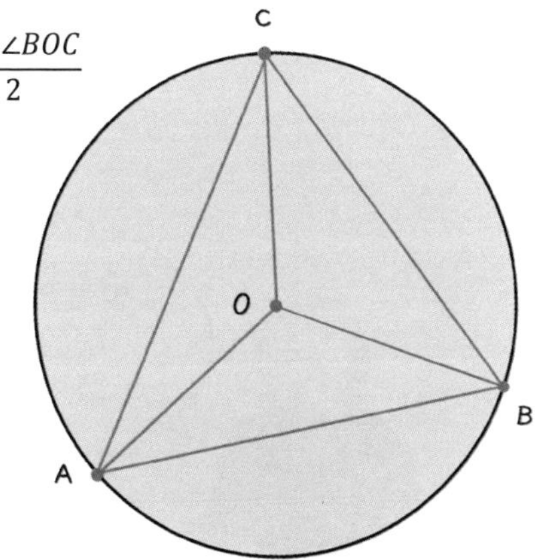

因此

$$\angle ACB = \angle OCA + \angle OCB = \pi - \frac{\angle AOC + \angle BOC}{2}$$

而

$$\angle AOC + \angle BOC = 2\pi - \angle AOB$$

所以

$$\angle ACB = \frac{\angle AOB}{2}$$

这就是圆周角定理，即同弧所对的圆周角等于它所对的圆心角的一半。

［图6］圆周角定理2

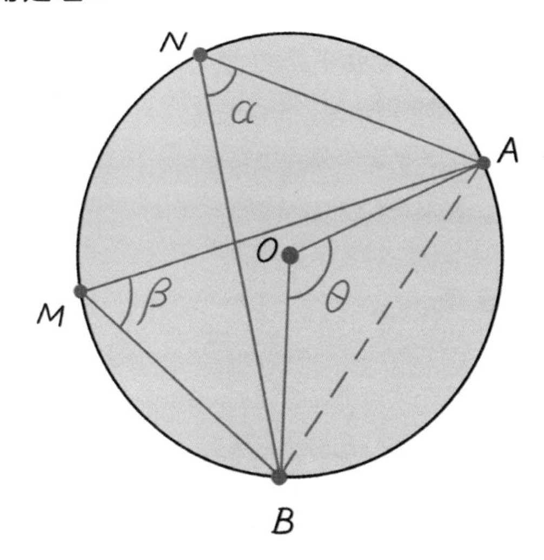

在图6中，根据圆周角定理有

$$\alpha = \beta = \frac{\theta}{2}$$

尝试用圆周角定理证明以下推论：

- 圆的直径对应的圆周角是直角。
- 圆内接四边形的对角和为π。

弦切角定理

在图7中，过点P作两条关于圆的切线，分别与圆相切于点A，B。记$\alpha = \angle PBA$，$\beta = \angle PAB$，$\gamma = \angle ACB$，$\theta = \angle AOB$，根据圆周角定理

$$\theta = 2\gamma$$

由切线的性质，可得

$$\alpha = \frac{\pi}{2} - \angle OBA$$

而

$$\angle OBA = \frac{\pi}{2} - \frac{\theta}{2} = \frac{\pi}{2} - \gamma$$

于是

$$\alpha = \gamma$$

同样

$$\beta = \gamma$$

［图7］弦切角定理

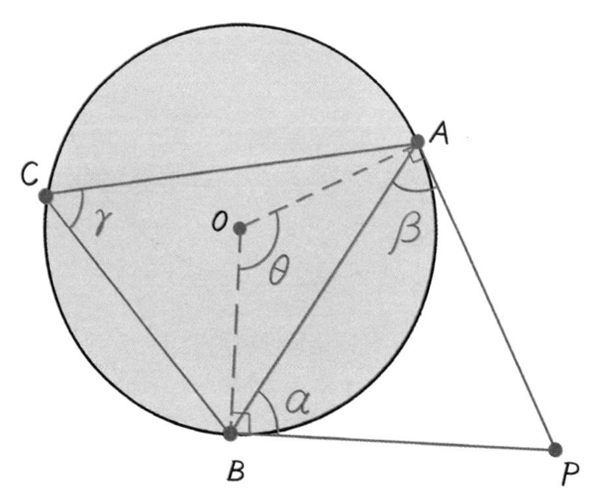

这就是弦切角定理，即**切线与弦的夹角等于它所夹的弧对应的圆周角**。

另外，由于$\alpha = \beta$，我们可以得到$PA = PB$，即切线长定理：从圆外一点引圆的两条切线，它们的长度相等。

圆幂定理

平面上任意一点 P，以及半径为r、圆心为O的圆，定义圆幂h为：

$$h = OP^2 - r^2$$

从这个定义可知，若P在圆内，则圆幂为负数；若P在圆外，则圆幂为正数；若P在圆周上，则有圆幂等于0。

圆幂定理的内容为：如果交点为P的两条相交直线分别与圆O相交于点A、D与B、C，则$PA \cdot PD = PC \cdot PB = |h|$。

圆幂定理有三个变体，分别是“相交弦定理”“割线定理”及“切割线定理”。

[图8] 相交弦定理

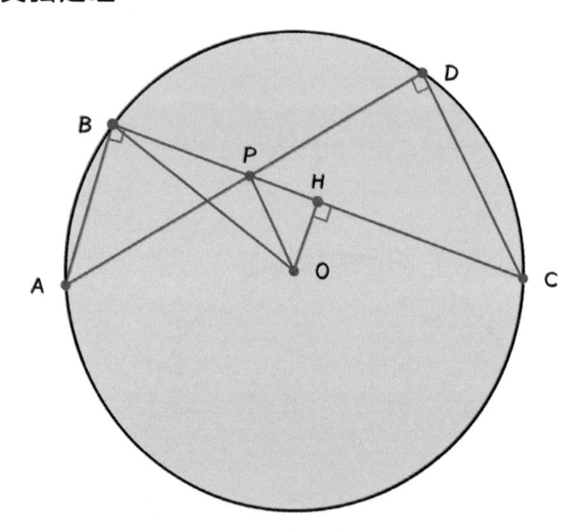

在图8中，当P在圆内时，圆幂定理便成为相交弦定理。根据圆周角定理，$\angle BAP = \angle DCP$，$\angle ABP = \angle CDP$，于是

$$\Delta ABP \sim \Delta CDP$$

因此

$$\frac{AP}{CP} = \frac{BP}{DP}$$

$$AP \cdot DP = BP \cdot CP$$

这里的AB和CD是逆平行线，$\Delta ABP \sim \Delta CDP$是一组镜像相似三角形。

而根据勾股定理，点P的圆幂

$$
\begin{aligned}
h &= OP^2 - r^2 \\
&= (OH^2 + HP^2) - (OH^2 + HB^2) \\
&= HP^2 - HB^2 \\
&= (HP + HB)(HP - HB) \\
&= (HP + HC)(HP - HB) \\
&= -BP \cdot CP
\end{aligned}
$$

同样，我们也可以证明当P在圆外时的割线定理及切割线定理，如图9所示。即

$$PT^2 = PA \cdot PB = PM \cdot PN$$

[图9] 切割线定理

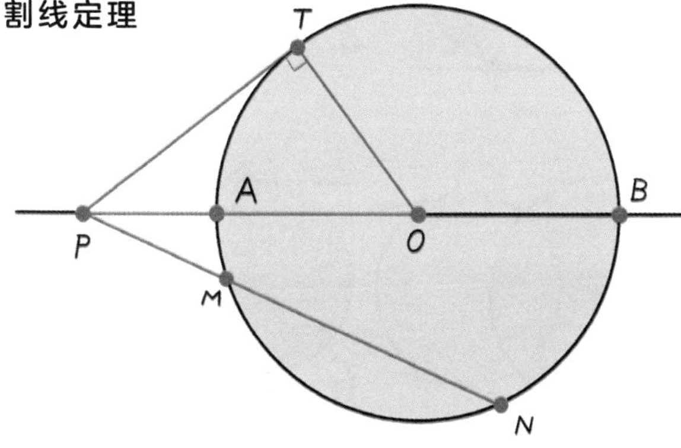

读者可以模仿相交弦定理的证明过程，结合弦切角定理，通过找到一组镜像相似三角形来证明割线定理及切割线定理。

两圆的位置关系

两个不同大小的圆（半径分别为r及R，圆心距为d，其中$r < R$）之间的位置关系如图10所示。

［图10］两圆的位置关系

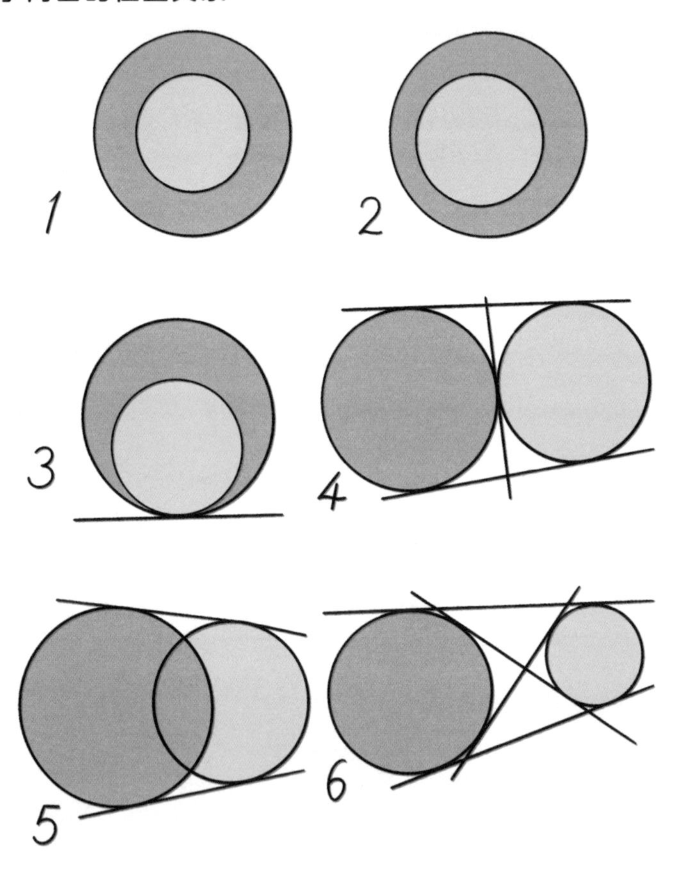

①$d = 0$：两圆不相交（内含），互为同心圆。

②$0 < d < R - r$：两圆不相交（内含，亦称“内离”）。

③$d = R - r$：两圆相交于一点（内切），有1条共同切线。

④$d = R + r$：两圆相交于一点（外切），有3条共同切线。

⑤$R - r < d < R + r$：两圆相交于两点，有2条共同切线。

⑥$d > R + r$：两圆不相交（外离），有4条共同切线。

圆周率π的历史

圆周率是数学常数，为圆的周长和其直径的比，近似值约3.14159265，常用符号“π”表示，是一个无理数。

圆周率在远古时期（公元前一千纪）已被估算至前两位（3.1）。最早有记载的对圆周率的估算在古埃及和古巴比伦出现，两个近似值都与圆周率的正确数值相差不到百分之一。古巴比伦曾出土一块公元前1900年至公元前1600年的泥板，上面记载人们当时把圆周率估算为$\frac{25}{8}$（即3.125）。埃及的莱因德数学纸草书（鉴定撰写年份为公元前1650年，但抄自一份公元前1850年的文本）载有用作计算圆面积的公式，该公式中圆周率等于$\left(\frac{16}{9}\right)^2$（≈3.1605）。

而第一种有记录的严谨计算π数值的算法是基于正多边形的几何算法，于公元前250年由希腊数学家阿基米德发明。阿基米德的算法是计算圆的外切正六边形及内接正六边形的边长，以此计算π的上限及下限，之后再将六边形变成十二边形继续计算，直到正九十六边形为止。他根据多边形的边长证明了$\frac{223}{71} < \pi < \frac{22}{7}$，即$3.1408 < \pi < 3.1429$

中国历史上，π的近似值有3、3.1547、$\sqrt{10}$及$\frac{142}{45}$。约公元265年，魏晋数学家刘徽创立割圆术，计算出π的近似值为3.1416。祖冲之在公元480年利用割圆术得到π的值在3.1415926和3.1415927之间。

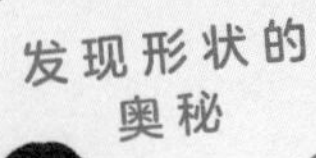

向量

1+1不一定等于2，理解向量在代数和几何中的重要作用。

大师面对面

—— 勒内·笛卡尔（René Descartes，1596年3月31日—1650年2月11日），法国哲学家、科学家。作为荷兰黄金时代最著名的知识分子之一，笛卡尔也被认为是近代哲学和解析几何的创始人之一。

我对数学最重要的贡献是创立了解析几何。当时的代数和几何学是完全分开的，我在著作《几何》中向世人证明，几何问题可以归结成代数问题，也可以通过代数转换来证明几何性质。

—— 向量就是连接代数和几何的一个重要桥梁。我听说过，在向量中，1+1等于2是不一定成立的。

你说得对。正如它的名字一般，向量指的是既有大小又有方向的量，比如我们日常生活中的位移、速度等，都是既有大小又有方向。

—— 我明白了，就好像我向东走1米再向西走1米，实际上走了0米而不是2米，所以1+1不一定等于2。

在向量的运算中，只有相同方向的向量相加，才会有1+1等于2。如果方向不同，那就需要用到平行四边形法则进行运算。

—— 在物理学和诸多工程学科中，向量更多地被称作矢量。

矢量可以描述许多常见的物理量，如运动学中的位移、速度、加速度，力学中的力、力矩，电磁学中的电流密度、磁矩、电磁波等，它们都是既有大小又有方向的量。

原理解读！

- 向量（Vector）又称欧几里得向量（Euclidean vector），指同时具有大小和方向的几何对象。物理学中也称作矢量。
- 向量常常以符号加箭头表示以区别于其他量，常见于手写体，如$\vec{a}$或$\overrightarrow{AB}$，其中A表示向量的起点，B表示向量的终点，如下图所示。有时向量也可用粗体小写字母表示，常见于印刷体，如$\boldsymbol{v}$。

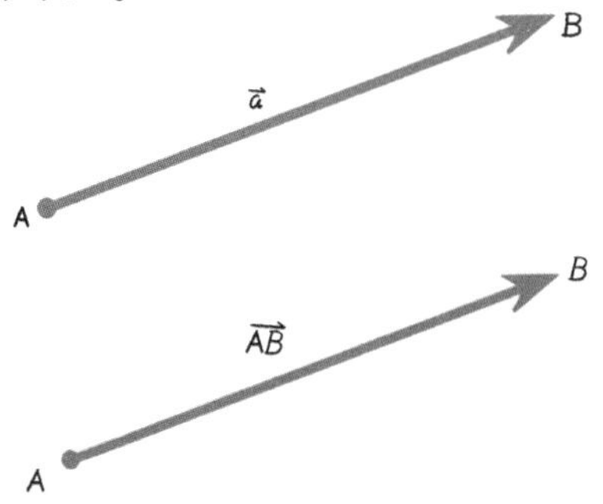

- 与向量相对的概念是标量、纯量、数量，即只有大小、没有方向的量。

由于向量的共性是都具有大小和方向，会认为向量的起点和终点并不那么重要。两个起点不一样的向量，只要大小相等、方向相同，就可以称为同一个向量。这样的向量被称为自由向量，与之相对的概念叫固定向量。在数学中我们只研究自由向量。

只要大小以及方向一样，即可视为同一向量，与向量的起始点并无关系。

向量的表示方法

• 几何表示

向量通常被画成一个带箭头的有向线段。线段的长度表示向量的大小（或称模长），而箭头指向的方向就是向量的方向。这样的表达方式给我们带来了很直观的几何感受，但在纸上画出来比较麻烦，而且不容易进行精确的数学分析。

有时我们需要表达一个垂直于纸面的向量，比如在描述磁场的磁感应强度时。这种情况下，我们会用一个带圈的交叉或点的符号来表示，如图1所示。圆圈里面有个点（⊙）表示向量从纸的下方指向上方，而圆圈里面有个叉（⊗）则表示向量从纸的上方指向下方。这种符号不显示向量的大小，所以如果需要，必须在别的地方标注向量的大小。

［图1］垂直于纸面的向量表示方式

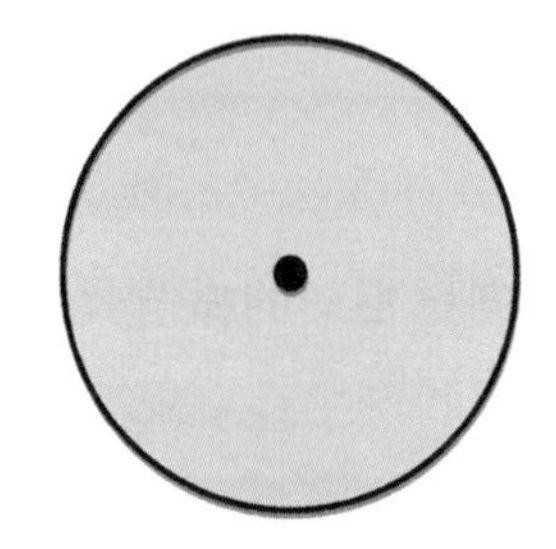

• 代数表示

在确定了一个坐标系S之后，用坐标来表示向量$\vec{a}$，不仅把符号的抽象性和几何的形象性结合起来，而且极为实用，因此在需要精确分析的场合中被广泛使用。对于自由向量，我们可以把向量的起点移动到**坐标原点**。这样，向量就可以通过一个点来描述，这个点的坐标就是向量的终点坐标。这种表示方式让我们能够更直观地看到向量在空间中的位置和大小，便于进行数学和物理上的计算。

在坐标系S中先定义n个特殊的基本向量（称为**基向量**，各个基向量共同组成该坐标系下的基底）$\vec{e_1}$，$\vec{e_2}$，…，$\vec{e_n}$之后，向量$\vec{a}$在各个基方向的投影值a_1，a_2，…，a_n即为对应的坐标值。各个投影值构成的有序数组（a_1，a_2，…，a_n），

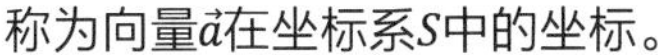

称为向量$\vec{a}$在坐标系S中的坐标。

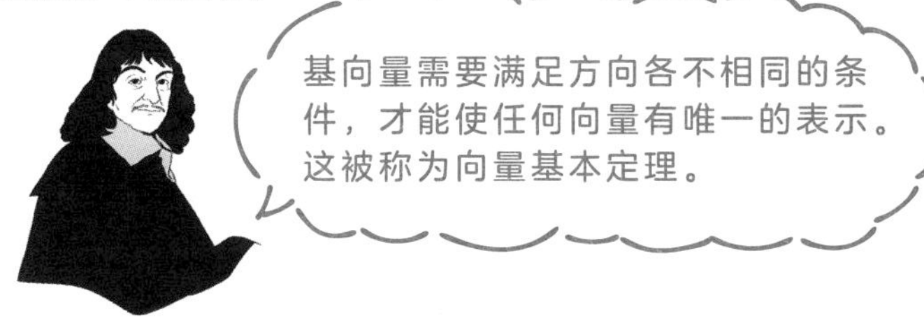

即

$$\vec{a} = a_1\overrightarrow{e_1} + a_2\overrightarrow{e_2} + \cdots + a_n\overrightarrow{e_n}$$

当基底已知时，可以直接用坐标表示为

$$\vec{a} = (a_1, \ a_2, \ \cdots, \ a_n)$$

［图2］在三维笛卡尔坐标系中体现出的向量

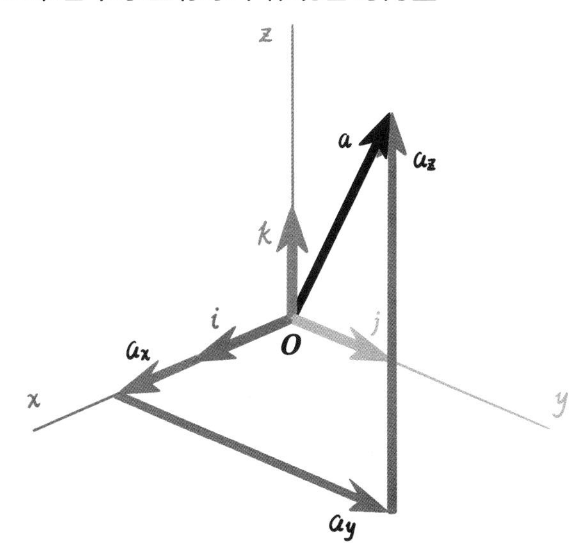

图2中，在三维空间直角坐标系$Oxyz$中，基向量便是以横轴x、竖轴y和纵轴z为方向的三个长度为1的单位向量。则

$$\vec{i} = (1, \ 0, \ 0), \ \vec{j} = (0, \ 1, \ 0), \ \vec{k} = (0, \ 0, \ 1)$$

当确定了这三个基向量之后，其余的任意向量都可以通过三元数组来表示，如

$$\vec{a} = a_x\vec{i} + a_y\vec{j} + a_z\vec{k} = (a_x, \ a_y, \ a_z)$$

特殊向量

类似于数字中的1（单位元）、相反数（加法逆元）、0（加法单位元），向量中有单位向量（单位元）、相反向量（加法逆元）、零向量（加法单位元）等概念。

单位向量（Unit vector）是指长度为1的向量，通常记作“$\vec{e}$”。比如在三维空间直角坐标系$Oxyz$中，基向量$\vec{i}=(1,0,0)$，$\vec{j}=(0,1,0)$，$\vec{k}=(0,0,1)$都是单位向量。

零向量（Zero vector）是指起点与终点重合，即大小为0的向量，用$\vec{0}$或者$\mathbf{0}$表示。

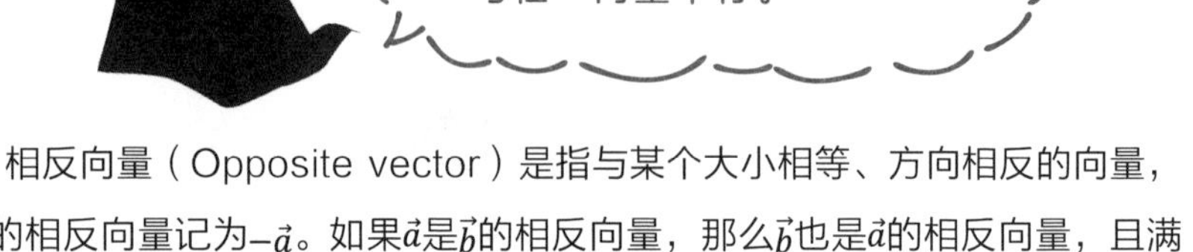

相反向量（Opposite vector）是指与某个大小相等、方向相反的向量，如$\vec{a}$的相反向量记为$-\vec{a}$。如果$\vec{a}$是$\vec{b}$的相反向量，那么$\vec{b}$也是$\vec{a}$的相反向量，且满足两者相加等于零向量，即

$$\vec{a}+\vec{b}=\vec{0}$$

相等向量（Identical vector）是指两个大小相等、方向相同的向量，记作$\vec{a}=\vec{b}$。而平行（共线）向量是指两个方向相等或相反的向量，记作$\vec{a}\parallel\vec{b}$。

向量的性质

具有方向的线段叫作**有向线段**。以A为起点、B为终点的有向线段记作$\overrightarrow{AB}$，其长度为$|\overrightarrow{AB}|$。

向量的大小（Magnitude）也称**模长**、长度，记作“$|\vec{a}|$”。对于n维欧几里得空间R^n上的向量$\vec{a}=(a_1,a_2,\cdots,a_n)$，我们前面提到过它的模长为

$$|\vec{a}|=\sqrt{a_1^2+a_2^2+\cdots+a_n^2}$$

向量的夹角（Included angle）：对于任意两个给定的向量$\vec{a}$和$\vec{b}$，二者的夹角即为图3中两个箭头的夹角θ。

［图3］向量的夹角

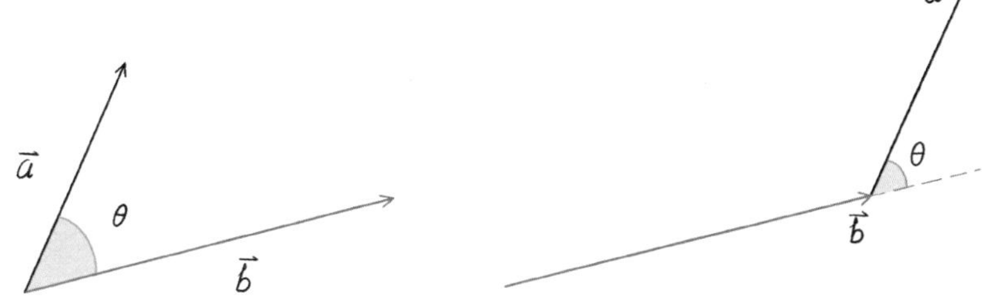

向量的运算

向量之间可以如数字一样进行运算。常见的向量运算有：加法、减法、数乘、数量积、向量积，而向量的除法没有定义。

向量的加法满足平行四边形法则和三角形法则。具体来说，两个向量$\vec{a}$和$\vec{b}$相加得到的向量可以表示为$\vec{a}$和$\vec{b}$的起点重合后，以它们为邻边构成的平行四边形的一条对角线（以共同起点为起点的那条线），如图4左图所示。或者表示为$\vec{a}$的终点和$\vec{b}$的起点重合后，从$\vec{a}$的起点指向$\vec{b}$的终点的向量，如图4右图所示。

［图4］平行四边形法则（左）和三角形法则（右）

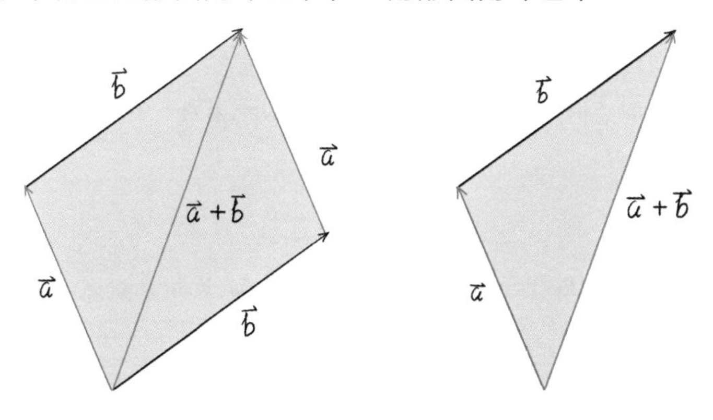

向量的减法，如$\vec{a}-\vec{b}$可以看作是$\vec{a}$加上$\vec{b}$的相反向量$-\vec{b}$，如图5所示。即

$$\vec{a}-\vec{b}=\vec{a}+(-\vec{b})$$

[图5] 向量的减法

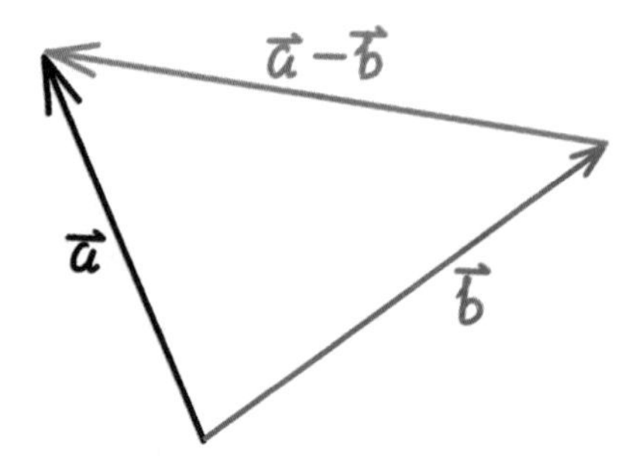

由以上两个图以及三角形的三边关系，可以得到以下的不等关系（三角不等式）：

$$|\vec{a}|+|\vec{b}| \geqslant |\vec{a} \pm \vec{b}| \geqslant \left||\vec{a}|-|\vec{b}|\right|$$

此外，向量的加法也满足交换律和结合律。

标量k和向量$\vec{a}$可以作乘法，称为数乘，记作“$k\vec{a}$”。其结果为方向与$\vec{a}$相同（$k>0$）或相反（$k<0$），长度为$k|\vec{a}|$的向量。

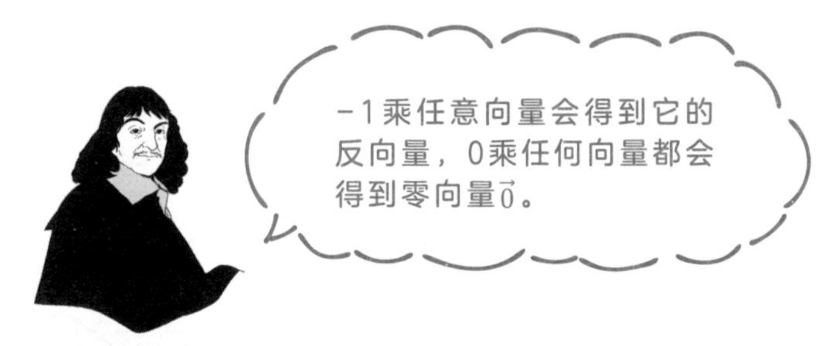

数量积也叫点积，是向量与向量的乘积，其结果为一个标量。几何上，数量积可以定义为：

$$\vec{a} \cdot \vec{b} = |\vec{a}||\vec{b}|\cos\theta$$

其中θ为向量$\vec{a}$和$\vec{b}$之间的夹角，也可以记为$<\vec{a},\ \vec{b}>$，即

$$\vec{a} \cdot \vec{b} = |\vec{a}||\vec{b}|\cos<\vec{a},\ \vec{b}>$$

而$|\vec{b}|\cos<\vec{a},\ \vec{b}>$实际上表示的是$\vec{b}$在$\vec{a}$方向上的投影（同方向为正，反方向为负），因此向量的数量积$\vec{a}\cdot\vec{b}$也可以定义为$\vec{b}$在$\vec{a}$方向上的投影与$|\vec{a}|$的乘积，如图6所示。

［图6］向量的数量积

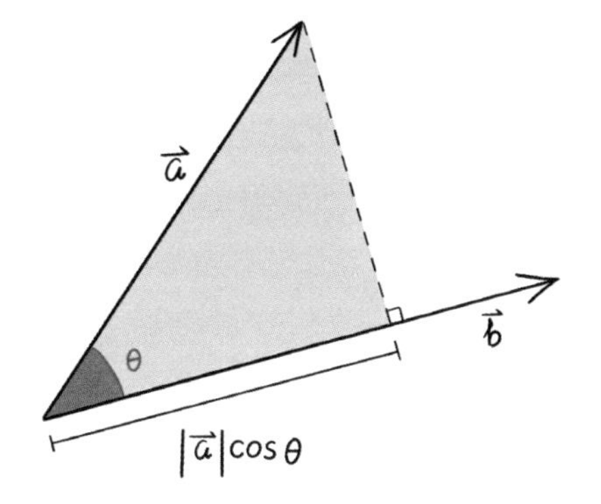

显然，当两个向量相互垂直时，它们的数量积为0。接下来我们便可以利用这一点来证明之前“欧几里得公理”一章中，点乘的公式：

$$\vec{x}\cdot\vec{y}=x_1y_1+x_2y_2+\cdots+x_ny_n$$

事实上，对于$\vec{x}=(x_1, x_2, \cdots, x_n)$，$\vec{y}=(y_1, y_2, \cdots, y_n)$，根据我们对向量代数表示的定义，

$$\vec{x}=x_1\vec{e_1}+x_2\vec{e_2}+\cdots+x_n\vec{e_n}$$

$$\vec{y}=y_1\vec{e_1}+y_2\vec{e_2}+\cdots+y_n\vec{e_n}$$

其中$\vec{e_1}$，$\vec{e_2}$，…，$\vec{e_n}$为这个n维欧几里得空间中的基向量，且满足

$$|\vec{e_i}|=1$$

$$\vec{e_i}\cdot\vec{e_j}=0(i\neq j)$$

于是

$$\begin{aligned}\vec{x}\cdot\vec{y}&=(x_1\vec{e_1}+x_2\vec{e_2}+\cdots+x_n\vec{e_n})(y_1\vec{e_1}+y_2\vec{e_2}\\&\quad+\cdots+y_n\vec{e_n})\\&=x_1y_1\vec{e_1}^2+x_2y_2\vec{e_2}^2+\cdots+x_ny_n\vec{e_n}^2+\Sigma_{i\neq j}x_iy_j\vec{e_i}\cdot\vec{e_j}\\&=x_1y_1+x_2y_2+\cdots+x_ny_n\end{aligned}$$

向量积也叫叉积、外积，也是向量与向量的乘积，记作$\vec{a}\times\vec{b}$，它的结果是个向量。向量积的几何意义是所得的向量与被乘向量所在平面垂直，方向由右手定则规定，大小是两个被乘向量张成的平行四边形的面积，即$|\vec{a}\times\vec{b}|=|\vec{a}||\vec{b}|\sin<\vec{a}, \vec{b}>$。

设向量$\vec{a}=(a_x, a_y, a_z)$，$\vec{b}=(b_x, b_y, b_z)$，则向量积可以表示为

$$\vec{a}\times\vec{b}=\begin{vmatrix}\vec{i} & \vec{j} & \vec{k}\\ a_x & a_y & a_z\\ b_x & b_y & b_z\end{vmatrix}$$

$$=(a_yb_z-a_zb_y, a_zb_x-a_xb_z, a_xb_y-a_yb_x)$$

其中$\vec{i}$，$\vec{j}$，$\vec{k}$分别为三个基向量。

ΔABC的面积可以表示为

$$S=\frac{1}{2}\left|\overrightarrow{AB}\times\overrightarrow{AC}\right|$$

三个向量的混合积为其中两个向量的向量积与第三个向量的数量积的结果，几何意义是三个向量同起点时围成的体积，即

$$(\vec{a}, \vec{b}, \vec{c})=\vec{a}\cdot(\vec{b}\times\vec{c})=\vec{b}\cdot(\vec{c}\times\vec{a})=\vec{c}\cdot(\vec{a}\times\vec{b})$$

原理应用知多少！

定比分点公式

设平面直角坐标系Oxy内有点$A(x_1, y_1)$，$B(x_2, y_2)$，点$P(x_0, y_0)$在线段AB上，满足$AP=nPB$，用向量的语言表达即$\overrightarrow{AP}=n\overrightarrow{PB}$。根据向量的坐标运算：

$$\overrightarrow{AP}=(x_0-x_1, y_0-y_1)$$

$$n\overrightarrow{PB}=(n(x_2-x_0), n(y_2-y_0))$$

于是

$$x_0-x_1=n(x_2-x_0)$$

$$y_0-y_1=n(y_2-y_0)$$

解得

$$x_0=\frac{x_1+nx_2}{1+n}$$

$$y_0=\frac{y_1+ny_2}{1+n}$$

即

$$P\left(\frac{x_1 + nx_2}{1+n}, \ \frac{y_1 + ny_2}{1+n}\right)$$

这就是定比分点公式，如图7所示。从以上表达式可知，n越大，P点离B的距离越近，其坐标受到B的影响（权重）就越大。

［图7］定比分点公式

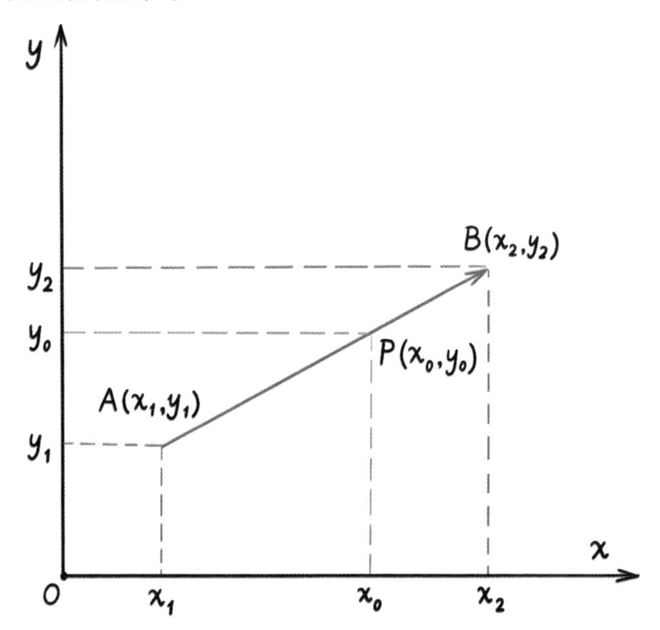

特别地，当$n = 1$时，以上结果成为中点公式

$$P\left(\frac{x_1 + x_2}{2}, \ \frac{y_1 + y_2}{2}\right)$$

三点共线的条件

在图8中，ΔABC的边BC上有一点D，满足

$$\overrightarrow{BD} = \lambda\overrightarrow{BC}$$

［图8］B、C、D三点共线

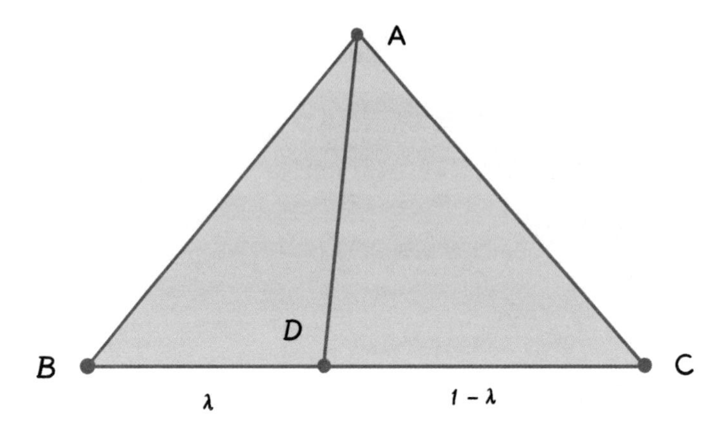

于是

$$\overrightarrow{DC}=(1-\lambda)\overrightarrow{BC}$$
$$(1-\lambda)\overrightarrow{BD}=\lambda\overrightarrow{DC}$$

考虑到

$$\overrightarrow{BD}=\overrightarrow{AD}-\overrightarrow{AB}$$
$$\overrightarrow{DC}=\overrightarrow{AC}-\overrightarrow{AD}$$

因此

$$(1-\lambda)\left(\overrightarrow{AD}-\overrightarrow{AB}\right)=\lambda\left(\overrightarrow{AC}-\overrightarrow{AD}\right)$$

整理上式可得

$$\overrightarrow{AD}=(1-\lambda)\overrightarrow{AB}+\lambda\overrightarrow{AC}$$

$\lambda=\frac{1}{2}$时即D为BC中点的情况，有

$$\overrightarrow{AD}=\frac{\overrightarrow{AB}+\overrightarrow{AC}}{2}$$

反过来也可以证明，当A，B，C，D四个点满足以下等式时，则B、C、D三点共线（其中$a+b+c=0$）：

$$a\overrightarrow{AB}+b\overrightarrow{AC}+c\overrightarrow{AD}=\vec{0}$$

向量的发展历史

向量的概念发展经历了漫长的过程。早期的数学家没有意识到空间的向量结构，直到19世纪末和20世纪初，人们才逐渐将空间性质和向量运算联系起来，将其发展为完整的数学体系。

18世纪末，挪威测量学家威塞尔首次在坐标平面上用点表示复数，并用具有几何意义的复数运算定义了向量运算。这种表示法让向量成为几何研究的重要工具，被用于研究几何和三角问题，并开始用它来研究平面中的向量。

但是复数只能用于表示二维平面，对于三维空间的刻画则无能为力。19世纪中期，英国数学家汉密尔顿发明了四元数，这种包括数量部分和向量部分的工具能够更好地表示三维空间的向量，他的研究为向量代数和向量分析奠定了基础。随后，英国数学物理学家麦克斯韦尔将四元数的数量部分和向量部分分开处理，创立了大量的向量分析工具。

在19世纪80年代，英国数学家吉布斯和海维塞德独立地开创了三维向量分析，并与四元数体系分裂。他们提出，向量是四元数的一部分，但可以独立使用。他们引入了数量积和向量积两种乘法方式，并将向量代数扩展到向量微积分。向量的方法逐渐被引入到分析和解析几何中，成了一种强大的数学工具。四元数的基本形式和乘法规则如图9所示。

$a + bi + cj + dk$

×	1	i	j	k
1	1	i	j	k
i	i	-1	k	$-j$
j	j	$-k$	-1	i
k	k	j	$-i$	-1

[图9] 四元数的基本形式和乘法规则

正弦定理和余弦定理

三角测量的基石：正弦定理和余弦定理在边和角关系中的应用。

大师面对面

——除了代数领域，韦达（François Viète，1540-1603）对三角学领域也有所贡献。在他的三角学研究的第一本著作《应用于三角形的数学定律》中，就有解直角三角形、斜三角形等问题的详述。

1571年，我用新的方法证明了正弦定理，之后，德国数学家毕蒂克斯（Pitiscus）在《三角学》中沿用我的方法证明了正弦定理。

——正弦定理和余弦定理可以用来处理涉及三角形的各种问题。

正弦定理表明，在一个三角形中，三边与其对角的正弦的比值是相等的。这条定理对于解决涉及三角形比例的问题非常有用。

——余弦定理是勾股定理的推广版，适用于任意三角形，而不仅仅是直角三角形。

余弦定理给出了三角形中某个角和三边的数量关系，可以在已知两条边和夹角时计算第三边的长度，或者已知三边时计算其中的一个夹角。

——那我们如何实际应用这些定理呢？

这两个定理在计算三角形的边长和角度时非常有用。正弦定理通常用于在已知两角和一边的情况下计算未知边长或角度，而余弦定理则用于在已知两边和夹角或者三边的情况下计算未知的边或角。它们可以解决许多现实生活中的问题，比如测量、导航和工程设计。

原理解读！

- 正弦定理：对于ΔABC，有以下公式成立：

$$\frac{a}{\sin A}=\frac{b}{\sin B}=\frac{c}{\sin C}=2R$$

其中R表示ΔABC外接圆的半径。

- 余弦定理：对于ΔABC，有以下公式成立：

$$c^2=a^2+b^2-2ab\cos C$$

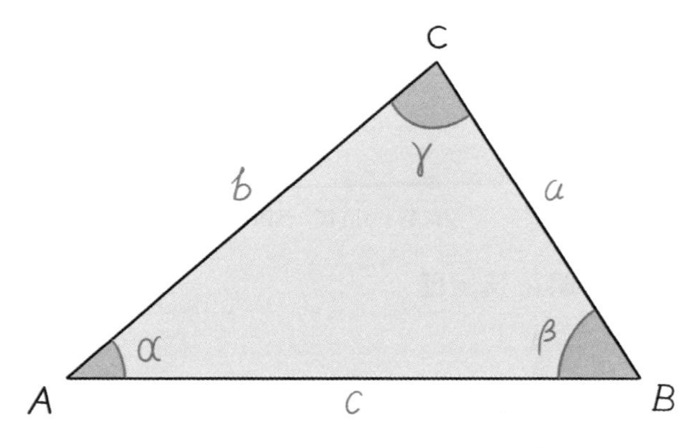

- 勾股定理是余弦定理的特殊情况，当$C=\frac{\pi}{2}$时，$\cos C=0$。余弦定理可以简化为$c^2=a^2+b^2$。

同样地，余弦定理也可以简化为：

$$b^2=c^2+a^2-2ca\cos B$$

$$a^2=b^2+c^2-2bc\cos A$$

正弦定理和余弦定理是等价的，两者之间可以相互转化。

作高法证明正弦定理

在图1的ΔABC中，作边AB上的高线，可以得到一个长为h的垂线和两个直角三角形。在这两个直角三角形中有：

$$h = a\sin B = b\sin A$$

因此

$$\frac{a}{\sin A} = \frac{b}{\sin B}$$

同理可证：

$$\frac{b}{\sin B} = \frac{c}{\sin C}$$

这就证明了正弦定理

$$\frac{a}{\sin A} = \frac{b}{\sin B} = \frac{c}{\sin C}$$

[图1] 作高法证明正弦定理

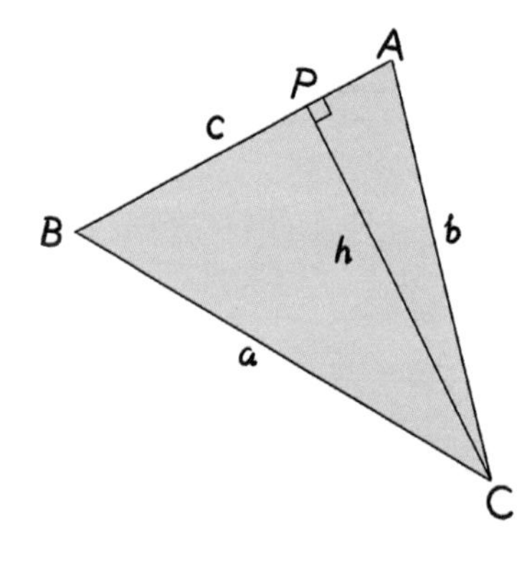

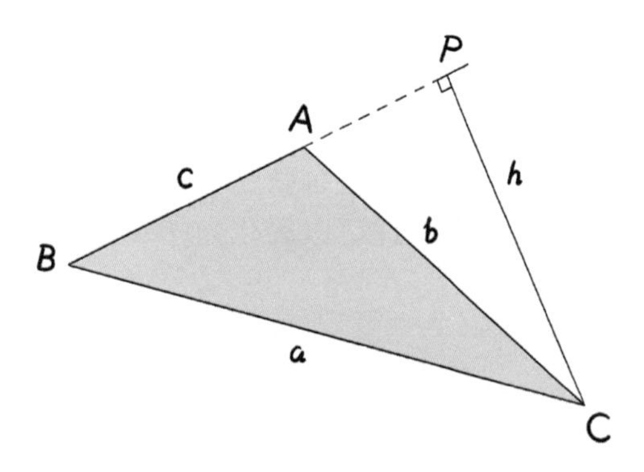

外接圆证明正弦定理

作出ΔABC的外接圆并设其半径为R。

• 角A为锐角

在图2中，当角A为锐角时，根据圆周角定理得：

$$\angle A = \angle D$$

于是

$$\sin A = \sin D = \frac{a}{2R}$$

[图2] 角A为锐角

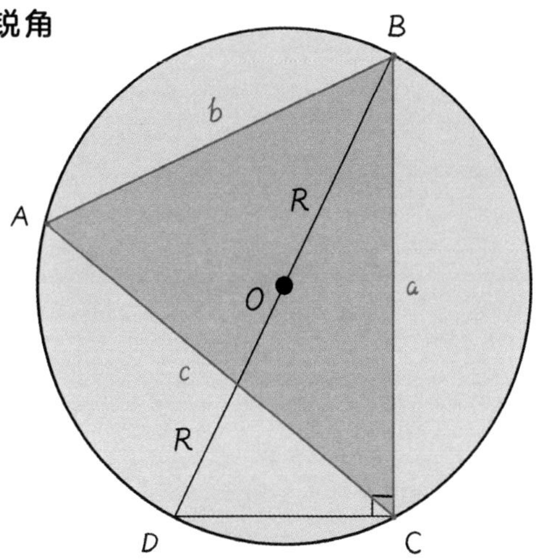

·角A为直角

在图3中，当A为直角时，得：

$$a = 2R$$

因此

$$\sin A = 1 = \frac{a}{2R}$$

[图3] 角A为直角

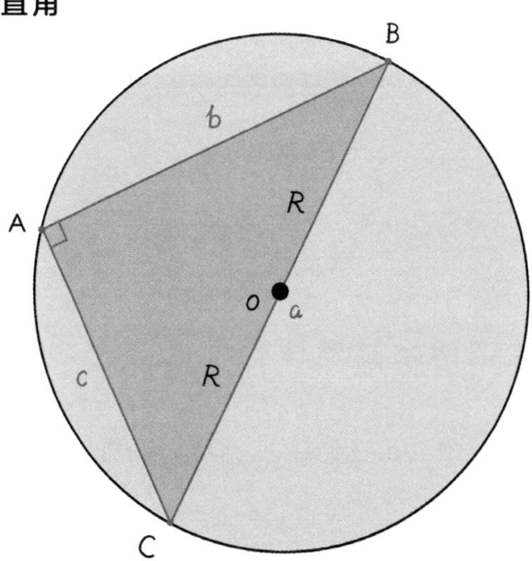

［图4］角A为钝角

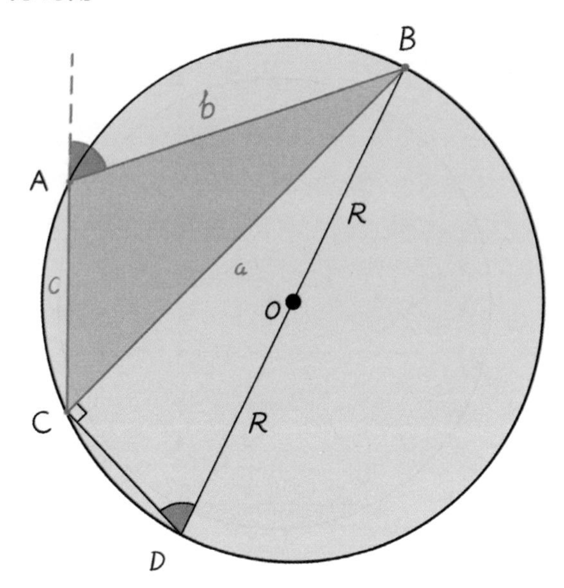

• 角A为钝角

在图4中，当A为钝角时，得：

$$\angle D = \pi - \angle BAC$$

因此

$$\sin A = \sin D = \frac{a}{2R}$$

根据以上的证明方法可以得知三角形的一条边与其对角的正弦值的比等于外接圆的直径，即

$$\frac{a}{\sin A} = \frac{b}{\sin B} = \frac{c}{\sin C} = 2R$$

作高法证明余弦定理

在图5的ΔABC中，作边AB上的高线，得到一个垂线和两个直角三角形。c可以表示为：

$$c = a\cos B + b\cos A$$

［图5］作高法证明余弦定理

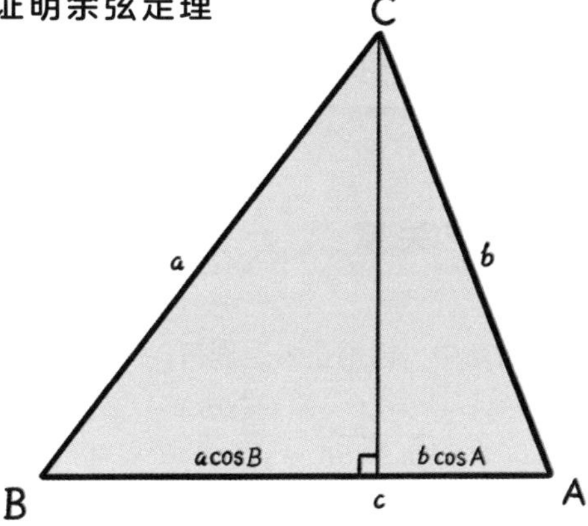

等式两边同时乘c可以得到

$$c^2 = ac\cos B + bc\cos A$$

同理可得

$$a^2 = ab\cos C + ac\cos B$$

$$b^2 = ab\cos C + bc\cos A$$

于是

$$\begin{aligned} c^2 &= (a^2 - ab\cos C) + (b^2 - ab\cos C) \\ &= a^2 + b^2 - 2ab\cos C \end{aligned}$$

向量法证明余弦定理

在图6的ΔABC中，

$$\vec{a} = \vec{b} + \vec{c}$$

$$\cos <\vec{a},\ \vec{b}> = \cos C$$

于是

$$\begin{aligned} c^2 = \vec{c}^2 &= \left(\vec{a} - \vec{b}\right)^2 \\ &= \vec{a}^2 + \vec{b}^2 - 2\vec{a}\cdot\vec{b} \\ &= a^2 + b^2 - 2ab\cos C \end{aligned}$$

［图6］向量法证明余弦定理

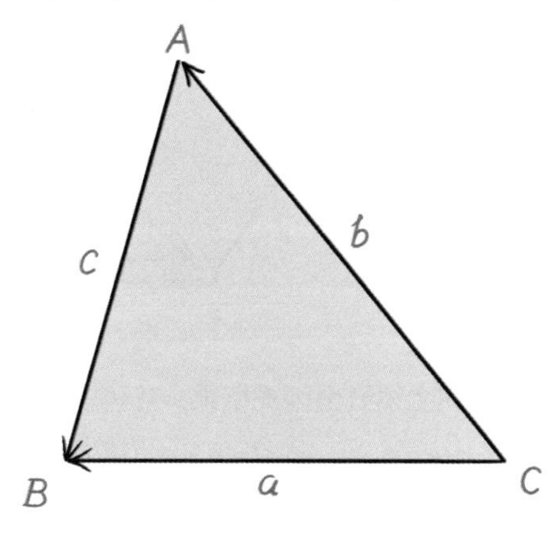

原理应用知多少！

多边形的正弦关系

在图7的多边形$ABCDE$中，根据正弦定理有：

$$\frac{OA}{\sin\angle OBA}=\frac{OB}{\sin\angle OAB}$$

$$\frac{OB}{\sin\angle OCB}=\frac{OC}{\sin\angle OBC}$$

$$\frac{OC}{\sin\angle ODC}=\frac{OD}{\sin\angle OCD}$$

$$\frac{OD}{\sin\angle OED}=\frac{OE}{\sin\angle ODE}$$

$$\frac{OE}{\sin\angle OAE}=\frac{OA}{\sin\angle OEA}$$

［图7］多边形$ABCDE$

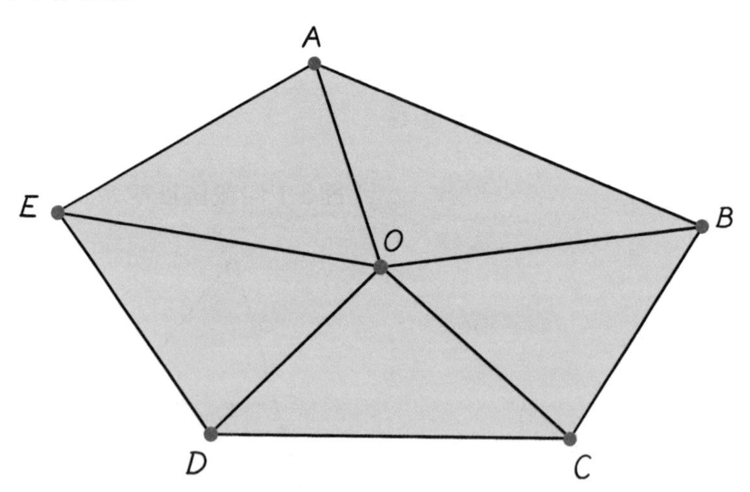

将上述五个等式相乘，就可以得到如下数量关系：

$$\sin\angle OAB\sin\angle OBC\sin\angle OCD\sin\angle ODE\sin\angle OEA$$
$$=\sin\angle OBA\sin\angle OCB\sin\angle ODC\sin\angle OED\sin\angle OAE$$

斯图瓦尔特定理

在图8中ΔABC的边BC上任意取一点P，设

$$AP = p，BP = x，CP = y$$

［图8］斯图瓦尔特定理

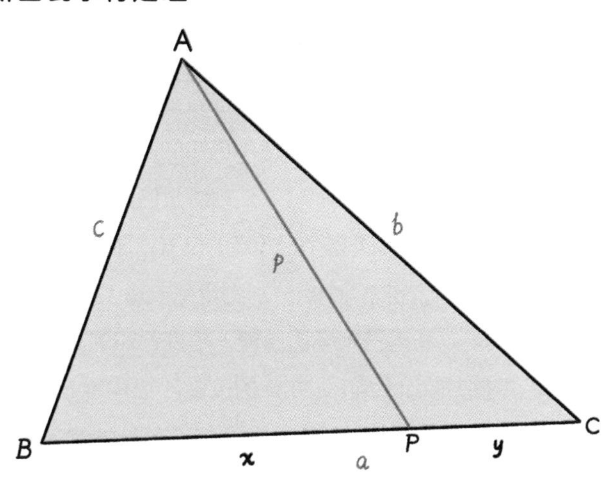

根据余弦定理，得：

$$b^2 = p^2 + y^2 - 2py\cos\angle APC$$
$$c^2 = p^2 + x^2 - 2px\cos\angle APB$$

由于

$$\angle APB + \angle APC = \pi$$

因此

$$\cos\angle APB + \cos\angle APC = 0$$

即

$$\frac{p^2 + y^2 - b^2}{2py} + \frac{p^2 + x^2 - c^2}{2px} = 0$$
$$xb^2 + yc^2 = ap^2 + axy$$

这就是斯图瓦尔特定理，该定理由苏格兰数学家马修·斯图瓦尔特在1746年发表。当$x = y = \frac{a}{2}$时，它便成为中线长公式：

$$m_a = \sqrt{\frac{b^2}{2} + \frac{c^2}{2} - \frac{a^2}{4}}$$

三角测量

三角测量（Triangulation）是一种在测量学、地理信息学和遥感学中使用的技术，用于确定物体位置或地图上点的位置。三角测量基于三角形的几何特性，使用已知的两个点和测量的角度来确定未知点的位置。具体而言，三角测量的基本原理如下：

- 已知点：需要至少知道两个已知点的位置，通常称为基线。
- 角度测量：从已知的两个点分别测量到未知点的角度。
- 计算未知点：利用三角学的原理，根据已知的基线长度和测量的角度，可以精确计算出未知点的位置。

三角测量在古代主要用于绘制地图和进行陆地测量，在现代，它也是卫星导航和定位系统的重要基础。三角测量可用来计算岸边与船只之间的距离及坐标。在图9中，A顶点的观察者测量岸边与船只之间的角度α，B点的观察者则依同理测量出角度β，由长度l或已知的A及B点坐标，则可求出在C点船只的坐标及距离d。

［图9］测量船只的坐标及其与岸边的距离

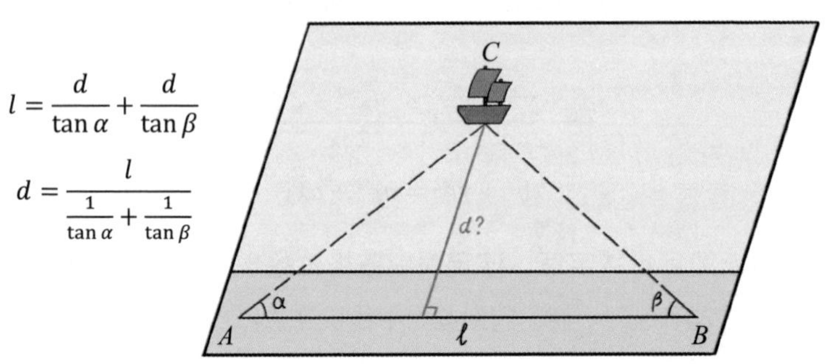

海伦公式

海伦

从三角形的边到其面积：海伦公式的推导及其在几何学中的重要性。

大师面对面

——海伦（Heron of Alexandria，公元前10年—公元70年）是一位古希腊数学家，也是一名工程师，被认为是古代最伟大的实验家。

我大部分的作品都以讲稿的形式出现，也发明了许多设备，例如：汽转球、自动售卖机、注射器、蒸汽风琴等。

——我听说过您发明的海伦公式，这个公式可以通过三角形的三边长来计算三角形的面积。

我们知道，一旦三角形的三条边确定，这个三角形的形状和大小就是唯一的，所以面积也应当被这三条边长确定下来。

——这就在理论上为海伦公式的逻辑铺平了道路。

在我所著的《度量》中记载了海伦公式的相关数学证明。我们可以利用三角形的三条边长求三角形面积，而不需要知道高的长度。

——这样一来，在测量形状为三角形的土地面积的时候，不用测量这个三角形的高，只需要测量三点之间的三段距离，就可以得到答案。

对于多边形也是如此，因为多边形总能分割成几个三角形，我们只需要测量出各个三角形的边长，就可以求出它们的面积，进而求出这个多边形的面积。

原理解读！

- 海伦公式：对于ΔABC，其面积S可以通过三边长a，b，c来表示，即

$$S=\sqrt{p(p-a)(p-b)(p-c)}$$

- 其中p表示周长的一半，即

$$p=\frac{a+b+c}{2}$$

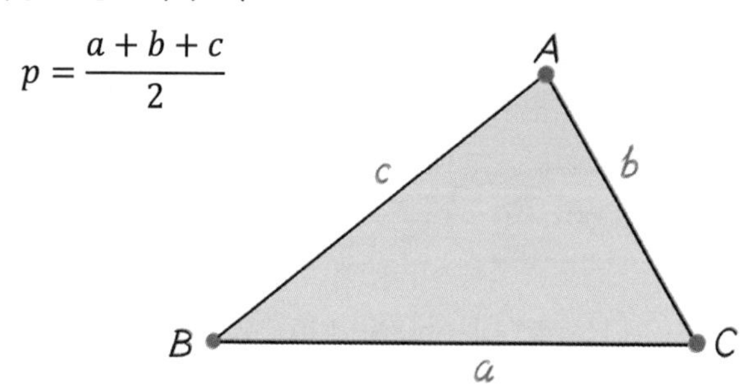

- 将p的值代入海伦公式，也可以写为

$$S=\sqrt{\left(\frac{a+b+c}{2}\right)\left(\frac{a+b-c}{2}\right)\left(\frac{b+c-a}{2}\right)\left(\frac{c+a-b}{2}\right)}$$

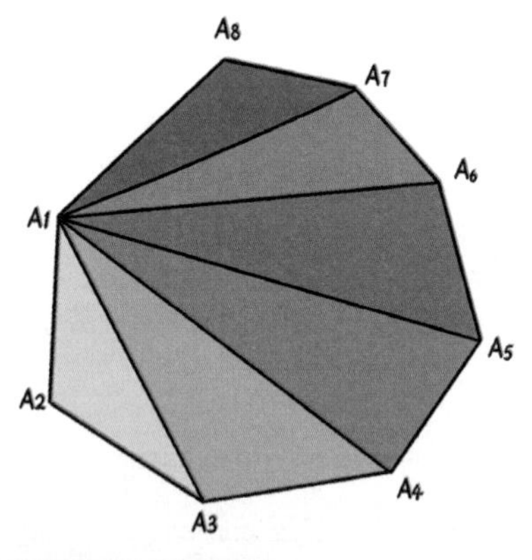

由于任何的n边形都可以分割为$n-2$个三角形，所以海伦公式也可以求多边形面积。

三角形面积的基本公式

三角形的面积定义为底边a与高h乘积的一半，即

$$S=\frac{1}{2}ah$$

其中的高是指底边与对角的垂直距离。

已知两边及其夹角

在图1中，ΔABC的边$BC=a$、$AC=b$，角$\angle C$已知。则BC边上的高为

$$h=AD=b\sin C$$

三角形的面积为

$$S=\frac{1}{2}ah=\frac{1}{2}ab\sin C$$

[图1] 三角形ABC

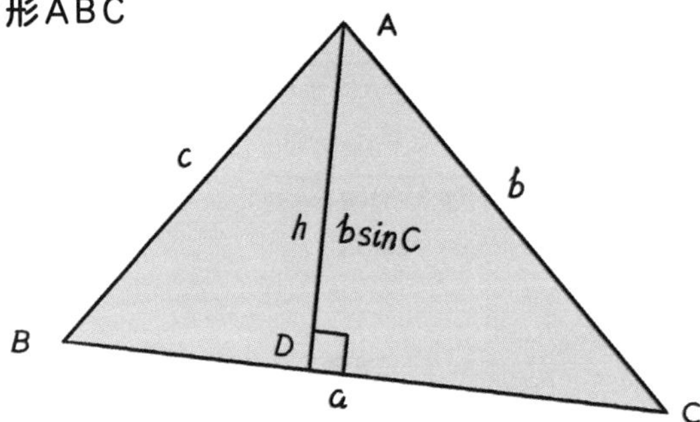

已知两角及其夹边

在图1中，ΔABC的边$BC=a$，角$\angle B$、$\angle C$已知，根据正弦定理

$$\frac{b}{\sin B}=\frac{a}{\sin A}=\frac{a}{\sin(B+C)}$$

则三角形的面积

$$S=\frac{1}{2}ab\sin C=\frac{a^2\sin B\sin C}{2\sin(B+C)}$$

已知三边长

根据余弦定理：

$$\cos C=\frac{a^2+b^2-c^2}{2ab}$$

于是

$$\begin{aligned}\sin C&=\sqrt{1-\cos^2 C}\\&=\sqrt{(1-\cos C)(1+\cos C)}\\&=\sqrt{\left(1-\frac{a^2+b^2-c^2}{2ab}\right)\left(1+\frac{a^2+b^2-c^2}{2ab}\right)}\\&=\sqrt{\left(-\frac{a^2+b^2-2ab-c^2}{2ab}\right)\left(\frac{a^2+b^2+2ab-c^2}{2ab}\right)}\\&=\frac{1}{2ab}\sqrt{(c^2-(a-b)^2)((a+b)^2-c^2)}\\&=\frac{1}{2ab}\sqrt{(b+c-a)(c+a-b)(a+b-c)(a+b+c)}\\&=\frac{2}{ab}\sqrt{p(p-a)(p-b)(p-c)}\end{aligned}$$

则三角形的面积

$$S=\frac{1}{2}ab\sin C=\sqrt{p(p-a)(p-b)(p-c)}$$

从而海伦公式得证。

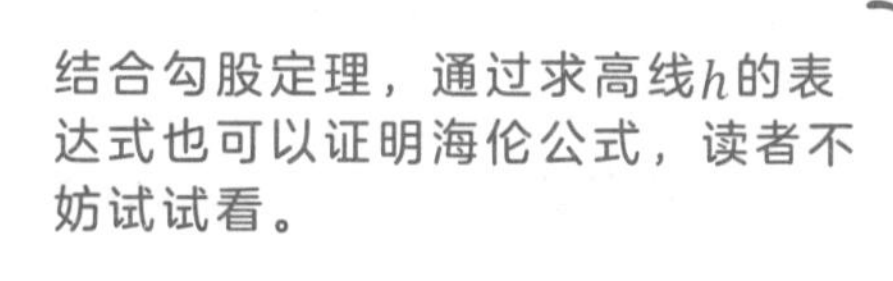

原理应用知多少！

婆罗摩笈多公式

在欧氏平面几何中，婆罗摩笈多公式是用以计算圆内接四边形面积的公式，以印度数学家婆罗摩笈多之名命名。

在图2中，若圆内接四边形的四边长为a，b，c，d，则其面积为：

$$S=\sqrt{(p-a)(p-b)(p-c)(p-d)}$$

其中p为半周长，即

$$p=\frac{a+b+c+d}{2}$$

［图2］圆内接四边形

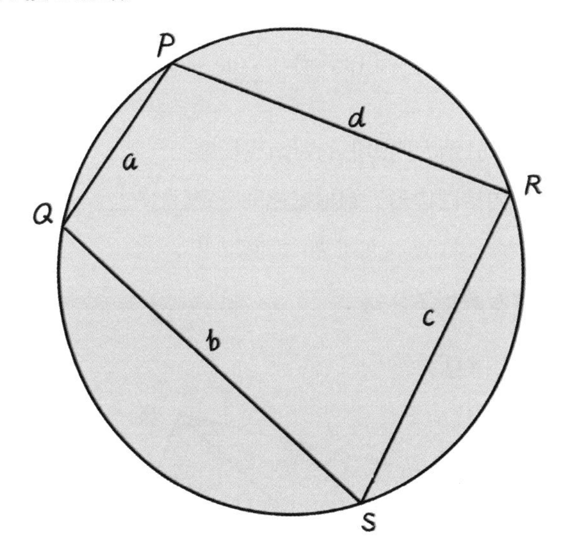

特别地，若圆O的圆内接四边形的四边长为a，b，c，d，且外切于圆C，则

$$a+c=b+d$$

根据婆罗摩笈多公式，其面积为：

$$S=\sqrt{abcd}$$

布雷特施奈德公式

对于一般的四边形面积有布雷特施奈德公式：

$$S=\sqrt{(p-a)(p-b)(p-c)(p-d)-abcd\cos^2\theta}$$

其中θ是四边形一对对角和的一半。

若四边形为圆内接四边形，则

$$\theta=\frac{\pi}{2}$$

公式退化为婆罗摩笈多公式。

柯立芝公式

另一个由柯立芝证明的四边形面积公式如下：

$$S=\sqrt{(p-a)(p-b)(p-c)(p-d)-\frac{1}{4}(ac+bd+mn)(ac+bd-mn)}$$

在图3中，m，n分别为四边形的对角线长度。

若四边形为圆内接四边形，则根据托勒密定理

$$ac+bd-mn=0$$

公式退化为婆罗摩笈多公式。

［图3］四边形*PSRQ*

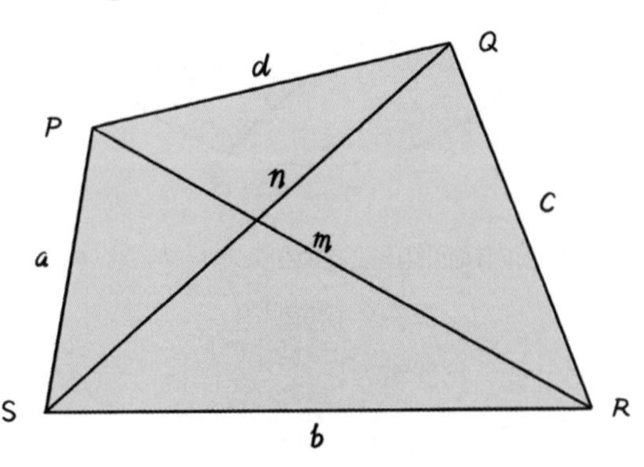

三斜求积术

中国南宋末年数学家秦九韶在其著作《数书九章》的卷五第二题中提到了三斜求积的问题：“问沙田一段，有三斜，其小斜一十三里，中斜一十四里，大斜一十五里，里法三百步，欲知为田几何？”答曰：“三百一十五顷。”其术文是：“以小斜幂并大斜幂，减中斜幂，余半之，自乘于上；以小斜幂乘大斜幂，减上，余四约之，为实，一为从隅，开平方，得积。”如图4所示。

将大斜、中斜、小斜分别记为a，b，c，则秦九韶的方法相当于下面的一般公式：

$$S=\sqrt{\frac{1}{4}\left(a^2c^2-\left(\frac{a^2+c^2-b^2}{2}\right)^2\right)}$$

将上式化简后的结果即为海伦公式。

[图4] 秦九韶《数书九章》“三斜求积”

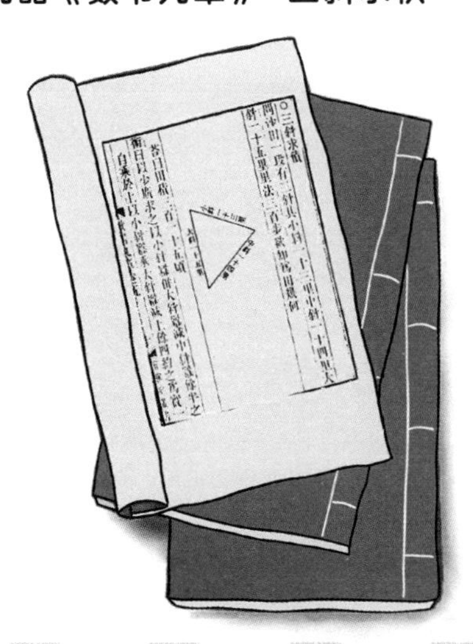

数论篇

整数的奇妙性质

算术基本定理

素数，数论的心脏：探索素数的定义、性质及其数学意义。

大师面对面

—— 您的《几何原本》中，除了几何学还涉及了数论等领域，比如著名的欧几里得引理和求最大公因数的欧几里得算法。

《几何原本》的数论内容主要包括完全数和梅森质数的关系（欧几里得-欧拉定理）、质数有无限多个（欧几里得定理）、有关因式分解的欧几里得引理（得出算术基本定理及整数分解的唯一性）等。

—— 数论主要研究整数的性质，被称为“最纯粹”的数学领域。

数学王子高斯曾经说过：“数学是科学的皇后，数论是数学的皇后。”

—— 正整数按是否可以分解为两个不是1和它本身的正整数的乘积划分，可以分成质数、合数和1。

算术基本定理的内容，就是每一个大于1的正整数都可以唯一地分解为质数的乘积，或者它本身就是质数。

—— 这条定理不仅说明了整数分解的存在性，还说明了整数分解的唯一性，即不考虑排列顺序，正整数分解为素数乘积的方式是唯一的。

在数学中，存在性和唯一性意味着某个问题有且仅有一个解。算术基本定理是初等数论中一个基本的定理，也是许多其他定理的逻辑支撑点和出发点。

原理解读！

- 算术基本定理，又称为正整数的唯一分解定理，即每个大于1的自然数，要么本身就是质数，要么可以写为2个或以上的质数的积。而且这些质因子按大小排列后，分解方法仅有一种。

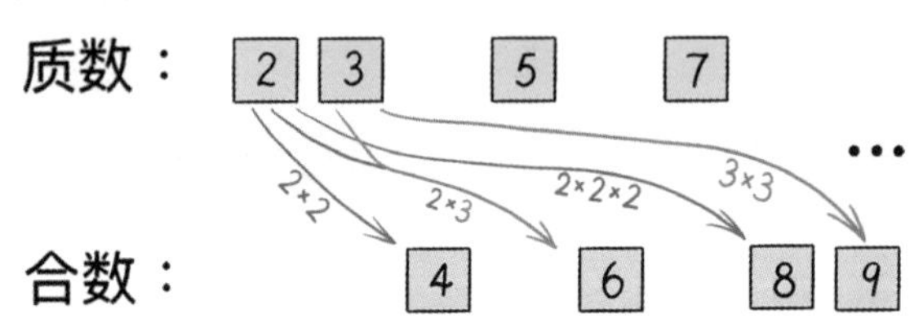

- 给定一个大于1的正整数n，可以找到唯一一组质数(p_1，p_2，…，p_k)，使得

$$n = p_1^{\alpha_1} p_2^{\alpha_2} \cdots p_k^{\alpha_k}$$

其中k，α_1，α_2，…，α_k均为正整数，$p_1 < p_2 < \cdots < p_k$。（在本章中，除非特殊说明，否则所有字母代表的数均为整数。）

- 质数（Prime number），又称素数，指在大于1的自然数中，除了1和该数自身外，无法被其他自然数整除的数（也可定义为只有1与该数本身两个正因数的数）。

- 大于1且不是素数的自然数称为合数。

算术基本定理的内容由两部分构成：
- 分解的存在性。
- 分解的唯一性。即在不考虑排列顺序的情况下，正整数分解为素数乘积的方式是唯一的。

为了确保算术基本定理的唯一性，1被定义为不是素数，因为在因数分解中可以有任意多个1。

素数

一个自然数（如1、2、3、4、5、6等）若恰有两个正约数（1及它本身），则称之为素数。大于1的自然数若不是素数，则称之为合数。

在数字1、2、3、4、5、6中， 2、3、5是素数，而1、4、6则不是素数，其中的4、6为合数。下面我们来一一对此进行解释。

首先，1不是素数。素数的定义是只能被1和它自己整除的大于1的自然数。因此，1不满足素数的定义。

接着，2是一个素数。2只能被1和2整除，符合素数的定义。

数字3同样是素数。除了1和3本身，没有其他数字能整除3。3除以2的余数是1。

然而，4不是素数，它是一个合数。这是因为除了1和4之外，2也可以整除4：

$$4 = 2 \times 2$$

这表明4可以被其他数字整除。

5是一个素数。2、3和4都不能整除5。换句话说，除了1和5本身，没有其他数字能整除5。

最后，6也不是素数，因为它除了可以被1和6整除外，还能被2和3整除：

$$6 = 2 \times 3$$

这表明2和3是6的因数，因此6是一个合数。

图1显示了11是素数而12不是素数的原因。

［图1］11是素数而12不是素数

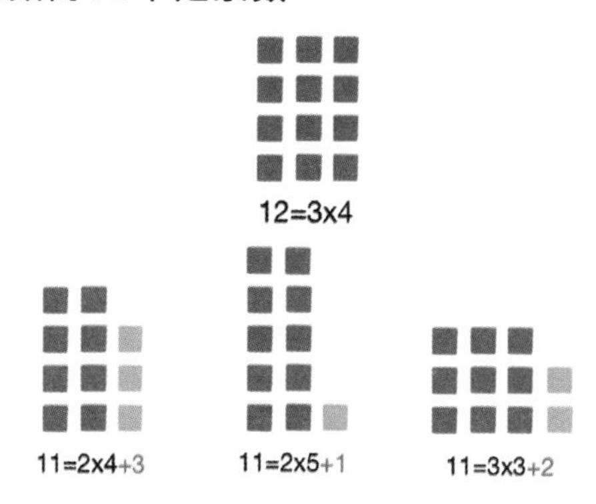

所有大于2的偶数都是合数，这是因为这个数至少能被2整除，且2并不是它本身。因此，奇素数指的是任何大于2的素数。图2给出了所有小于100的素数。

类似的，在十进制里，所有大于5的素数，其个位均为1、3、7或9，因为个位为0、2、4、6、8的数是2的倍数，个位为0或5的数为5的倍数。

［图2］小于100的素数

1	**2**	**3**	4	**5**	6	**7**	8	9	10
11	12	**13**	14	15	16	**17**	18	**19**	20
21	22	**23**	24	25	26	27	28	**29**	30
31	32	33	34	35	36	**37**	38	39	40
41	42	**43**	44	45	46	**47**	48	49	50
51	52	**53**	54	55	56	57	58	**59**	60
61	62	63	64	65	66	**67**	68	69	70
71	72	**73**	74	75	76	77	78	**79**	80
81	82	**83**	84	85	86	87	88	**89**	90
91	92	93	94	95	96	**97**	98	99	100

所有小于1000的素数为：2，3，5，7，11，13，17，19，23，29，31，37，41，43，47，53，59，61，67，71，73，79，83，89，97，101，103，107，109，113，127，131，137，139，149，151，157，163，167，173，179，181，191，193，197，199，211，223，227，229，233，239，241，251，257，263，269，271，277，281，283，293，307，311，313，317，331，337，347，349，353，359，367，373，379，383，389，397，401，409，419，421，431，433，439，443，449，457，461，463，467，479，487，491，499，503，509，521，523，541，547，557，563，569，571，577，587，593，599，601，607，613，617，619，631，641，643，647，653，659，661，

673，677，683，691，701，709，719，727，733，739，743，751，757，761，769，773，787，797，809，811，821，823，827，829，839，853，857，859，863，877，881，883，887，907，911，919，929，937，941，947，953，967，971，977，983，991，997。

算术基本定理存在性的证明

我们可以用反证法来证明算术基本定理的存在性。假设存在大于1且不能写成质数的乘积的自然数，把其中最小的那个称为n。

首先n不可能是质数，否则$n = n$便是一种符合条件的分解。

所以n必须为合数。根据合数的定义，可以将n分解为两个大于1的正整数的乘积，即

$$n = a \times b$$

根据假设，n是最小的不能写成质数乘积形式的自然数，因此比它更小的a、b均可以写成质数的乘积，设

$$a = p_1p_2 \cdots p_s$$
$$b = q_1q_2 \cdots q_t$$

其中p_1，p_2，…，p_s和q_1，q_2，…，q_t均是质数，于是

$$n = p_1p_2 \cdots p_s \times q_1q_2 \cdots q_t$$

即n可以写成质数的乘积，这与我们的假设相矛盾。

因此假设不成立，即所有大于1的自然数都可以写成质数的乘积。

算术基本定理唯一性的证明

欧几里得引理：若质数$p|ab$，则要么$p|a$，要么$p|b$。

“|”是整除符号，$n|m$读作n整除m，即m是n的倍数，n是m的因数，比如5|15。在|上加一条斜线即表示不整除，比如$6\nmid 20$。

由于欧几里得引理的证明需要用到裴蜀定理，因此我们将在后续的章节中再讨论证明过程，这里则直接使用。

仍然使用反证法，假设存在大于1且能以多种方式写成质数乘积的自然数，把其中最小的那个称为n。

首先n不可能是质数，否则$n = n$便是唯一符合条件的分解。

所以n必须为合数。将n用两种不同的方法写出：

$$n = p_1p_2 \cdots p_s$$
$$n = q_1q_2 \cdots q_t$$

其中p_1，p_2，…，p_s和q_1，q_2，…，q_t均是质数，于是

$$p_1p_2 \cdots p_s = q_1q_2 \cdots q_t$$

对于质数p_1，有

$$p_1 | q_1q_2 \cdots q_t$$

根据欧几里得引理，q_1，q_2，…，q_t中至少有一个能被p_1整除，不妨设这个数是q_1，由于q_1也是质数，因此

$$p_1 = q_1$$

于是

$$p_2 \cdots p_s = q_2 \cdots q_t$$

即比n小的正整数$m = p_2 \cdots p_s$可以写成第二种形式$q_2 \cdots q_t$，这与n的最小性矛盾。

所以假设不成立，即所有大于1的自然数写成质数乘积的形式都是唯一的。

原理应用知多少！

短除法

短除法是算术中除法的算法，能将除法转换成一连串的运算，常用于质因数分解和最大公因数、最小公倍数的计算。

· 质因数分解是将一个正整数表示为质数乘积的过程。根据算术基本定理，这个结果是唯一的。例如，$24 = 2 \times 2 \times 2 \times 3$。

· 最大公因数（Greatest Common Divisor，GCD）是两个或多个整数共有的最大的那个因数。例如，24和36的最大公因数是12。

· 最小公倍数（Least Common Multiple，LCM）是两个或多个整数的最小公倍数，即能被每一个数整除的最小正整数。例如，对于15和20，最小公倍数是60。

图3是使用短除法对420进行质因数分解的过程。

［图3］使用短除法对420质因数分解

```
2 | 420
  └────
 2 | 210
   └────
  3 | 105
    └────
   5 | 35
     └───
        7
```

$$420 = 2^2 \times 3 \times 5$$

图4是使用短除法对360和270求最大公因数和最小公倍数的过程。

［图4］使用短除法求360和270的最大公因数和最小公倍数

$$
\begin{array}{r|rr}
2 & 360 & 270 \\ \hline
3 & 180 & 135 \\ \hline
3 & 60 & 45 \\ \hline
5 & 20 & 15 \\ \hline
 & 4 & 3
\end{array}
$$

$$\gcd(360，270) = 2 \times 3 \times 3 \times 5 = 90$$

$$\mathrm{lcm}(360，270) = 2 \times 3 \times 3 \times 5 \times 4 \times 3 = 1080$$

自然里的素数

周期蝉是一种非常聪明的昆虫，它们在地下会以幼虫的形态生活多年。这些蝉有一个特别的生活习性，即只在13年或17年后才会变成蛹，然后从地下钻出来飞行、交配和产卵，之后不久便结束它们的生命。这种看似奇特的周期选择其实是周期蝉一种聪明的生存策略。

如果周期蝉的生活周期是像13年或17年这样的素数年，那么掠食者就很难演化成以周期蝉为主食的动物。如果周期蝉每隔非素数年出现，比如12年，那些每2年、3年、4年、6年或12年出现一次的掠食者就一定能遇到它们。研究表明，那些每14年或15年出现一次的周期蝉，它们的掠食者数量会比每13年或17年出现一次的周期蝉掠食者数量高出2%。虽然看起来差距不大，但这已足以影响自然选择，使得选择素数年周期的蝉更有生存优势。

孪生素数

孪生素数（twin prime）也称为孪生质数、双生质数，是指一对差为2的素数，比如3和5、5和7、11和13、10016957和10016959等。图5给出了200以内的所有孪生素数。

著名的孪生素数猜想：是否存在无穷多对孪生素数？这是数论中未解决的一个重要问题。

两者差为1的素数对只有（2，3），两者差为3的素数对只有（2，5）。

1000以内的孪生素数：

(3，5)，(5，7)，(11，13)，(17，19)，(29，31)，(41，43)，(59，61)，(71，73)，(101，103)，(107，109)，(137，139)，(149，151)，(179，181)，(191，193)，(197，199)，(227，229)，(239，241)，(269，271)，(281，283)，(311，313)，(347，349)，(419，421)，(431，433)，(461，463)，(521，523)，(569，571)，(599，601)，(617，619)，(641，643)，(659，661)，(809，811)，(821，823)，(827，829)，(857，859)，(881，883)。

［图5］200以内的孪生素数

3 5

3,5 5,7 11,13 17,19

29,31 41,43 59,61

71,73 101,103 107,109

137,139 149,151

179,181 197,199 17 19

三胞胎素数

三胞胎素数是指三个连续素数，其中最大数和最小数的差不超过6。事实上，除了最小的两组三胞胎素数(2，3，5) 和 (3，5，7)，其他的三胞胎素数都是相差达到6的三元数组。除了以上两个特例以外，三胞胎素数分为两类：

A类三胞胎素数，形如(p，p+2，p+6)，差为2的两个孪生素数在前，例如(5，7，11)、(11，13，17)、(17，19，23)等。

B类三胞胎素数，形如(p，p+4，p+6)，差为2的两个孪生素数在后，例如(7，11，13)、(13，17，19)、(37，41，43)等。

另外，还有四胞胎素数（连续4个差为2的素数）、表兄弟素数（差为4的素数）、六素数（差为6的素数）等有趣且特殊的素数组。图6的示意图形象地展示了这些素数组。

［图6］有趣的素数组

欧几里得算法

最大公因数的高效计算：通过连续整除确定两个数的最大公因数。

大师面对面

——欧几里得在《几何原本》中介绍了一种通过反复作带余除法来计算两个数的最大公因数的方法。

我把这个方法命名为欧几里得算法，也叫辗转相除法。虽然我独立发明了这个方法，但在中国，这个方法可以追溯至汉代的《九章算术》。

——两个整数的最大公因数是能够同时整除它们的最大的正整数。对于较小的数，可以通过质因数分解的方法，结合短除法来计算最大公因数。

然而对于比较大的数，没有计算机是很难进行质因数分解的，因此我们需要用到欧几里得算法。欧几里得算法的原理是：两个整数的最大公因数等于其中较小的数和两数相除余数的最大公因数。

——比如45和27的最大公因数是9，而45除以27的余数是18，27和18的最大公因数也是9。

在这个过程中，较大的数缩小了，所以继续进行同样的计算可以不断缩小这两个数直至余数为零。这时，所剩的另一个正整数就是这两个数的最大公因数。

——这个算法在实际生活中有什么应用吗？

辗转相除法是现代密码学中一个重要的原理，被用在RSA算法中，是电子商务中常用的加密方法，用于保护在线购物的信息安全。当处理非常大的数时，辗转相除法尤其高效。名叫拉梅的数学家在1844年提出，使用这个方法计算的步骤数量不会超过被处理数字位数的五倍。

原理解读！

- 欧几里得算法，也称为辗转相除法，是一种用于计算两个正整数a和b的最大公因数的方法。其基本原理是：两个数的最大公因数不变，如果从较大的数中减去较小的数，则具体步骤如下：

  - 比较两个数的大小，用较大的数减去较小的数。
  - 重复这个过程，即用较小的数去除较大的数的差，直到其中一个数减为零。
  - 当任一数减为零时，另一数即为两数的最大公因数。

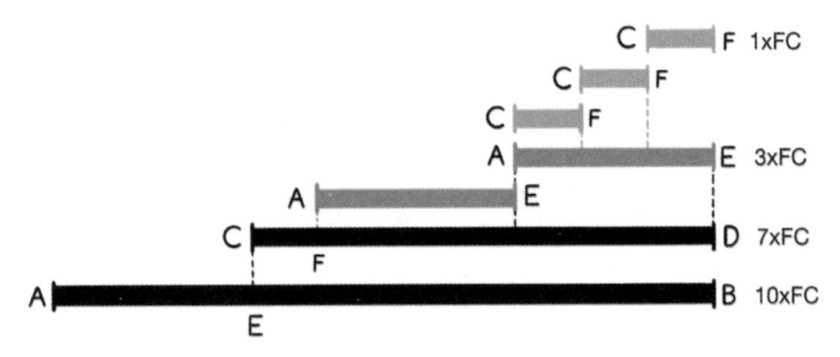

- 实际上，我们可以用带余除法来代替减数相同的重复减法，这样能极大简化计算步骤。
- 欧几里得在《几何原本》中用上图的例子说明了AB和CD的最大公因数为CF。

辗转相除法计算的是两个自然数a和b的最大公因数g，通常记为$g=\gcd(a,b)$。

当两个数的最大公因数是1时，我们就称这两个数是互质（互素）的。

最大公因数

令$g=\gcd(a, b)$，则a和b都可以写成g的整数倍，即

$$a=mg, \quad b=ng$$

于是

$$g=\gcd(a, b)=\gcd(mg, ng)=g\gcd(m, n)$$

因此

$$\gcd(m, n)=1$$

这表明自然数m，n是互素的。

长和宽分别为a，b的长方形形象地表示了最大公因数的概念。由于a，b的任何公因数都可以整除a和b，因此，这个长方形可以恰好被边长为c的正方形填满，并且c最大的取值是$g=\gcd(a, b)$，且c所有的取值都是g的因数。

[图1] 18×45区域的长方形被9×9的正方形填满

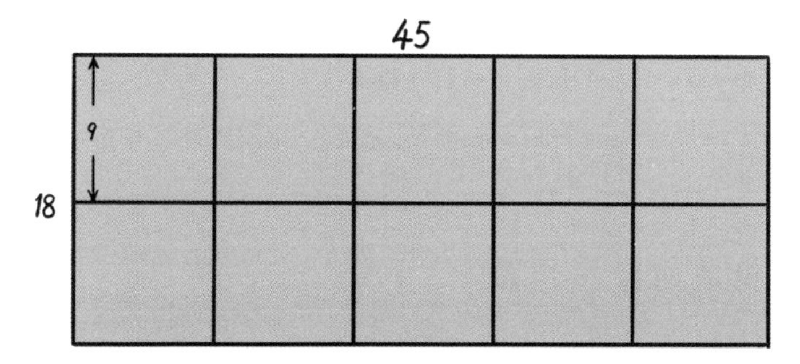

在图1中，一个18×45区域的长方形可以被1×1，3×3，9×9的正方形填满，也就是说，9是18和45的最大公因数。

事实上，a和b的最大公因数是两者共有的素因数的乘积，即

$$a=p_1^{\alpha_1}p_2^{\alpha_2}\cdots p_k^{\alpha_k}$$
$$b=p_1^{\beta_1}p_2^{\beta_2}\cdots p_k^{\beta_k}$$

其中p_1，p_2，…，p_k是不同的质数，而α_i，$\beta_i(i=1, 2, \cdots, k)$是非负整数，它们的取值可以为0，因为$a$和$b$不一定拥有完全相同的质因数。此时令

$$\gamma_i=\min\{\alpha_i, \beta_i\}\,(i=1, 2, \cdots, k)$$

则

$$\gcd(a，b) = p_1^{\gamma_1}p_2^{\gamma_2}\cdots p_k^{\gamma_k}$$

例如，$252 = 2^2 \times 3^2 \times 7$，$270 = 2 \times 3^3 \times 5$，则252和270的最大公因数为$2 \times 3^2 = 18$，如图2所示。

［图2］质因数分解，求252和270的最大公因数

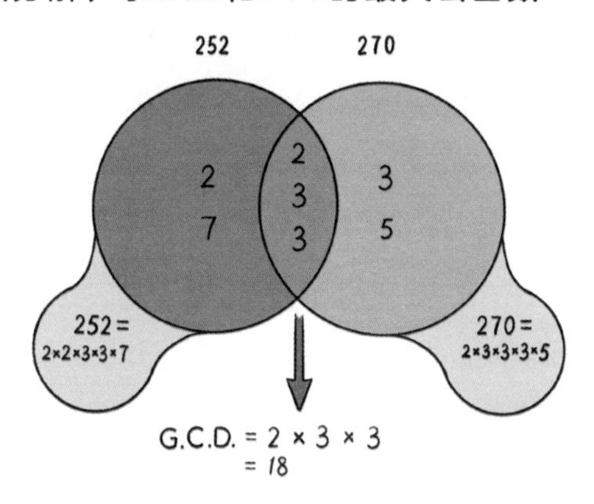

辗转相除法的优点在于能系统地求出两数的最大公因数，而无须分别对它们作质因数分解。大数的素因数分解一直被认为是一个困难的问题，即使是现代的计算机，在处理这个问题时也非常困难，这也是许多加密系统的原理。

算法的操作步骤

辗转相除法是一种递归算法，每一步计算的输出值就是下一步计算时的输入值。具体的操作步骤如下：

①称两个数的较大数为a，较小数为b，作带余除法得

$$a = q_1 b + r_1$$

其中q_1，r_1分别为带余除法的商和余数，于是$0 \leqslant r_1 \leqslant b-1$。如果$r_1 = 0$，说明$b|a$，则辗转相除法结束，$\gcd(a，b) = b$。如果$1 \leqslant r_1 \leqslant b-1$，则进入下一步。

②作带余除法得

$$b = q_2 r_1 + r_2$$

其中q_2，r_2分别为带余除法的商和余数，于是$0 \leqslant r_2 \leqslant r_1 - 1$。如果$r_2 = 0$，说明$r_1 | b$，则辗转相除法结束，$\gcd(a, b) = r_1$。如果$1 \leqslant r_2 \leqslant r_1 - 1$，则进入下一步。

③作带余除法得

$$r_1 = q_3 r_2 + r_3$$

其中q_3，r_3分别为带余除法的商和余数，于是$0 \leqslant r_3 \leqslant r_2 - 1$。如果$r_3 = 0$，说明$r_2 | r_1$，则辗转相除法结束，$\gcd(a, b) = r_2$。如果$1 \leqslant r_3 \leqslant r_2 - 1$，则进入下一步。

综上，k作带余除法得

$$r_{k-2} = q_k r_{k-1} + r_k$$

其中q_k，r_k分别为带余除法的商和余数，于是$0 \leqslant r_k \leqslant r_{k-1} - 1$。如果$r_k = 0$，说明$r_{k-1} | r_{k-2}$，则辗转相除法结束，$\gcd(a, b) = r_{k-1}$。如果$1 \leqslant r_k \leqslant r_{k-1} - 1$，则进入下一步。

由于在上述过程中每一步的余数都在减小并且不为负数，则

$$b > r_1 > r_2 > \cdots > r_k > 0$$

而0和b之间的正整数是有限的，因此一定存在某一步n，使得$r_n = 0$，则辗转相除法结束，$\gcd(a, b) = r_{n-1}$。辗转相除法的示意图如图3所示。

[图3] 辗转相除法示意图

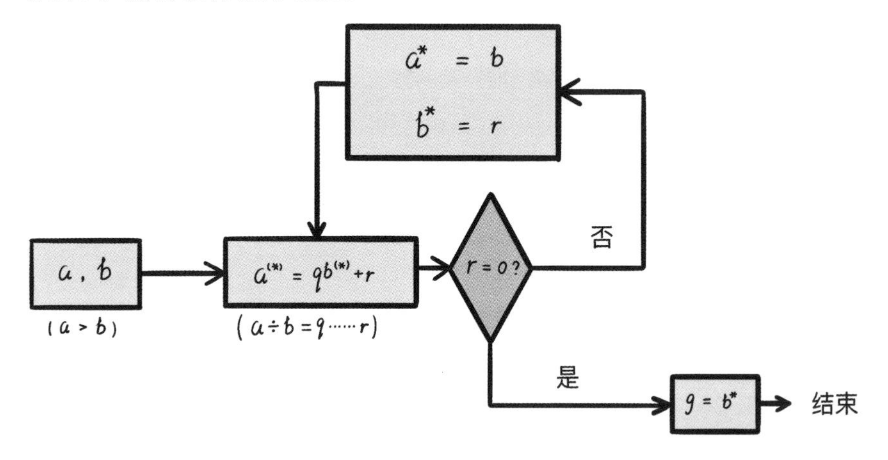

算法的正确性

辗转相除法的正确性基于以下两点：

① $r_{n-1}|a$，即r_{n-1}是a，b的公因数，$r_{n-1}|g$，其中$g=\gcd(a,b)$。

② a、b的最大公因数能整除r_{n-1}，即$g|r_{n-1}$。

首先，由于

$$r_{n-2}=q_n r_{n-1}$$

因此

$$r_{n-1}|r_{n-2}$$

设

$$r_{n-2}=kr_{n-1}$$

而

$$r_{n-3}=q_{n-1}r_{n-2}+r_{n-1}$$

则

$$r_{n-3}=(kq_{n-1}+1)r_{n-1}$$

所以

$$r_{n-1}|r_{n-3}$$

一直重复此步骤，可证r_{n-1}可以整除所有之前步骤中的余数，包括a、b。所以r_{n-1}是a，b的公因数，即$r_{n-1}|g$。因此

$$r_{n-1}\leqslant g$$

而对于a，b的最大公因数g，根据定义有

$$a=mg,b=ng$$

于是

$$r_1=a-q_1b=(m-q_1n)g$$

即$g|r_1$，而

$$r_2=b-q_2r_1=\big(n-q_2(m-q_1n)\big)g$$

即$g|r_2$。一直重复此步骤，可证g整除每一个步骤中的余数r_1，r_2，…，r_{n-1}，因此

$$g\leqslant r_{n-1}$$

综上所述，$g=r_{n-1}$，即辗转相除法得到的最终结果就是两个数的最大公因数。

图形演示

图4演示了使用辗转相除法求36和22的最大公因数的过程。

[图4] 求36和22的最大公因数

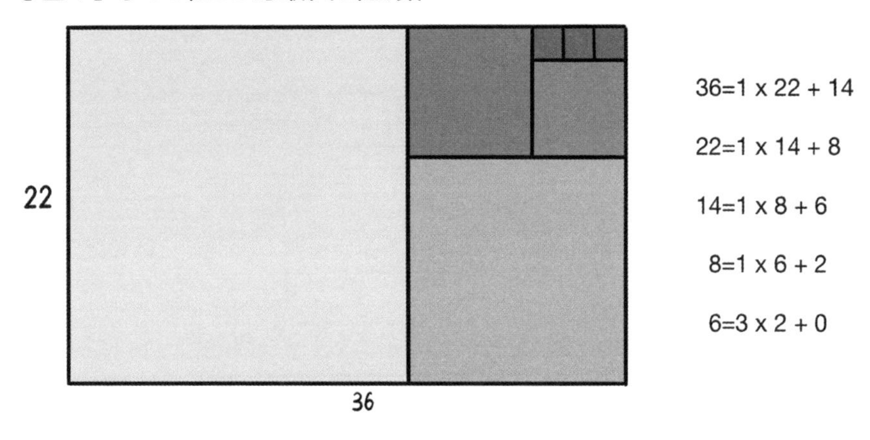

根据辗转相除法的结果得

$$\gcd(36，22) = 2$$

图5演示了使用辗转相除法求34和13的最大公因数的过程。

根据辗转相除法的结果得

$$\gcd(34，13) = 1$$

[图5] 求34和13的最大公因数

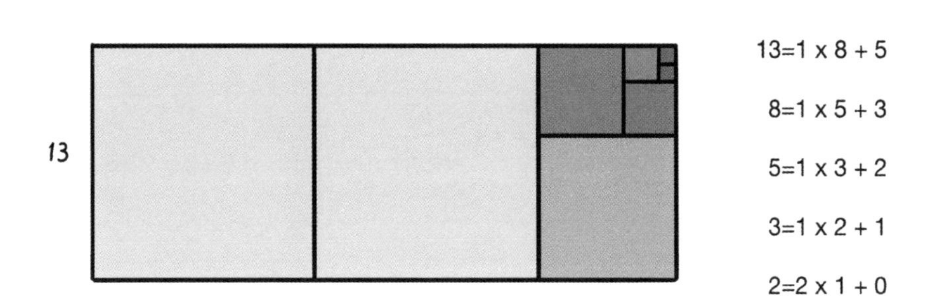

原理应用知多少！

连分数

连分数是指以下形式的分数：

$$x = a_0 + \cfrac{1}{a_1 + \cfrac{1}{a_2 + \cfrac{1}{\cdots}}}$$

其中a_0是整数，而其他的a_1，a_2，其中都是正整数。$\sqrt{2}$的连分数如图6所示。

［图6］$\sqrt{2}$的连分数

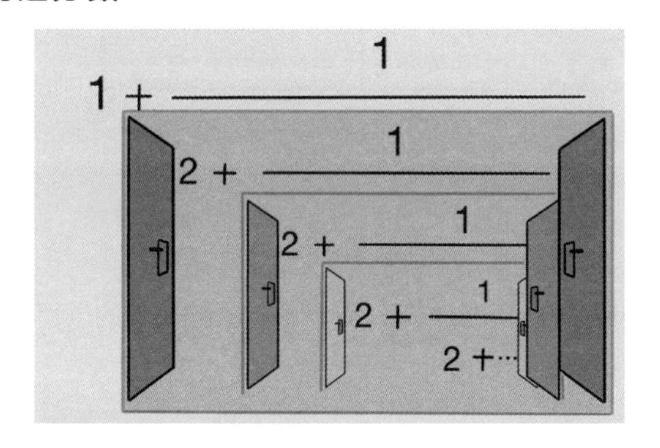

连分数经常应用于无理数的逼近，例如：

$$\sqrt{2} = 1 + \cfrac{1}{2 + \cfrac{1}{2 + \cfrac{1}{\cdots}}}$$

这是因为，我们设

$$x = 2 + \cfrac{1}{2 + \cfrac{1}{2 + \cfrac{1}{\cdots}}}$$

则有

$$x = 2 + \frac{1}{x}$$

这可以转换为一个一元二次方程：

$$x^2 - 2x - 1 = 0$$

解得

$$x = 1 \pm \sqrt{2}$$

显然$x > 1$，所以$x = 1 + \sqrt{2}$，则

$$1 + \frac{1}{2 + \frac{1}{2 + \frac{1}{\cdots}}} = x - 1 = \sqrt{2}$$

类似地，我们可以证明

$$\frac{1 + \sqrt{5}}{2} = 1 + \frac{1}{1 + \frac{1}{1 + \frac{1}{\cdots}}}$$

使用辗转相除法计算$\frac{a}{b}$的连分数的步骤如下：

$$\frac{a}{b} = q_1 + \frac{r_1}{b}$$

$$\frac{b}{r_1} = q_2 + \frac{r_2}{b}$$

$$\frac{r_1}{r_2} = q_3 + \frac{r_3}{r_2}$$

$$\cdots$$

$$\frac{r_{n-2}}{r_{n-1}} = r_n$$

于是

$$\frac{a}{b} = q_1 + \frac{1}{q_2 + \frac{1}{\cdots + \frac{1}{q_n}}}$$

例如

$$\frac{34}{13} = 2 + \frac{1}{1 + \frac{1}{1 + \frac{1}{1 + \frac{1}{1 + \frac{1}{2}}}}}$$

裴蜀定理

在前文使用辗转相除法的过程中，我们可以用数学归纳法证明：对任意的$r_k(k = 1，2，\cdots n - 1)$，存在整数$x_k$，$y_k$使得$ax_k + by_k = r_k$。

首先这个命题对$k=1$成立，这是因为

$$a-q_1b=r_1$$

即

$$x_1=1,y_1=-q_1$$

假设$k\leqslant m-1(2\leqslant m\leqslant n-1)$时都存在整数$x_k$，$y_k$使得$ax_k+by_k=r_k$，则由辗转相除法的第$m$步有

$$r_{m-2}=q_mr_{m-1}+r_m$$

为了保证上式对任意满足条件的m都成立，我们取$b=r_0$。根据归纳假设，则

$$ax_{m-2}+by_{m-2}=q_m(ax_{m-1}+by_{m-1})+r_m$$

这里用到的数学归纳法的第二步是假设命题对于$n=1$，2，…，k都成立，并证明命题对于$n=k+1$也成立。与之前我们讨论过的数学归纳法不同的是，这里的递推关系依赖于之前的每一个命题，而不仅仅是前一个命题。

于是

$$a(x_{m-2}-q_mx_{m-1})+b(y_{m-2}-q_my_{m-1})=r_m$$

即存在整数

$$x_m=x_{m-2}-q_mx_{m-1}$$

$$y_m=y_{m-2}-q_my_{m-1}$$

使得

$$ax_m+by_m=r_m$$

综上所述，由数学归纳法原理知，命题成立。

特别地，取$k=n-1$，此时$r_{n-1}=\gcd(a, b)$，这就是裴蜀定理。即对于正整数a，b，存在整数x，y使得$ax+by=\gcd(a, b)$。

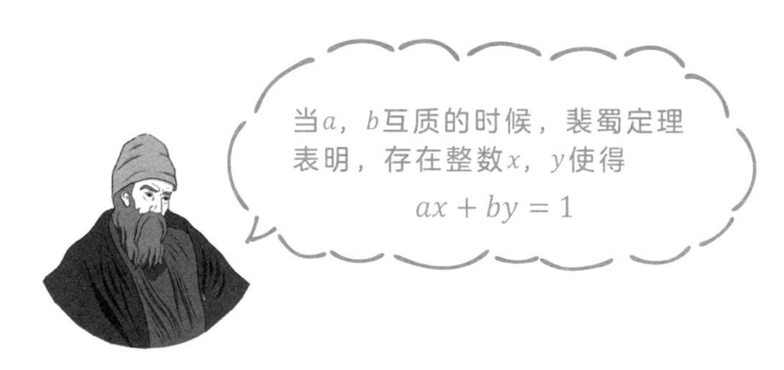

欧几里得引理

欧几里得引理是在欧几里得《几何原本》第7卷的命题30中提出的定理，如图7所示。

［图7］欧几里得《几何原本》中的欧几里得引理

这个引理可以表达为：如果$p|ab$，那么$p|a$或$p|b$至少有一个成立。该引理也是证明算数基本定理的基础。

我们用反证法来证明，假设$p|ab$且$p \nmid a$，$p \nmid b$，即

$$\gcd(p, a) = \gcd(p, b) = 1$$

根据裴蜀定理，存在整数x_1，y_1，使得

$$px_1 + ay_1 = 1$$

同样地，存在整数x_2，y_2，使得

$$px_2 + by_2 = 1$$

于是

$$aby_1y_2 = (1 - px_1)(1 - px_2)$$

$$= 1 + p(px_1x_2 - x_1 - x_2)$$

因此

$$p|\big(1 + p(px_1x_2 - x_1 - x_2)\big)$$

根据整除的性质，得

$$p|1$$

这与p为质数矛盾，因此假设不成立，欧几里得引理成立。

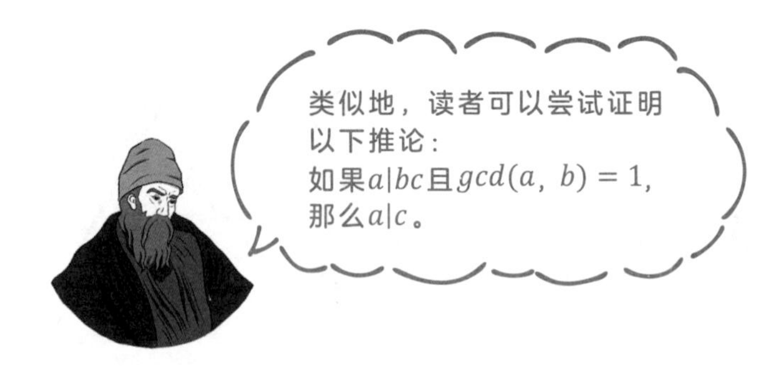

辗转相除法的历史发展

辗转相除法是一种古老且至今仍在使用的算法，最早可追溯到公元前300年的欧几里得的名著《几何原本》。这个算法最初是用来求整数的最大公因数，后来又用于计算线段长度，如图8所示。虽然现在我们知道这种方法也适用于实数，但在欧几里得的时代，人们对实数还没有明确的概念。

［图8］古代数学家使用圆规进行线段的辗转相除

这个算法可能不完全是欧几里得自己发明的。一些历史学家认为，《几何原本》中关于数论的部分可能源自毕达哥拉斯学派的数学家。有证据表明，在欧几里得之前的数学家，如尤得塞斯，可能已经知道这个算法。

几个世纪后，中国和印度的数学家也独立发现了辗转相除法，并用它来解决天文学中的丢番图方程和制定精确的历法。例如，5世纪的印度天文学家阿耶波多将辗转相除法称为“粉碎机”，因为它在解决这类数学问题时特别有效。在中国，类似的算法被称为“更相减损术”，在《九章算术》和《孙子算经》中有所描述。

在欧洲，辗转相除法首次出现在克劳德·巴歇的著作《愉悦讨喜的问题》中。此后，这个算法被广泛用于解决丢番图方程和构建连分数。英国数学家桑德森后来还发展了这个算法的一个扩展版本，用来更有效地计算连分数，他将这个方法的起源归功于罗杰·科茨。

在19世纪，辗转相除法不仅在数学领域发挥了重要作用，而且促进了新数系的建立，例如高斯整数和艾森斯坦整数。1815年，卡尔·弗里德里希·高斯（Gauss）利用辗转相除法证明了高斯整数的分解是唯一的。

约翰·狄利克雷（Dirichlet）是首位将辗转相除法作为数论基础的数学家。狄利克雷强调，数论中的很多重要结论，如质因数分解的唯一性，都适用于任何可以应用辗转相除法的数系。理查德·戴德金（Dedekind）在编辑并推广狄利克雷的数论讲义时，也使用辗转相除法来研究代数整数。戴德金是第一个用高斯整数的唯一分解性来证明费马平方和定理的数学家。此外，戴德金还定义了欧几里得整环的概念，并在19世纪末提出了理想的概念，这些理论推动了不依赖于辗转相除法的数论的发展。

辗转相除法的影响甚至扩展到了游戏领域。1969年，科尔和戴维创造了基于这种算法的二人游戏“欧几里得游戏”。在这个游戏中，玩家需从较长的一列棋子中取走相对较短列棋子数量的整数倍，通过策略性地减少棋子数来争取最终胜利。这个游戏被证明具有最优策略，能够为玩家提供丰富的逻辑思考和策略制定的机会。

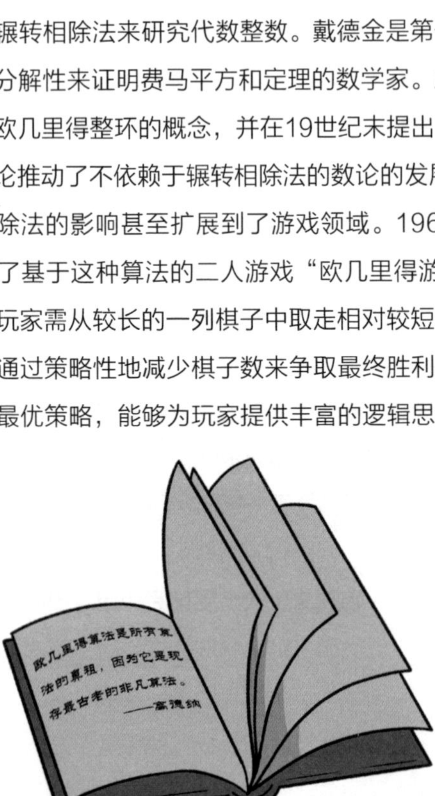

欧几里得算法是所有算法的鼻祖，因为它是现存最古老的非凡算法。
——高德纳

难易程度：★★★☆☆

模运算

周期性和重复：从钟表的时间计算到日常数学问题中的模运算应用。

大师面对面

—— 约翰·卡尔·弗里德里希·高斯（Johann Carl Friedrich Gauss，1777年4月30日—1855年2月23日），德国数学家、物理学家、天文学家。

人们都说我是有史以来最伟大的数学家之一，并称我为“首席数学家”和“数学王子”。我在《算术研究》中对数论知识进行了系统化的整理和研究，“同余”的概念就是在这本书的第一章中引入的。

—— 从字面意思上理解，同余似乎是指“同样的余数”。

没错，当两个整数a、b除以同一个正整数m的余数相同时，我们就称这两个整数是同余的。特别地，我们可以引入“模运算”来表达这一概念，记作$a \equiv b(mod\ m)$。

—— 比如7和12除以5的余数都是2，我们就可以称7和12对模5同余，记作$7 \equiv 12(mod\ 5)$。

这个模运算的等号“≡”和我们平时使用的“=”相似，也可以进行等式两边的加法、减法、乘法等运算，但对于除法则不一定完全适用，有的情况下需要一些特殊的技巧。

—— 这样一来，模运算能够帮助我们极大地简化计算和证明过程。它在实际生活中有什么应用吗?

在密码学中，模数算术是RSA算法等公钥系统的基础。在音乐领域，模12被广泛用于十二平均律系统，而对于星期的计算则围绕模7展开。

原理解读！

- 同余（Congruence modulo，符号：≡）是数论中的一种等价关系。若两个整数除以同一个正整数所得的余数相同，则称这两个整数同余。如果a,b除以n的余数相同，那么就称a和b在模n下同余，记为

$$a \equiv b(mod\ n)$$

- 模运算（Modular arithmetic）是一个整数的算术系统，其中数字超过一定值（称为模）后会退回到较小的数值。

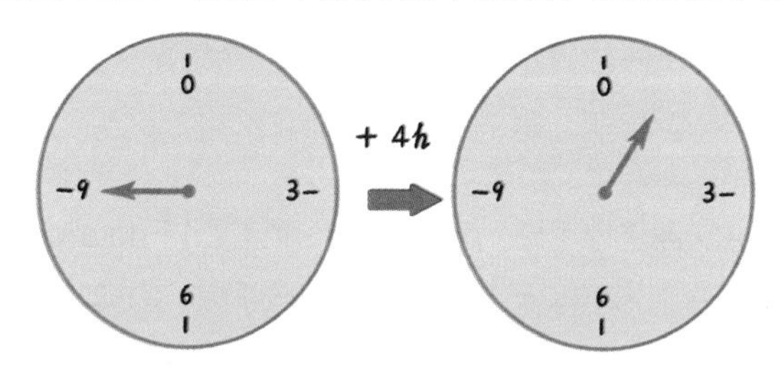

- 常见的十二小时制采用的就是模12运算，假设现在是九点，四个小时后是一点，如上图所示。如果我们使用一般的算术加法，会得到$9+4=13$，但是模12运算中，每超过十二小时会归零，不存在"十三点"。这个运算过程写为：

$$9+4 \equiv 1(mod\ 12)$$

模运算的含义代表了等式两边可以任意地加减模n的值或者n的整数倍，比如：

$$7 \equiv 15(mod\ 8)$$

$$-1 = 7-8 \equiv 15(mod\ 8)$$

$$5n+3 \equiv 3(mod\ n)$$

$a \equiv b(mod\ n)$等价于$n|(a-b)$，即$a-b=kn$。

运算定律

如果$a \equiv b(mod\ n)$，$c \equiv d(mod\ n)$，那么我们有以下的运算定律：

① $a + m \equiv b + m(mod\ n)$

② $a - m \equiv b - m(mod\ n)$

③ $am \equiv bm(mod\ n)$

④ $a^m \equiv b^m(mod\ n)$

⑤ $a + c \equiv b + d(mod\ n)$

⑥ $ac \equiv bd(mod\ n)$

也就是说，在模运算里可以使用除了除法之外的任何四则运算。

上述性质都可以通过整除的性质来证明，例如，当$a \equiv b(mod\ n)$时，我们有

$$n|(a-b)$$

上式也可以写为

$$n|\big((a+m)-(b+m)\big)$$

因此

$$a+m \equiv b+m(mod\ n)$$

这个性质可以用图1和图2形象地表示。

［图1］同余的加法性质1

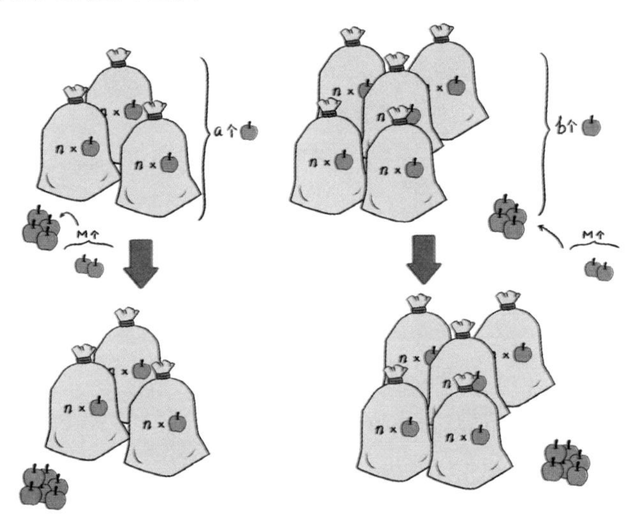

[图2] 同余的加法性质2

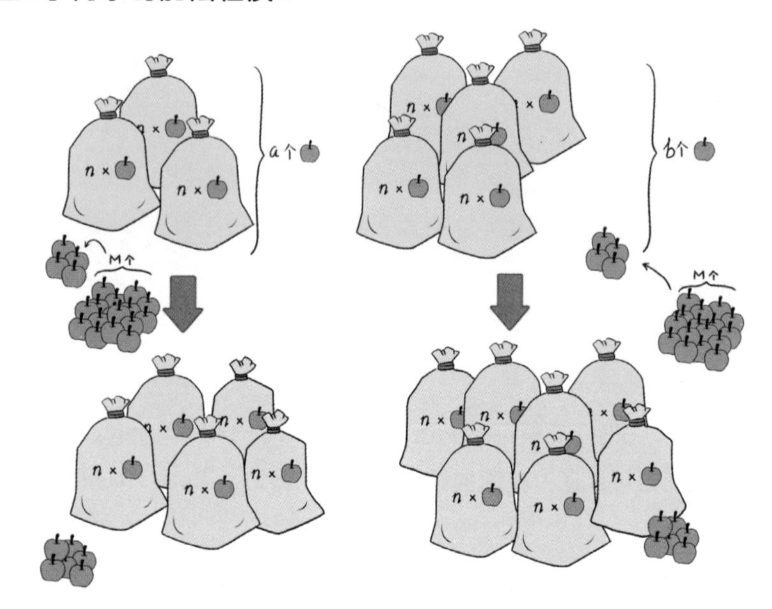

使用类似的方法也可以证明性质2、3、5。

另一种证明上述性质的方法是带余除法，设

$$a = k_1 n + r,\ b = k_2 n + r$$

$$c = k_3 n + t,\ d = k_4 n + t$$

则有

$$\begin{aligned} ac &= (k_1 n + r)(k_3 n + t) \\ &= (k_1 k_3 n + t k_1 + r k_3)n + rt \\ bd &= (k_2 n + r)(k_4 n + t) \\ &= (k_2 k_4 n + t k_2 + r k_4)n + rt \end{aligned}$$

$$ac - bd = Kn$$

其中

$$K = (k_1 k_3 n + t k_1 + r k_3) - (k_2 k_4 n + t k_2 + r k_4)$$

这就证明了性质6：

$$n|(ac - bd)$$

$$ac \equiv bd(mod\ n)$$

取$c = a$，$d = b$，反复对$a \equiv b(mod\ n)$运用性质6，我们就可以证明性质4是成立的。

除法原理

当除数和模数互质的时候，除法运算是适用于模运算的，即若k，n互质且

$$ka \equiv kb(mod\ n)$$

则有

$$a \equiv b(mod\ n)$$

这是因为

$$n|k(a-b)$$

而k，n互质，这就说明

$$n|(a-b)$$

即

$$a \equiv b(mod\ n)$$

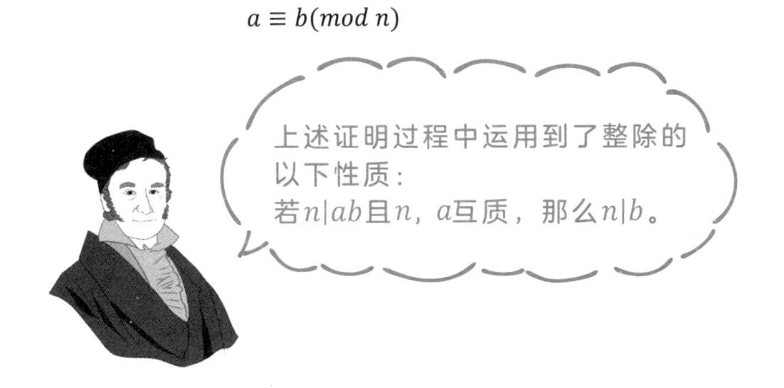

模逆元

模逆元也称为模倒数、数论倒数。整数a对模n的模逆元a^{-1}定义为：

$$a \cdot a^{-1} \equiv 1(mod\ n)$$

整数a对模n的模逆元存在的条件是a，n互质。用反证法来证明：

假设a，n不互质时模逆元a^{-1}存在，则取a，n的一个共同的素因子p，有

$$p|n$$

$$a \equiv 0(mod\ p)$$

而根据模逆元的定义有

$$n|(a \cdot a^{-1} - 1)$$

由整除的性质得

$$p|(a \cdot a^{-1} - 1)$$

在模p下进行运算：

$$1 \equiv a \cdot a^{-1} \equiv 0(mod\ p)$$

这就得到$p|1$，这对于一个素数来说显然是不可能的。

因此，整数a对模n的模逆元存在的条件是a，n互质。

同余类

对模n同余的**所有整数**组成的集合被称为同余类，记作“$\overline{a_n}$”，其中a表示这个相同的余数，有：

$$a \in \{0,\ 1,\ 2,\ \cdots,\ n-1\}$$

$$\overline{a_n} = \{\cdots,\ a-2n,\ a-n,\ a,\ a+n,\ a+2n,\ \cdots\}$$

图3中是模9的同余类$\bar{0}$，$\bar{1}$，$\bar{2}$，$\cdots$，$\bar{8}$。

［图3］模9的同余类$\bar{0}$，$\bar{1}$，$\bar{2}$，$\cdots$，$\bar{8}$

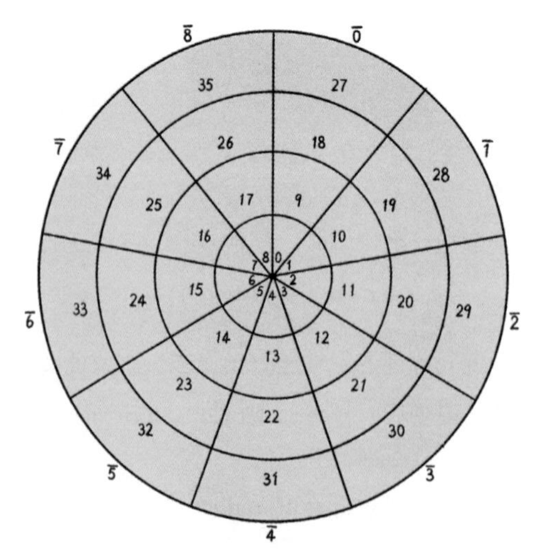

剩余系

剩余系是指**模n同余类的代表数的集合**，剩余系中的每个数都来自不同的同余类，通常使用的代表数是最小非负整数。例如，在图3中，$\{1, 3, 7\}$是模9的一个剩余系，$\{10, 12, 25, 8\}$也是模9的一个剩余系，而$\{1, 10, 12\}$则不是模9的剩余系，因为1和10都来自同余类$\bar{1}$。

完全剩余系是指模n同余类的代表数的集合，如果该集合是由每个同余类的最小非负整数所组成，即$\{0, 1, 2, \cdots, n-1\}$，则称之为最小剩余系。

在模n的完全剩余系中，与n互质的代表数构成的几何被称为简约剩余系，比如模9的最小简约剩余系是$\{1, 2, 4, 5, 7, 8\}$。如果n是质数，那么其最小简约剩余系为$\{1, 2, \cdots, n-1\}$，比最小剩余系少了元素0。

图4中的时钟代表了模12的完全剩余系。

[图4] 时钟是模12的完全剩余系

原理应用知多少！

平方数除以3的余数

命题：任意平方数除以3的余数不可能是2。

对于正整数n，其除以3的余数有3种情况：

①余数为0，即

$$n \equiv 0(mod\ 3)$$

于是根据模运算的性质，

$$n^2 \equiv 0^2 \equiv 0(mod\ 3)$$

②余数为1，即

$$n \equiv 1(mod\ 3)$$

于是根据模运算的性质，

$$n^2 \equiv 1^2 \equiv 1(mod\ 3)$$

③余数为2，即

$$n \equiv 2(mod\ 3)$$

于是根据模运算的性质，

$$n^2 \equiv 2^2 \equiv 4 \equiv 1(mod\ 3)$$

综上所述，对于正整数n，n^2除以3的余数只可能是0或1。

类似地，我们可以证明：

- 平方数除以4的余数只可能是0或1。
- 平方数除以5的余数只可能是0、1或4。
- 平方数除以6的余数只可能是0、1、3或4。
- 平方数除以7的余数只可能是0、1、2或4。
- 平方数除以8的余数只可能是0、1或4。

读者可以模仿上述例子，尝试进行证明。

2、3、5、9的倍数特征

命题：个位为偶数的数是2的倍数。

设这个n位数是$\overline{a_n a_{n-1} \dots a_2 a_1}$，由于

$$\overline{a_n a_{n-1} \dots a_2 a_1} = 10\overline{a_n a_{n-1} \dots a_2} + a_1$$

根据模运算的性质，

$$10\overline{a_n a_{n-1} \dots a_2} + a_1 \equiv a_1 (mod\ 2)$$

当$\overline{a_n a_{n-1} \dots a_2 a_1}$的个位为偶数时，即

$$a_1 \equiv 0 (mod\ 2)$$

于是

$$\overline{a_n a_{n-1} \dots a_2 a_1} \equiv 0 (mod\ 2)$$

同样地，我们可以证明个位为0或5的数是5的倍数。

命题：当一个数的各位数字相加是3的倍数时，这个数也是3的倍数。

设这个n位数是$\overline{a_n a_{n-1} \dots a_2 a_1}$，由于

$$\begin{aligned}\overline{a_n a_{n-1} \dots a_2 a_1} &= 10^{n-1}a_n + 10^{n-2}a_{n-1} + \cdots + a_1 \\ &\equiv 1^{n-1}a_n + 1^{n-2}a_{n-1} + \cdots + a_1 \\ &\equiv a_n + a_{n-1} + \cdots + a_1 (mod\ 3)\end{aligned}$$

因此，当各位数字相加是3的倍数时，这个数也是3的倍数。

同样地，我们可以证明当各位数字相加是9的倍数时，这个数也是9的倍数。

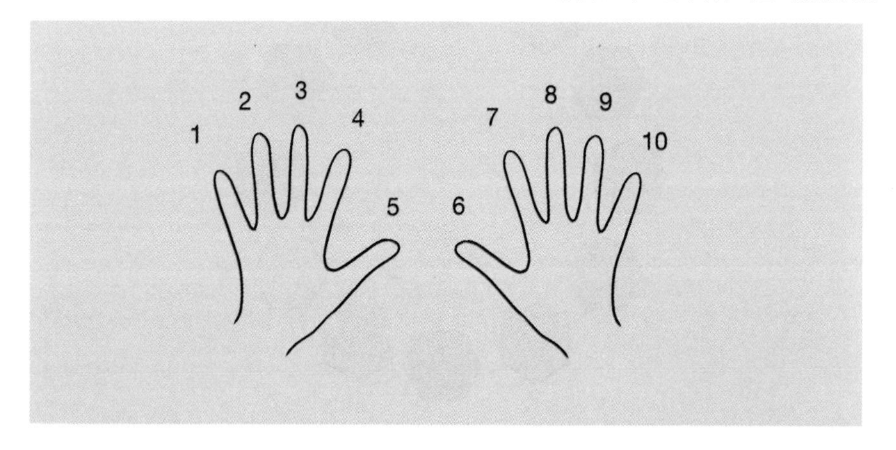

同周月

同周月是指那些第一天的星期数相同的月份。例如，9月和12月是同周月，因为如果9月1日是星期三，12月1日也一定是星期三。这种情况通常发生在两个月之间的天数差是7的整数倍，即相隔整数周。比如在平年中，2月通常有28天，正好是4周，所以2月和3月是同周月；而在闰年，2月有29天，因此2月和3月不再是同周月。

在平年中，如图5所示。同周月的分布如下：

- 1月和10月是同周月。
- 2月、3月和11月是同周月。
- 4月和7月是同周月。
- 5月、6月和8月与其他月份都不是同周月。
- 9月和12月是同周月。

［图5］平年的同周月

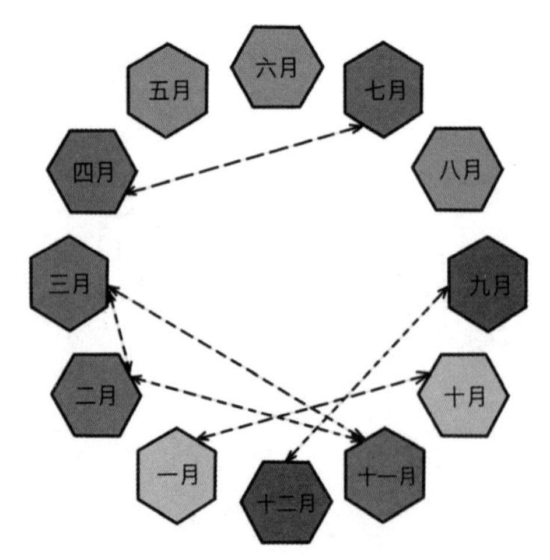

在闰年中，如图6所示。同周月的分布有所变化：

- 1月、4月和7月是同周月。
- 2月和8月是同周月。
- 3月和11月是同周月。
- 5月、6月和10月与其他月份都不是同周月。
- 9月和12月是同周月。

［图6］闰年的同周月

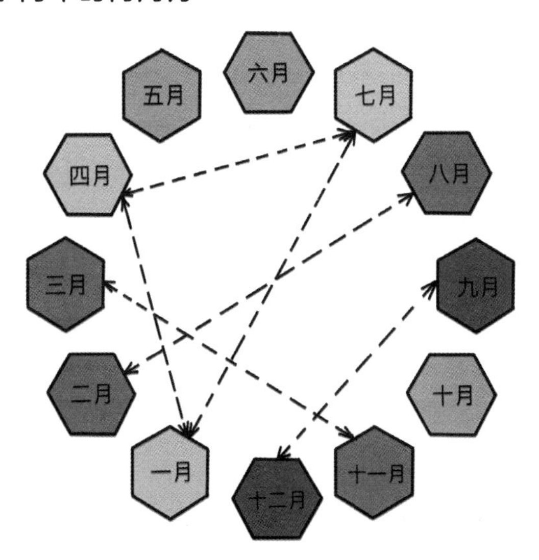

无论是平年还是闰年，5月和6月都与其他任何月份不构成同周月。这是因为它们与其他月份的天数差不是7的整数倍，从而导致它们的第一天星期数不相同。

通过这种方式，我们可以看到每个月第一天的星期数如何因年份的不同而变化，进而影响月份间的关系。这种周期性的变化在日历设计和日期计算中非常重要。

进位制

“逢十进一”之外的其他记数规则，与计算机沟通的独特语言。

大师面对面

——阿拉伯数字最先由印度的婆罗米人发明，之后由阿拉伯传入西方。很多地区都引用了这个系统，但是都根据自己的文字进行了一定的改造。

现代所称的阿拉伯数字以十进制为基础，采用0～9共10个记数符号。书写的时候，高位在左，低位在右，从左往右书写。借助一些简单的数学符号（小数点、负号等），就可以表示所有的有理数。

——为什么我们今天使用十进制呢?

其实，古巴比伦人使用六十进制系统，因为六十既可以被许多数整除，又符合观察天文现象的需要。现在的十进制，则因为人们有十个手指，自然而然地用手指来计数，从而发展出了以十为基础的记数方式。

——原来如此，那么其他的进位制有哪些特别的地方呢?

每种进位制都有其独特的用途和历史背景。例如，计算机科学中常用的二进制和十六进制，就是为了更好地与计算机硬件进行匹配。二进制是所有现代计算机系统的核心。

——我们在时间的计量上，也仍然在采用十二进制、六十进制等不同于十进制的记数方式。

十二进制和六十进制由于拥有较多因数，许多分数在该进制下是有限小数，例如一小时可以看作2个30分钟、3个20分钟、4个15分钟等。

原理解读！

- 进位制（carry system）是一种数的表示方式，其中每个位的数都是从0到基数（进位制的基）减1的数。当某一位的数字超过其最大值时，会进位到左边的下一位。
- 一种进位制中可以使用的数字符号的数目，称为这种进位制的基数或底数。若一个进位制的基数为n，即可称之为n进位制，简称n进制。现在最常用的进位制是十进制，这种进位制通常使用10个阿拉伯数字（即0，1，2，3，4，5，6，7，8，9）进行记数。

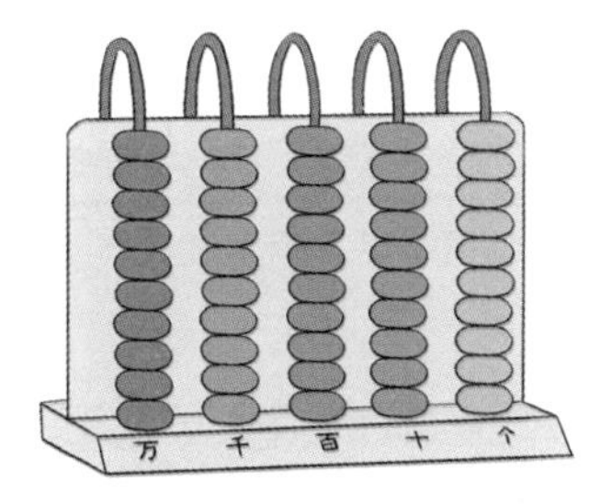

- 一般来说，一个m位的n进制数可以写为：$(\overline{a_{m-1}a_{m-2}\cdots a_1 a_0})_n = a_{m-1}\times n^{m-1} + a_{m-2}\times n^{m-2} + \cdots + a_1\times n + a_0$

我们可以用不同的进位制来表示同一个数。例如：十进数$(56)_{10}$，可以用二进制表示为$(111000)_2$，也可以用五进制表示为$(211)_5$，同时也可以用八进制表示为$(70)_8$，可用十二进制表示为$(48)_{12}$，也可用十六进制表示为$(38)_{16}$，它们所代表的数值都是一样的。

十六进制中A代表10，B代表11，C代表12，D代表13，E代表14，F代表15。

二进制

二进制是一种用两个符号（0和1）表示数的记数系统。二进制是最简单的记数方式，非常适合电子计算机处理和存储信息。二进制中的每个数字都称为一个比特。

莱布尼茨在1703年的文章《论单纯使用0和1的二进制算术，兼论二进制用途以及伏羲所使用的古代中国符号的意义》中，首次详细介绍了这套使用0和1的神奇数学语言，并探讨了它的实用性及其与中国古代《易经》的神秘联系。《易经》中的卦象，是一系列由阴阳两种符号组成的图案，这些符号在莱布尼茨看来，和他用0和1表示的二进制数字非常相似。莱布尼茨认为，《易经》的卦象不仅仅是哲学或占卜工具，更是古代中国数学哲学的一种体现。他通过与法国耶稣会传教士白晋的交流，首次接触到《易经》，并开始深入研究这种古老的符号系统。白晋在1685年前往中国时带来了许多关于中国的知识，包括《易经》的卷轴。

不仅仅是莱布尼茨，二进制的踪迹在更早的历史时期也可以找到，从古埃及到太平洋岛屿的原住民文明，再到古代中国和印度，许多文化中都能发现二进制的身影。图1是古埃及记数员用来测量谷物和液体的二进制记数系统：荷鲁斯之眼。

［图1］荷鲁斯之眼和对应的分数值

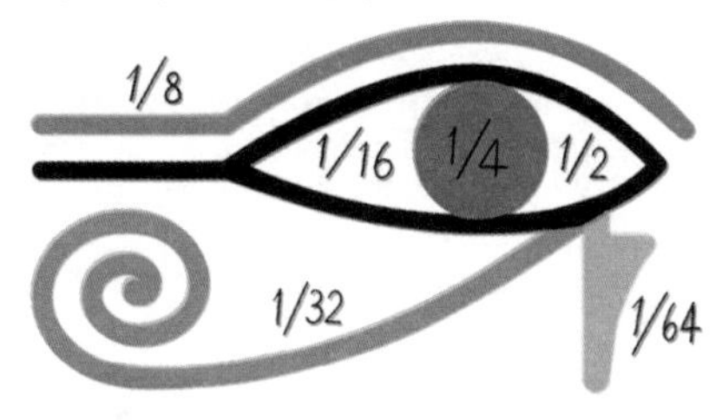

二进制的基本四则运算如下：

- 加法：0+0＝0，0+1＝1，1+0＝1，1+1＝10
- 减法：0－0＝0，1－0＝1，1－1＝0，10－1＝1
- 乘法：0×0＝0，0×1＝0，1×0＝0，1×1＝1
- 除法：0÷1＝0，1÷1＝1

八进制和十六进制

八进制是一个以8为基础的记数方式，使用的数字包括0、1、2、3、4、5、6、7。不同于我们熟悉的十进制，八进制提供了一种独特的视角来看待数字和计算。

由于$8 = 2^3$，因此八进制数和二进制数之间有着密切的联系。要想把一个二进制数转换成八进制数，可以把二进制数分成每三位一组进行转换。例如，十进制数75在二进制中表示为1001011，按照每三位一组来分，就是1 001 011。然后，我们把这些组转换成相应的八进制数字，就变成了113。二进制和八进制的对应关系如表1所示。

[表1] 二进制和八进制的对应关系

二进制数	八进制数	二进制数	八进制数
000	0	100	4
001	1	101	5
010	2	110	6
011	3	111	7

在古代，人们有时用八进制来替代十进制进行记数。有趣的是，他们通常用手指间的空隙或者非拇指的手指来记数，而不是像我们今天用手指来数数，如图2所示。这种数数方法在拉丁语中留下了趣味的痕迹，例如，“novem”（意为9）和“novus”（意为新）这两个词异常相似，这可能意味着数字9在当时代表了一种“新”的数字。

八进制数在计算机中可以将三个比特转化成一个数字，同样地，十六进制数也被广泛用于计算机领域，它可以将四个比特转化成一个数字。在十六进制中，数字一般用数字0～9和字母A～E表示，其中，A～F相当于十进制的10~15。

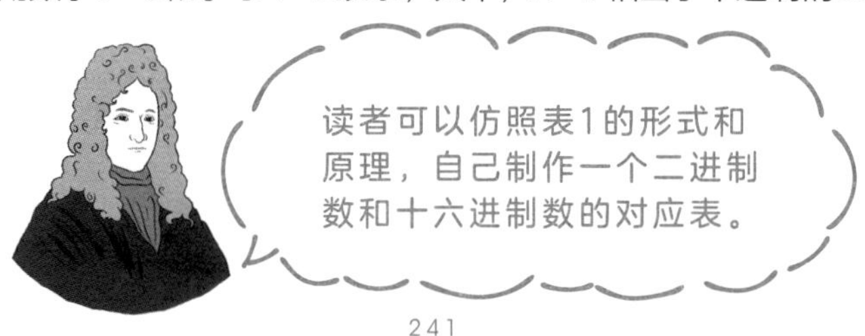

[图2] 古人采用八进制的数数方式

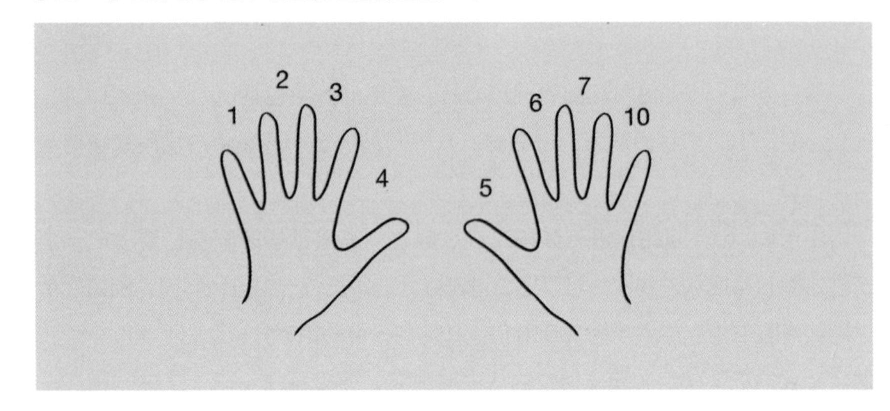

十进制

十进制，基于数字10的记数方式，是全球最广泛使用的记数方法。这种系统有两种形式：一种是古代文明使用的无位值概念的十进制，如古希腊、古埃及和古印度的记数方法；另一种是具有位值概念的十进位制，如中国古代的筹算（图3）和我们今天使用的阿拉伯数字。

[图3] 筹算中一到九的直形态与横形态

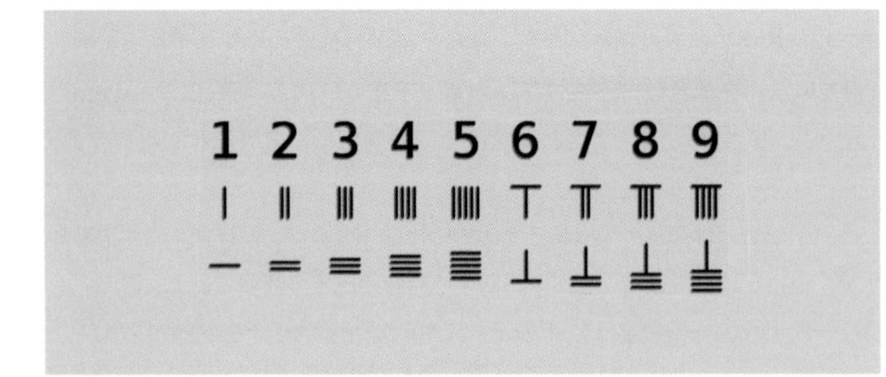

虽然十进制和十进位制通常被认为是同一回事，但实际上十进位制是十进制的一种更为精确的表达形式。在十进位制中，每个数位都有其特定的数值，而这个数值由其在数字中的位置决定。

亚里士多德曾指出，人类使用十进制可能与我们拥有十根手指直接相关。这种看似简单的生理特征，实际上极大地影响了我们数学系统的形成和发展。在古代世界，大部分文明都独立发展出了十进制，而巴比伦文明的楔形数字为六十进制，玛雅数字为二十进制。

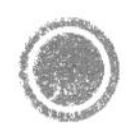

十二进制和六十进制

十二进制，或称打进制，是一个以12为基底的记数方式。在这个系统中，我们不仅使用传统的数字0～9，还加入了两个特殊的符号A和B（有时也用X和E表示），其中A代表10，而B代表11。在十二进制中，A实际上代表的是十进制中的12，这也被称为“一打”。图4所示的为一打鸡蛋，是十二进制中“一打”的形象表示。

12这个数字非常特别，因为它有多个因子：2、3、4、6。这使得在十二进制中进行除法或用分数表示时，相比只有两个因子（2和5）的十进制要简单得多。例如，在十二进制中，1/3可以简单地表示为0.4，而在十进制中，1/3却是一个无限循环小数0.3333…。

十二进制不仅在数学上有其优势，还在文化和历史中扮演了重要角色。数学家认为12是一个完整的数目，这一概念反映在我们的生活中：一年有12个月，一天分为12个小时，西方星座有12个，耶稣有12名门徒，古希腊神话中的奥林匹斯山也有12位主神。

［图4］一打鸡蛋

六十进制是一个以60为基底的记数方式，它的历史可以追溯到几千年前的苏美尔人，后来由巴比伦人继承并使用。直到今天，我们仍然使用六十进制来记录时间（一小时60分钟，一分钟60秒）和角度（一个周角为360°）。

与12类似，60有多个因子，其中有12个不同的正因子：1、2、3、4、5、6、10、12、15、20、30和60。特别地，它包括了几个质数因子：2、3和5。这种因子的多样性使得六十进制特别适合进行分数计算，许多分数在六十进制中可以表达为有限小数。例如，在计算时间时，一小时可以方便地分成2个30分钟、3个20分钟、4个15分钟等多种组合。

此外，60也是最小的能被1至6的每一个数字整除的数。这种特性在古代的天文学和时间计算中非常有用，因为能允许天文学家和时间记录者以多种方式划分一个小时或一个圆。

然而，六十进制也有它的复杂性。例如，六十进制的乘法表包含3600个不同的项，远多于十进制的100项，这使得人们的记忆和使用变得更加困难。虽然在古代这种系统非常实用，但在现代的许多应用中，十进制由于其简便性更受青睐。图5是巴比伦时期表示六十进制数的符号。

［图5］巴比伦时期的六十进制符号

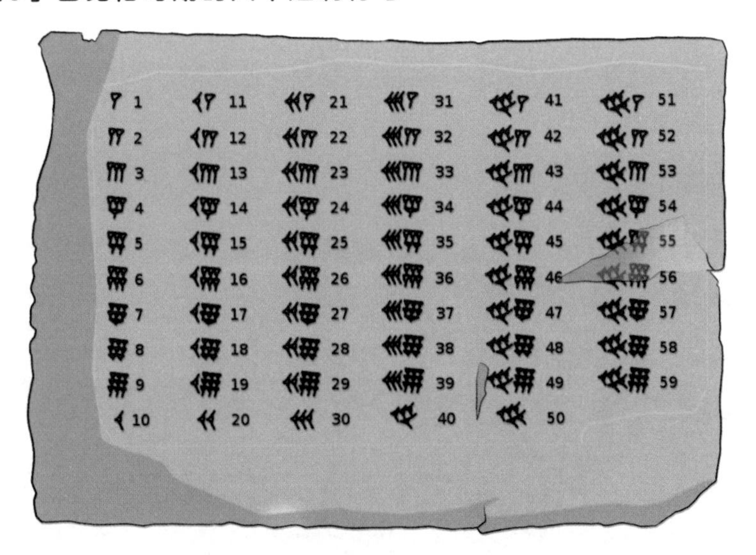

原理应用知多少！

十进制数转换为其他进制数

如果要将一个十进制数转化为一个其他进制的数，常用的方法为：将十进制数不断除以新基数，记录每次的余数，最后将这些余数逆序排列，就是新基数下的数。以上过程可以通过短除法实现。图6是将十进制数和二进制数转化的一个例子。

［图6］用短除法转换十进制数和二进制数

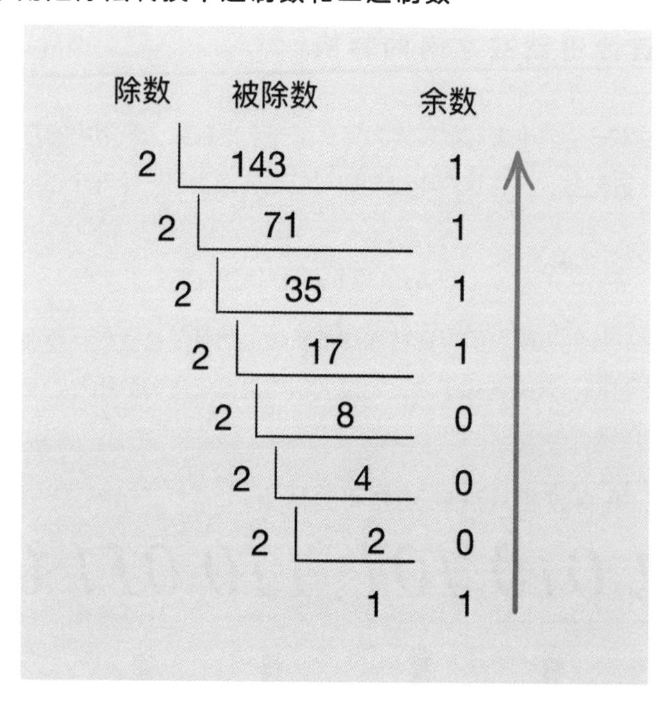

最后得

$$(143)_{10}=(10001111)_2$$

其他进制数转换为十进制数

如果要将一个其他进制数转换为一个十进制数，常用的方法为：将每一位数乘其位置权重（基数的幂），然后求和。即$(\overline{a_{m-1}a_{m-2}\dots a_1a_0})_n = a_{m-1} \times n^{m-1} + a_{m-2} \times n^{m-2} + \cdots + a_1 \times n + a_0$

比如将八进制数$(2733)_8$转换为十进制数的步骤如下：

$$(2733)_8 = 2 \times 8^3 + 7 \times 8^2 + 3 \times 8 + 3 = 1499$$

即

$$(2733)_8 = (1499)_{10}$$

其他进制数之间的转换

如果要将一个非十进制数转换为另一个非十进制数，最常用的方法是先将其转换为十进制数，再将这个十进制数对应地转换为另一个非十进制的数，

例如：

$$(188)_{12} = (248)_{10} = (370)_8$$

当需要转换的进制之间存在特殊的关系时，则可以直接进行转换，比如前文所述的二进制、八进制和十六进制之间的转换。二进制数和八进制数之间的转换如图7所示。

[图7] 二进制数和八进制数之间的转换

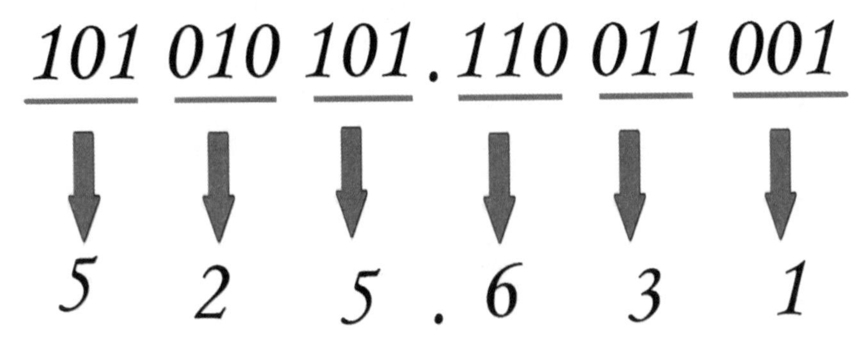

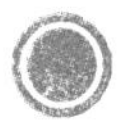

阿拉伯数字的起源与发展

阿拉伯数字就是我们熟知的0、1、2、3、4、5、6、7、8、9这样一组数字，是现代数字表达系统中最广泛使用的数字形式。尽管被称为“阿拉伯数字”，但这套数字系统的起源和发展有更加丰富的背景。

起源于印度： 阿拉伯数字系统实际上起源于古印度，最早的形式可以追溯到公元3世纪。印度数学家在那时创造了一种包含十个符号（0～9）的数字系统，这套系统后来被称为印度–阿拉伯数字系统。

通过阿拉伯传入欧洲： 这种数字系统在公元8世纪由阿拉伯商人和学者带入中东，并在阿拉伯文化的繁荣期得到了广泛使用和发展。由于阿拉伯人在数学、天文学和其他科学领域的贡献，这种数字系统随着阿拉伯帝国的扩展而广泛传播。

进入欧洲： 到了公元12世纪，这种数字系统通过北非和伊比利亚半岛传入欧洲，特别是通过莱昂纳多·斐波那契的著作《算盘书》而得到了进一步的推广。斐波那契在书中详细介绍了这种数字的使用方法，从而使得它在欧洲得到广泛接受和使用。

图8是阿拉伯数字与其他数字的比较。

［图8］阿拉伯数字和其他数字的比较

0 1 2 3 4 5 6 7 8 9 西方阿拉伯数字
婆罗米数字
印度数字
孟加拉数字
古木基数字
古吉拉特数字

难易程度：★★★★★

费马小定理

素数和指数运算的有趣事实，公钥加密和数字签名的重要基础。

大师面对面

——引入模算术后，极大地简化了某些情况下对指数形式求余数的过程。

我发现的“费马小定理”能够帮助我们更好地计算大数幂的模运算，其内容是：在质数p的模运算下，任意正整数a都满足$a^p \equiv a(mod\ p)$。

——例如，取$a = 2$，$p = 3$，于是$2^3 = 8 \equiv 2(mod\ 3)$，很神奇的一个定理！

我在1640年10月18日的一封信中第一次使用了以上的书写形式，但当时我认为这个规律只对于a也是质数的情况成立，后来发现，任意的正整数a都满足这个定理。

——倘若a与p是互质的，那么运用模运算的除法性质，这个定理也可以写成$a^{p-1} \equiv 1(mod\ p)$。

没错，这就是费马小定理的另一种简明表达形式，即当a不是p的倍数时，$a^{p-1} \equiv 1(mod\ p)$。这使得等式的右边出现了1，在简化指数型运算中有着重要的意义。

——那么，费马小定理在其他领域有什么应用吗？

在RSA加密算法中，费马小定理用于确定密钥生成过程中的数学性质，确保加密的安全性。费马小定理也是许多素性测试算法的基础，比如费马测试，通过检验a^{p-1}模p的余数是否为1来初步判断p是否有可能是素数。

原理解读！

- 费马小定理（Fermat's little theorem），对于正整数a和质数p，a^p-a是p的倍数，即

$$a^p \equiv a(mod\ p)$$

- 当a不是p的倍数时，费马小定理可以写为

$$a^{p-1} \equiv 1(mod\ p)$$

- 费马小定理的推论：

$$a^{n(p-1)+1} \equiv a(mod\ p)$$

且当a不是p的倍数时，

$$a^{n(p-1)} \equiv 1(mod\ p)$$

费马小定理的逆定理不成立，即如果$p|(a^p-a)$，p不一定是质数。比如$341|2^{341}-2$，但$341=11\times31$是合数。

满足费马小定理的合数被称为费马伪素数。

费马小定理的证明1

对于正整数a和质数p，当a是p的倍数时显然有

$$a^p \equiv 0 \equiv a(mod\ p)$$

考虑a不为p的倍数的情况，对于以下拥有$p-1$个元素的集合：

$$M=\{a，2a，\cdots，(p-1)a\}$$

任意取其中的两个元素ia、$ja(i \neq j，1 \leqslant i \leqslant p-1，1 \leqslant j \leqslant p-1)$，我们证明它们的差都不是$p$的倍数。

否则，假设$p|(i-j)a$，根据欧几里得引理及$p \nmid a$可知

$$p|(i-j)$$

而$|i-j|<p$，因此这不可能。

于是对于M中的任意两个元素ia、ja，它们模p的余数都不相同且不为0，而模p的同余类是

$$Z_p=\{\bar{0}，\bar{1}，\bar{2}，\cdots，\overline{p-1}\}$$

因此，M中的$p-1$个元素恰好遍历模p非0的所有余数，如图1所示。

［图1］a，$2a$，$\cdots$，$(p-1)a$恰好遍历模p非0的所有余数

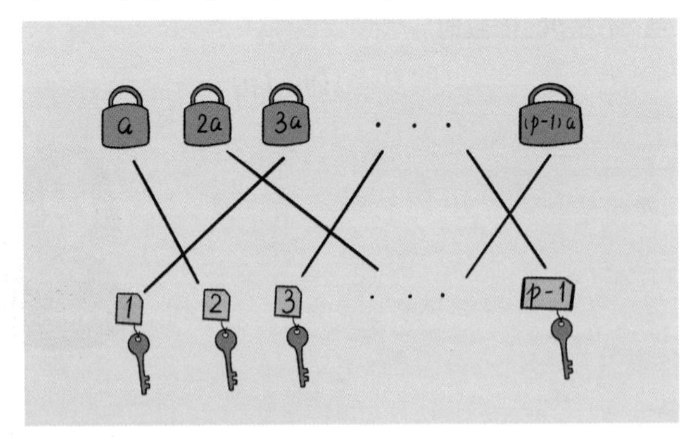

因此，

$$a \times 2a \times \cdots \times (p-1)a$$
$$\equiv 1 \times 2 \times \cdots \times (p-1)(mod\ p)$$

即

$$(p-1)! \times a^{p-1} \equiv (p-1)!\,(mod\ p)$$

由于p与$(p-1)!$互质，因此根据模运算的除法性质可得

$$a^{p-1} \equiv 1(mod\ p)$$

综上所述，费马小定理成立。

费马小定理的证明2

我们也可以使用二项式定理来证明费马小定理。首先证明对于素数p及正整数$n \leqslant p-1$：

$$p|C_p^n$$

由于

$$C_p^n = \frac{p!}{n!\,(p-n)!}$$

即

$$p! = C_p^n n!\,(p-n)!$$
$$p|C_p^n n!\,(p-n)!$$

而$p \nmid n!\,(p-n)!$，这是因为这个因式里的每一项都比p小，如图2所示。结合欧几里得引理，可得

$$p|C_p^n$$

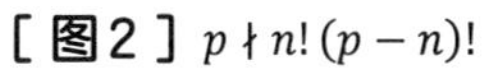

[图2] $p \nmid n!\,(p-n)!$

考虑 $(m+1)^p$ 的二项式展开，即

$$\begin{aligned}(m+1)^p &= m^p + C_p^1 m^{p-1} + \cdots + C_p^{p-1} m + C_p^p \\ &\equiv m^p + 0 + \cdots + 0 + 1 \\ &\equiv m^p + 1 (mod\ p)\end{aligned}$$

如此我们便得到了一个关于模p的递推关系，即

$$\begin{aligned}(m+1)^p &\equiv m^p + 1 \\ &\equiv (m-1)^p + 2 \\ &\equiv \cdots \\ &\equiv 1^p + m (mod\ p)\end{aligned}$$

令$a = m + 1$，即

$$a^p \equiv a (mod\ p)$$

欧拉定理

费马小定理是欧拉定理的一个特殊情况：若正整数a，n互质，则

$$a^{\phi(n)} \equiv 1 (mod\ n)$$

其中$\phi(n)$是欧拉函数，如图3所示，表示1，2，…，$n-1$中与n互质的数的个数。

当n为质数时，$\phi(n) = n - 1$，此时欧拉定理即为费马小定理。欧拉定理的证明类似于费马小定理，读者不妨自己尝试证明。

［图3］欧拉函数图示

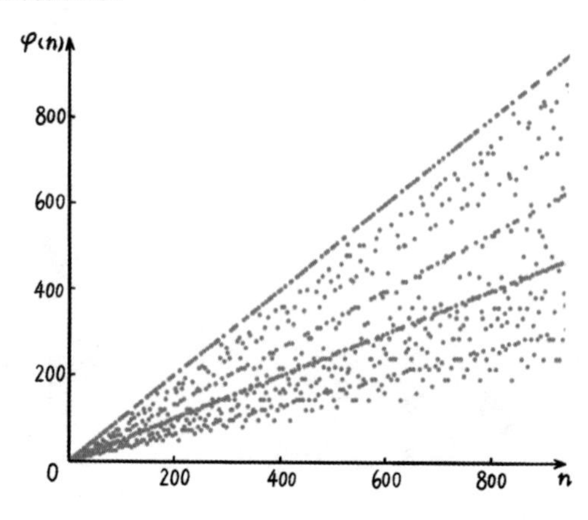

原理应用知多少！

2^{100}的余数

当我们想要知道2^{100}除以3，5，7这些数的余数时，可以找到与它们相邻的2的幂次，从而通过模运算中的指数运算得到答案。

例如，$2^2 \equiv 1(mod\ 3)$，因此

$$2^{100} = (2^2)^{50} \equiv 1^{50} \equiv 1(mod\ 3)$$

而$2^2 \equiv -1(mod\ 5)$，因此

$$2^{100} = (2^2)^{50} \equiv (-1)^{50} \equiv 1(mod\ 5)$$

同样地，$2^3 \equiv 1(mod\ 7)$，因此

$$2^{100} = (2^3)^{33} \times 2 \equiv 1^{33} \times 2 \equiv 2(mod\ 7)$$

然而，当我们想要对于诸如模13求2^{100}的余数时，就难以借助相邻的2的幂次来凑出方便计算的“1”，此时就需要应用费马小定理，如图4所示。即

$$2^{12} \equiv 1(mod\ 13)$$

因此

$$2^{100} = (2^{12})^8 \times 2^4 \equiv 1^8 \times 16 \equiv 3(mod\ 13)$$

［图4］2^{100}除以模13的余数计算

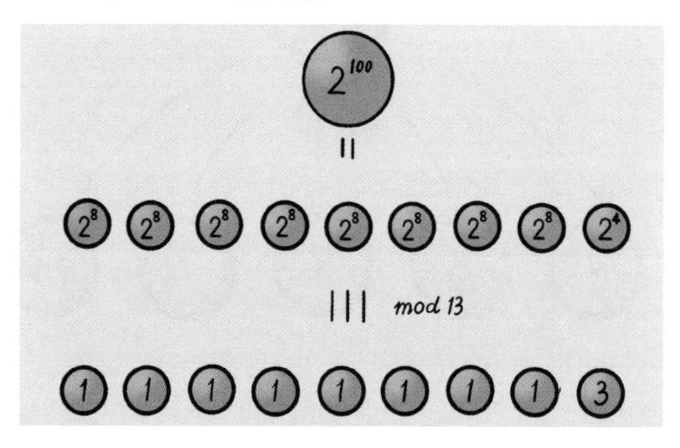

$a^{13}-a$的因数

当a取不同的正整数值时，我们发现$a^{13}-a$总是很多质因数的倍数，如2、3、5等。

根据费马小定理，

$$a^{13}\equiv a(mod\ 13)$$

而根据费马小定理的推论，

$$a^{13}=a^{12\cdot 1+1}\equiv a(mod\ 2)$$

$$a^{13}=a^{6\cdot 2+1}\equiv a(mod\ 3)$$

$$a^{13}=a^{3\cdot 4+1}\equiv a(mod\ 5)$$

$$a^{13}=a^{2\cdot 6+1}\equiv a(mod\ 7)$$

因此$a^{13}-a$有因数2、3、5、7、13，如图5所示。而

$$2\times 3\times 5\times 7\times 13=2730$$

因此$2730|(a^{13}-a)$对于任意的正整数a都成立。

[图5] $a^{13}-a$有因数2、3、5、7、13

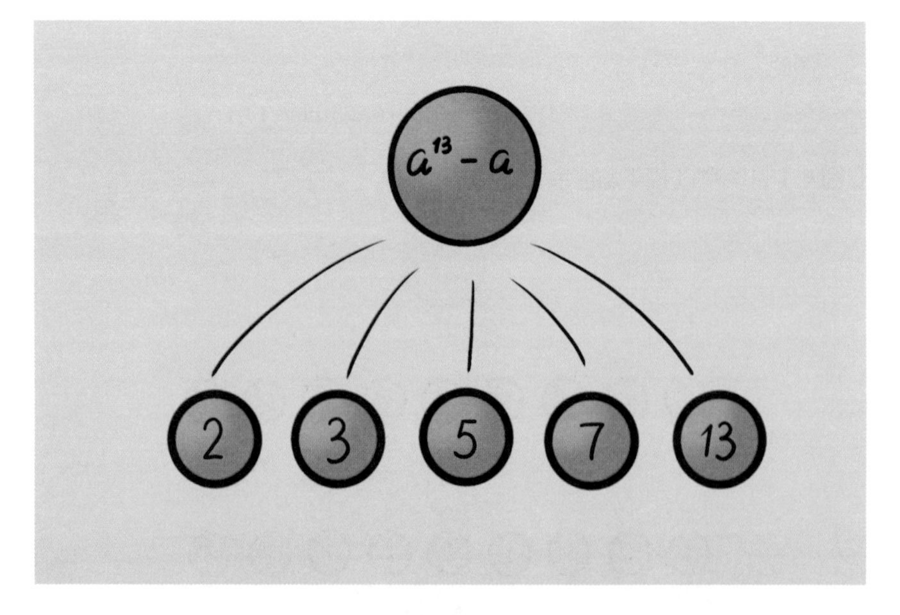

费马和他的大定理

费马大定理（也被称为费马最后定理）的内容为：对于任何大于2的正整数n，以下方程没有正整数解：

$$x^n + y^n = z^n$$

1637年，费马阅读丢番图的《算术》拉丁文译本时，在第11卷第8命题的页边写下：“将一个立方数分成两个立方数之和，或将一个四次幂分成两个四次幂之和，抑或一般地将一个高于二次的幂分成两个同次幂之和，这是不可能的。关于此，我确信我发现了一种美妙的证法，可惜这里的空白处太小，写不下。”遗憾的是，费马去世后，人们在他的笔记中并未找到这个定理的证明。

在费马之后的几个世纪里，数学家们试图解决这个问题，逐渐证明了当n为3时（欧拉在1770年证明）及一些更高的特定数值（高斯和热尔曼在1825年各自独立证明$n=5$的情况）时的情况。1908年，德国人保罗·弗里德里希·沃尔夫斯凯尔悬赏10万马克，奖励在他去世后一百年内首位证明该定理的人，吸引了许多人尝试提交他们的“证明”。由于一战后马克大幅贬值，该奖金的吸引力显著降低。在19世纪和20世纪，数学家们进一步证明了更多特定情况，但一个完全的证明仍然遥不可及。

直到1994年，英国数学家安德鲁·怀尔斯（Andrew Wiles）在经历多年的独立研究后，终于发布了费马大定理的证明。他的方法是通过椭圆曲线和模形式的联系证明，这是一个被称为模性定理的深奥数学理论。怀尔斯的证明经过了严格的同行评审，并在1995年被确认有效。

但怀尔斯证明费马大定理的过程充满戏剧性。他孤独地研究了七年，几乎未被外界所知，直到在1993年6月的一个学术会议上首次公开其证明，迅速成了全球焦点。然而，在随后的同行评审中，专家们发现了证明中一个严重的错误。于是怀尔斯联合泰勒使用了之前被怀尔斯抛弃的方法，历经近一年的努力终于在1994年9月成功修正了这一错误，这部分证明还涉及了岩泽理论。他们的成果最终发表在1995年的《数学年刊》上。

在怀尔斯成功之前，沃尔夫斯凯尔委员会接收了数千份错误的证明，这些证明的纸张叠加起来高达10英尺（约3米）。仅1907至1908年的一年间，就有621份证明被提交。到了20世纪70年代，每月提交的证明数量降至三四份。据沃尔夫斯凯尔委员会的评论家施里希廷所说，大多数证明都基于学校中基本的数学方法，而且提交者通常是拥有技术教育背景但职业生涯不成功的人。数学历史学家霍华德·伊夫斯指出，费马大定理是数学史上做错人数最多的一道数学题。

微积分篇

揭 示 变 化 的 规 律

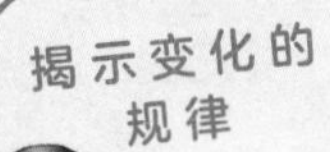

无穷小量

理解无穷小的世界：数学上趋近于零但又不完全等于零的量。

大师面对面

—— 将一张A4纸对折，得到的纸张面积是原来的一半。不考虑纸的厚度，将这个过程一直进行下去，纸张的面积就会越来越小，但永远不会是0。

你所说的就是无穷小量，这是微积分中一个非常重要的概念。一个量如果无限接近于0但又不等于0，我们就可以称它为无穷小量。

—— 我听说过微积分，大家都说这是一门非常深奥难懂的学问。

微积分是建立在代数和几何基础上的一门学科，能帮助我们理解和计算事物的变化。其中一个部分叫作微分，主要用来描述事物变化的速度，就像是我们用来测量车速的仪表一样。

—— 通过微分，我们可以找出任何一点上的变化速度，无论是速度本身的变化（加速度），还是山坡的倾斜程度（斜率）。

另一个重要部分是积分，是微积分和数学分析中的核心内容。积分让我们能够计算长度、面积和体积等。如果你想要计算一个不规则湖的面积，或者一个形状奇怪的泳池的容量，积分就是用来解决这类问题的工具。

—— 通过积分，我们可以将复杂的形状分解成无数小块，然后一块块地加起来得到总量。

没错，而这一切理论的核心基础，就是这个看起来毫不起眼的“无穷小量”，它可以帮助我们刻画那些小到接近0但又不完全是0的数量。

原理解读！

- 无穷小量（Infinitesimal）被用于严格地定义诸如“最终会消失的量”“绝对值比任何正数都要小的量”等非正式描述。

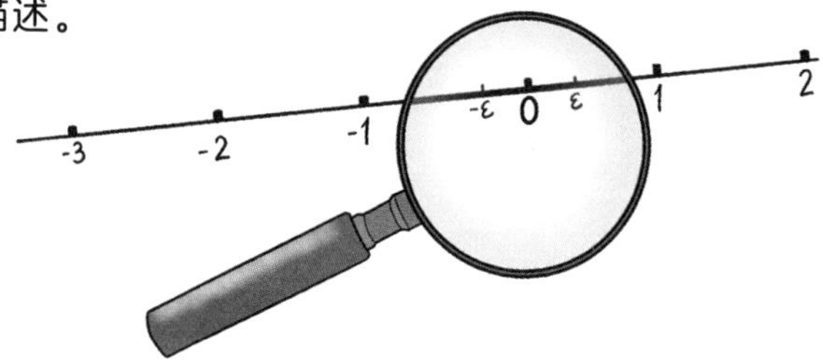

- 对于数列a_n，如果任意给出一个正实数$\epsilon > 0$，都存在某个正整数N，使得$k > N$时满足

$$|a_k| < \epsilon$$

那么数列a_n被称为$n \to \infty$时的无穷小量。∞是无穷大符号，用来表达绝对值大于任何正数的量。

- 对于数列a_n，如果任意给出一个正实数$M > 0$，都存在某个正整数N，使得$k > N$时满足

$$|a_k| > M$$

那么数列a_n被称为$n \to \infty$时的无穷大量。

在定义中，总是先给出ϵ或M再相应地去寻找N，也就是说，这里的N可以根据所给的ϵ或M的变化而相应地变化。

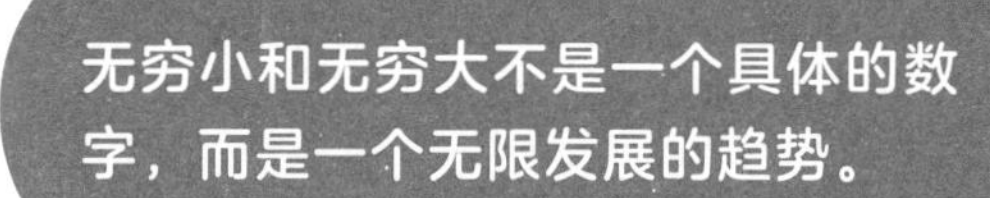

无穷小和无穷大的实例

以数列$a_n=\frac{1}{n}$和$b_n=n^2$为例，直观上来看，如图1和图2所示。a_n随着n的增大越来越小并接近于0，而b_n则随着n的增大越来越大且没有边界。接下来我们尝试用无穷小量和无穷大量的定义来证明这一点。

［图1］$a_n=\frac{1}{n}$

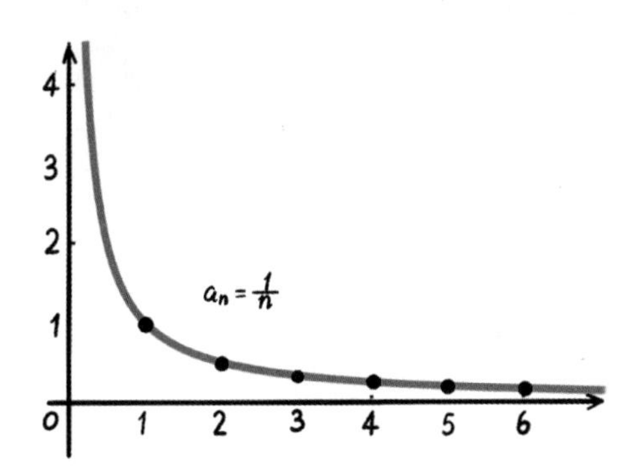

对于数列a_n，如果任意给出一个正实数$\epsilon>0$，我们可以取一个满足$N\geqslant\frac{1}{\epsilon}$的正整数$N$，如表1所示。于是$k>N$时

$$|a_k|=\frac{1}{k}<\frac{1}{N}\leqslant\epsilon$$

根据无穷小量的定义，$a_n=\frac{1}{n}$是$n\to\infty$时的无穷小量。

［表1］ϵ取不同值时N(满足$N\geqslant\frac{1}{\epsilon}$的正整数)可行的取值

ϵ	N
1	1
0.5	2
0.01	100
0.003	400
0.0002	5000
0.00001	100000
…	…

［图2］$b_n = n^2$

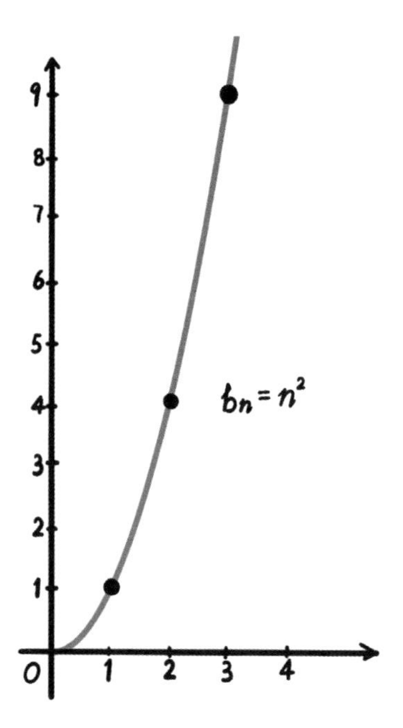

对于数列b_n，如果任意给出一个正实数$M > 0$，我们可以取一个满足$N \geqslant \sqrt{M}$的正整数N，如表2所示。于是$k > N$时

$$|a_k| = k^2 > N^2 \geqslant M$$

根据无穷大量的定义，$a_n = n^2$是$n \to \infty$时的无穷大量。

［表2］M取不同值时N(满足$N \geqslant \sqrt{M}$的正整数)可行的取值

M	N
1	1
10	4
60	8
100	10
5000	80
1000000	1000
...	...

数列的极限

极限（Limit）分为描述一个数列的下标越来越大时的趋势（数列极限），和描述函数的自变量趋近某个值时的函数值的趋势（函数极限）。

数列极限的严格定义来自柯西，与无穷小量的定义类似，对于数列a_n，如果任意给出一个正实数$\epsilon > 0$，都存在某个正整数N，使得$k > N$时满足

$$|a_k - a| < \epsilon$$

那么数列a_n收敛于a，即

$$\lim_{n\to\infty} a_n = a$$

此时我们称这样的数列是收敛的，反之则称之为发散的。

直观地说，不论把“差距”ϵ取得多小，总是能找到某一项a_N开始之后的每一项与a的距离都比ϵ小，如图3所示。

［图3］数列a_n的极限图示

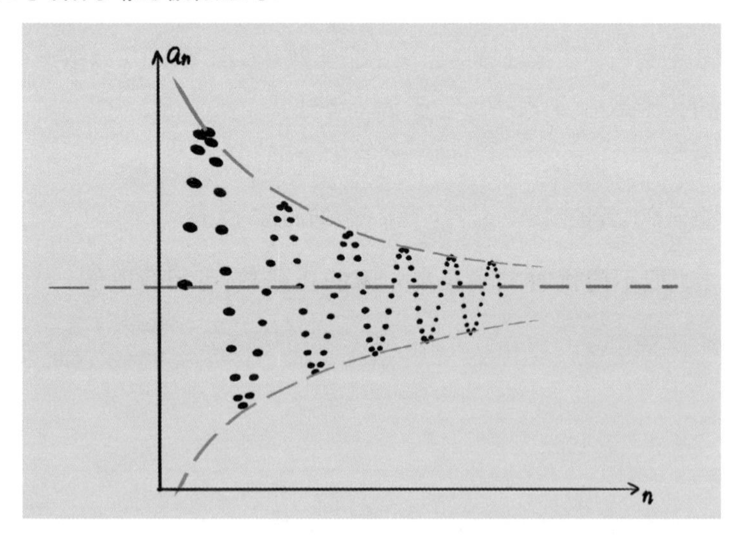

数列和函数的区别在于：数列a_n的自变量n是离散的，而函数$f(x)$的自变量x是连续的。我们可以借助数列的无穷小量、极限等的定义来类比地理解函数的极限，但是由于函数的相关定义较为冗长和复杂，本章便不再赘述。

极限的运算性质

以下规则只有当等号右边的极限存在并且不为无限时才成立（a，b均为常数）：

$$\lim_{x\to c} af(x) = a\lim_{x\to c} f(x)$$
$$\lim_{x\to c}[f(x) \pm g(x)] = \lim_{x\to c}f(x) \pm \lim_{x\to c}g(x)$$
$$\lim_{x\to c}f(x)g(x) = \lim_{x\to c}f(x) \cdot \lim_{x\to c}g(x)$$
$$\lim_{x\to c}\frac{f(x)}{g(x)} = \frac{\lim_{x\to c}f(x)}{\lim_{x\to c}g(x)}$$
$$\lim_{x\to c}[f(x)]^b = \left(\lim_{x\to c}f(x)\right)^b$$

夹挤定理

夹挤定理（Squeeze theorem），又称夹逼定理、三明治定理，是有关极限的数学定理。这个定理指出，如果两个数列a_n、b_n的极限相同，且有第三个数列c_n的值在这两个数列之间，则第三个数列的极限也相同，如图4所示。

即若

$$\lim_{n\to\infty} a_n = \lim_{n\to\infty} b_n = A$$
$$a_n \leqslant c_n \leqslant b_n$$

则

$$\lim_{n\to\infty} c_n = A$$

［图4］数列的夹挤定理

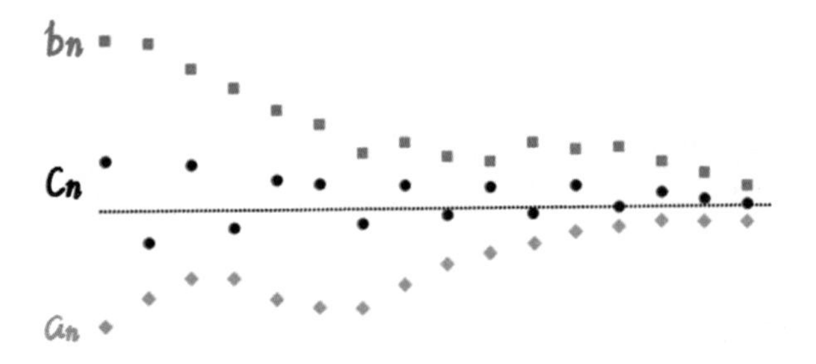

这个定理也适用于函数，如图5所示。即若

$$\lim_{x \to a} f(x) = \lim_{x \to a} h(x) = L$$
$$h(x) \leqslant g(x) \leqslant f(x)$$

则

$$\lim_{x \to a} g(x) = L$$

［图5］函数的夹挤定理

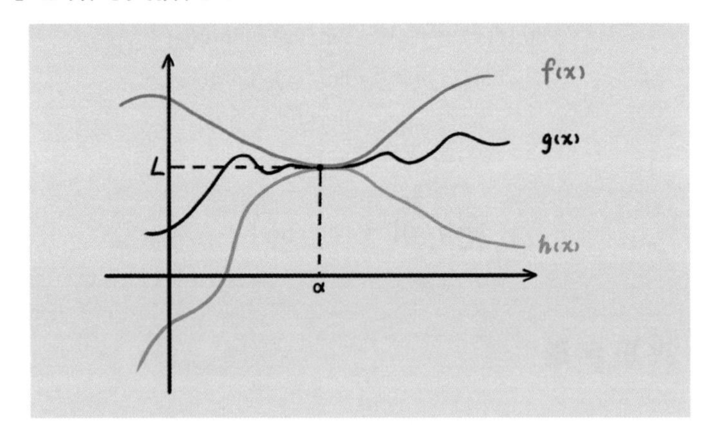

$\frac{\sin x}{x}$的极限

在前面的章节中，我们曾经根据图6证明了当$x \in (0,\ \frac{\pi}{2})$时，以下不等式成立：

$$\sin x < x < \tan x$$

也可以写为

$$\sin x < x$$

$$x < \frac{\sin x}{\cos x}$$

于是

$$\frac{1}{\cos x} < \frac{\sin x}{x} < 1$$

［图6］$\sin x < x < \tan x$的图形证明

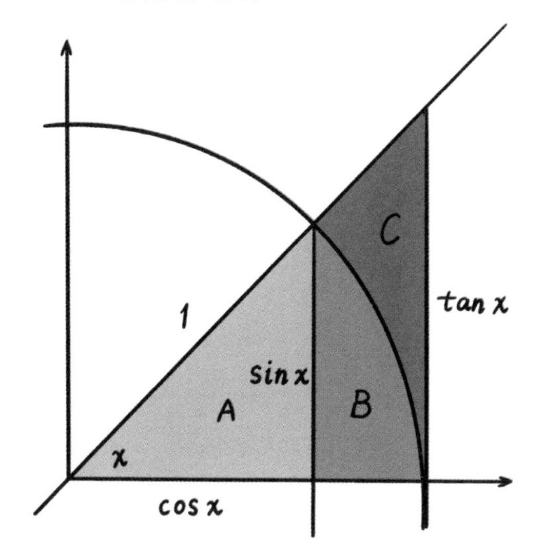

计算不等式两边的函数极限，

$$\lim_{x \to 0} \frac{1}{\cos x} = \frac{1}{\lim_{x \to 0} \cos x} = \frac{1}{\cos 0} = 1$$

$$\lim_{x \to 0} 1 = 1$$

对于连续函数$f(x)$，如果在$x = x_0$处有定义，那么

$$\lim_{x = x_0} f(x) = f(x_0)$$

即极限值就是函数值本身。

根据夹挤定理（图7），

$$\lim_{x \to 0} \frac{\sin x}{x} = 1$$

［图7］$f(x) = \frac{\sin x}{x}$的函数图像

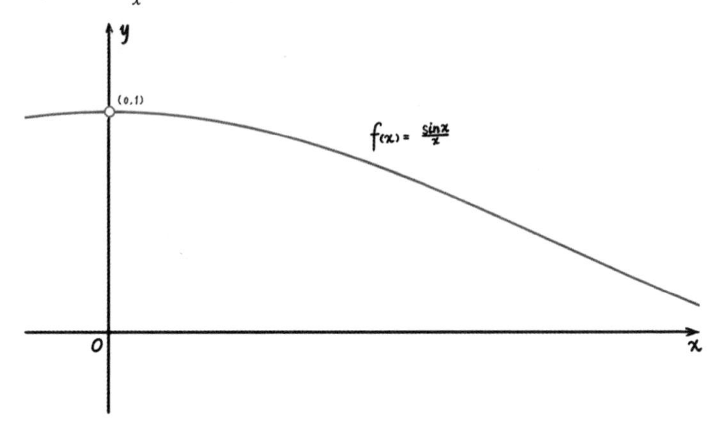

$\left(1+\frac{1}{x}\right)^x$ 的极限

根据自然对数e的定义，e是以下数列的极限：

$$\mathrm{e} = \lim_{n \to \infty} \left(1+\frac{1}{n}\right)^n$$

对于函数

$$f(x) = \left(1+\frac{1}{x}\right)^x$$

函数图像如图8所示。设$n \leqslant x < n+1$，n为正整数。则

$$\left(1+\frac{1}{n}\right)^n \leqslant \left(1+\frac{1}{x}\right)^x < \left(1+\frac{1}{n+1}\right)^{n+1}$$

而

$$\lim_{n \to \infty} \left(1+\frac{1}{n}\right)^n = \lim_{n \to \infty} \left(1+\frac{1}{n+1}\right)^{n+1} = \mathrm{e}$$

根据夹挤定理，

$$\lim_{x \to \infty} \left(1+\frac{1}{x}\right)^x = \mathrm{e}$$

[图8] $f(x)=\left(1+\frac{1}{x}\right)^x$的函数图像

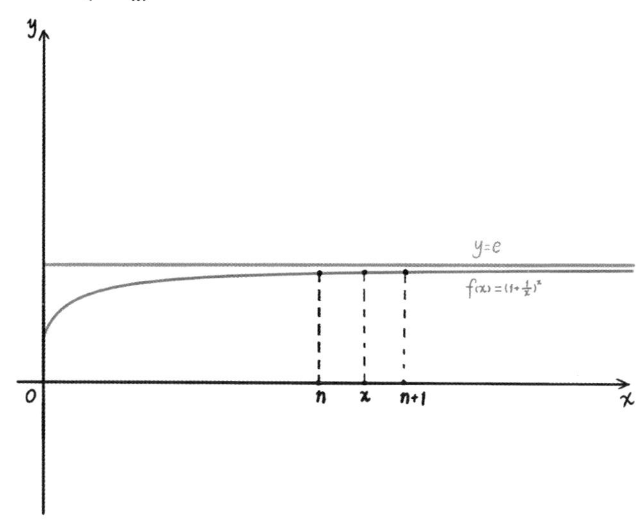

无穷小量观念的演变

表3整理了数学史上数学家对于无穷小量的观念的演变。

[表3] 无穷小量观念的演变

数学家	年代	对无穷小量的观点或处理方法
欧几里得	公元前300年	用“穷竭法”严格地证明面积问题
卡瓦列里	1598—1647	把无穷小量的办法推进了一步(祖暅原理)
沃利斯	1616—1703	对极限的定义有了正确的想法，但用词不够严谨
莱布尼茨	1646—1716	算法很成功，但对概念不够明确。对于无穷小量立场复杂且随时间变化
欧拉	1707—1783	观点受到17世纪科学思维框架的影响，获得了很多重要结果但未考虑真正无穷小量带来的困难
达朗贝尔	1717—1783	拒绝承认无穷小量，对极限给出了定义但用词不够明确
拉格朗日	1736—1813	拒绝承认无穷小量，把微积分归类为代数
柯西	1789—1857	用当时的数学语言写下了沿用至今的定义

原理应用知多少！

圆的面积

在图9中，考虑圆的内接正多边形和外切正多边形的面积S_1、S_2。设圆的半径为r，圆的面积为A。对于内接正多边形和外切正多边形的面积，可以将其分为n个全等的三角形计算。

对于内接正多边形的n个三角形，其两边为r且夹角为

$$\theta = \frac{2\pi}{n}$$

于是这个三角形的面积为

$$s_1 = \frac{1}{2} r^2 \sin\frac{2\pi}{n}$$

因此

$$S_1 = ns_1 = \frac{nr^2}{2} \sin\frac{2\pi}{n}$$

类似地，我们得到

$$s_2 = \frac{1}{2} r \cdot 2r \tan\frac{\pi}{n} = r^2 \tan\frac{\pi}{n}$$

$$S_2 = n s_2 = n r^2 \tan\frac{\pi}{n}$$

［图9］圆的内接正多边形和外切正多边形

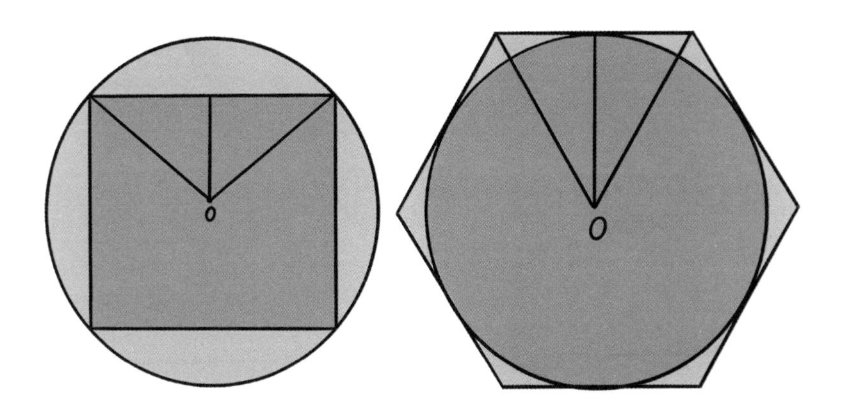

$$\lim_{n\to\infty} S_1 = \lim_{n\to\infty} \frac{nr^2}{2} \frac{\sin\frac{2\pi}{n}}{\frac{2\pi}{n}} \frac{2\pi}{n}$$

$$= \lim_{n\to\infty} \frac{nr^2}{2} \frac{2\pi}{n} \times \lim_{n\to\infty} \frac{\sin\frac{2\pi}{n}}{\frac{2\pi}{n}}$$

$$= \pi r^2$$

$$\lim_{n\to\infty} S_2 = \lim_{n\to\infty} nr^2 \frac{\sin\frac{\pi}{n}}{\frac{\pi}{n}} \frac{\pi}{n} \frac{1}{\cos\frac{\pi}{n}}$$

$$= \lim_{n\to\infty} nr^2 \frac{\pi}{n} \times \lim_{n\to\infty} \frac{\sin\frac{\pi}{n}}{\frac{\pi}{n}} \times \lim_{n\to\infty} \frac{1}{\cos\frac{\pi}{n}}$$

$$= \pi r^2$$

根据面积关系$S_1 < A < S_2$及夹挤定理，则

$$\lim_{n\to\infty} A = \pi r^2$$

著名的刘徽割圆术便是通过这种方法，一步步接近圆面积的真实值，如图10所示。

[图10] 刘徽割圆术

0.999 ⋯= 1

0.999⋯是一个特殊的小数，读作“零点九，九循环”。这个数实际上和1是相等的，虽然看起来好像是一个无限接近于1的数。但在数学中，我们通过简单的算术操作可以证明0.999⋯等于1。

0.999999999999999999999999999999999999999

设

$$x = 0.999\cdots$$

等式两边同时乘10，可得

$$10x = 9.999\cdots$$

将上述两个等式相减可得

$$9x = 9$$

即$x = 1$，这就证明了

$$0.999\cdots = 1$$

我们又知道

$$\frac{1}{3} = 0.333\cdots$$

等式两边同时乘3，可得

$$1 = 0.999\cdots$$

事实上，0.999… = 1的表述可以用极限的概念来阐释和证明：

$$0.999\cdots = \lim_{n\to\infty} 0.\underbrace{99\cdots9}_{n个9} = \lim_{n\to\infty} \Sigma_{i=1}^{n} \frac{9}{10^i} = \lim_{n\to\infty}\left(1 - \frac{1}{10^n}\right) = 1$$

芝诺悖论

芝诺悖论是古希腊哲学家芝诺提出的一系列哲学问题，旨在论证运动和变化的不可知性和悖论性。以下是几个主要的芝诺悖论：

- 二分法悖论：要到达某个终点，必须先到达一半的距离，再到达剩下一半的距离，而每个距离都可以再分一半。因为这个过程可以无限分割，所以似乎永远无法到达终点。
- 阿基里斯和乌龟悖论：快速的阿基里斯永远无法追上缓慢的乌龟，因为阿基里斯首先必须到达乌龟起始的位置，而在阿基里斯到达那个位置时，乌龟已经前进了一小段距离。这个过程可以无限进行，所以阿基里斯似乎永远无法追上乌龟。
- 飞矢悖论：一支飞行中的箭在任意一个瞬间都是静止的，因为在每一个单独的时刻，箭没有时间移动。因此，如果在每一个时刻箭都是静止的，那么箭就永远不会运动。

以阿基里斯和乌龟悖论为例，芝诺提出让乌龟和阿基里斯赛跑，两者起点不同，乌龟的起点位于阿基里斯身前1000米处，并且假定阿基里斯的速度是乌龟的10倍。比赛开始后，若阿基里斯跑了1000米，设所用的时间为t，此时乌龟便领先他100米；当阿基里斯跑完下一个100米时，他所用的时间为$t/10$，乌龟仍然领先他10米；当阿基里斯跑完下一个10米时，他所用的时间为t/100，乌龟仍然领先他1米。芝诺认为，阿基里斯永远无法追上乌龟，如图11所示。

［图11］阿基里斯和乌龟悖论

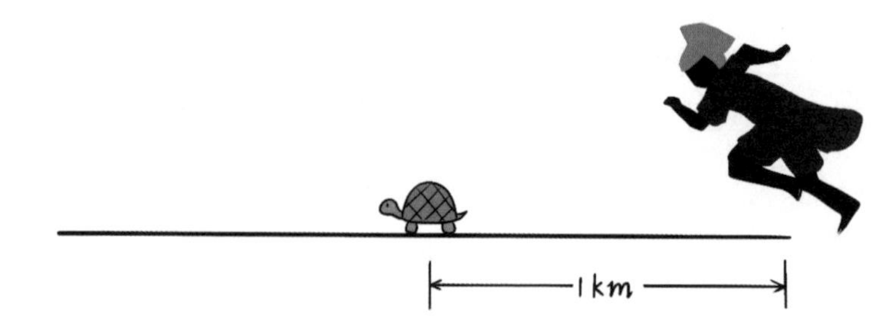

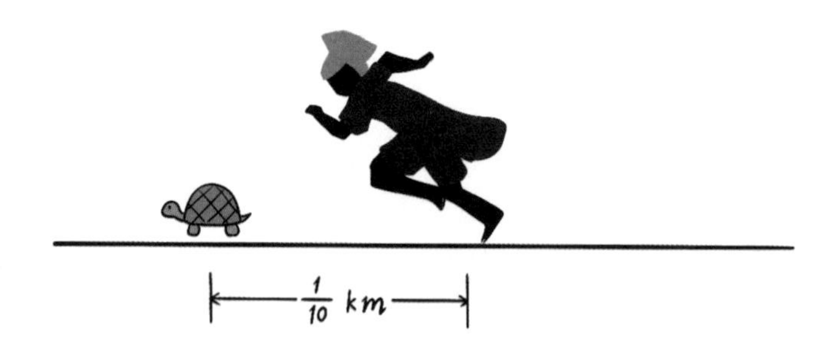

不过，如果我们从极限的视角来看，阿基里斯奔跑的总时间虽然是一个无限和，但这个数列的极限是存在的，即

$$T=\lim_{n\to\infty}\Sigma_{i=0}^{n}\frac{t}{10^{i}}=\lim_{n\to\infty}\frac{10}{9}\left(1-\frac{t}{10^{n}}\right)=\frac{10}{9}t$$

无限猴子定理

无限猴子定理是一个概率论中的思想实验，首次由埃米尔·博雷尔在其1913年出版的关于概率的书籍中介绍。定理的表述为：让一只猴子在打字机上随机按键，当按键时间达到无穷时，几乎必然能够打出任何给定的文字，比如莎士比亚的全套著作，如图12所示。

在这里，“几乎必然”是一个有特定含义的数学术语，表示在概率上趋近于1，但并非绝对确定。同时，“猴子”也不是一只真正意义上的猴子，而是比喻为一个可以产生无限随机字母序列的抽象设备。

假设打字机有N个键，猴子每次按键是独立且等概率的，那么每个键被按下的概率是$\frac{1}{N}$。要打出一个特定的字符序列（例如长度为k的字符串），猴子每次正确按出的概率是$\left(\frac{1}{N}\right)^k$。虽然这个概率非常小，但是随着尝试次数趋向无穷，打出该字符串的概率趋向于1。即

$$\lim_{n\to\infty} 1-\left(1-\left(\frac{1}{N}\right)^k\right)^n=1$$

［图12］无限猴子定理

难易程度：★★★★★

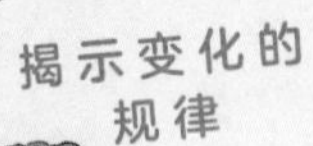

导数和微分

变化率的精确度量：如何通过导数描述函数的瞬时变化率。

大师面对面

—— 对于一个运动的物体，在一小段时间间隔内的位移除以这段时间便是这段时间内的速度，即$v=\frac{s}{t}$。然而，当这段时间趋近于零，即瞬时速度时，无法用常规的除法计算。

当时间趋近于0的时候，就需要用到无穷小量的运算。这时的速度是时间的导数，需要用求导的方法来计算。导数代表了函数的瞬时变化率，它是平均变化率的极限。

—— 函数在某点处的平均变化率是指函数在该点处的因变量的增量与自变量的增量的比值，即$\Delta y/\Delta x$。

当自变量的增量趋近于0时，函数的平均变化率就成了瞬时变化率，即它的导数，牛顿的写法是$y'=\lim\limits_{\Delta x\to 0}\Delta y/\Delta x$，我喜欢写成$dy/dx$。

—— 具体到刚才的例子，当时间趋于0时，平均速度就成了瞬时速度。

微分学主要研究的是在函数自变量变化时如何确定函数值的瞬时变化率（我们称之为导数或微商）。也就是说，计算导数的方法叫微分学。

—— 导数和微分如何具体地帮助我们理解函数的变化呢？

导数和微分可以帮助我们精确地描述函数的变化情况。例如，在物理学中，我们常常用导数来描述速度和加速度。在经济学中，导数可以用来分析成本和收益的变化。它们都是通过分析函数在某一点附近的变化来提供有用的信息。

原理解读！

- 函数在某一点的导数（derivative）是指这个函数在这一点附近的变化率，通常用符号$f'(x_0)$、$\frac{df}{dx}(x_0)$、$\frac{df}{dx}|_{x=x_0}$来表示，即

$$f'(x_0)=\lim_{h\to 0}\frac{f(x_0+\Delta x)-f(x_0)}{\Delta x}$$

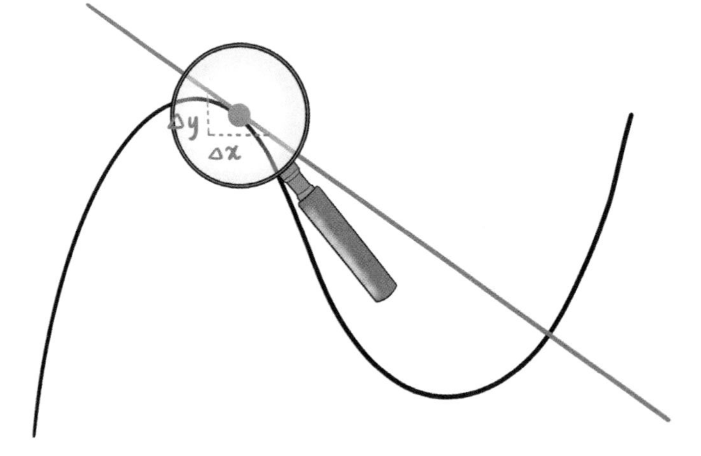

- 微分（Differential）是指对函数局部变化的一种线性描述。当函数$y=f(x)$在$x=x_0$处有一个极小的增量Δx，此时y的增量$\Delta y=f(x_0+\Delta x)-f(x_0)$可以表示为

$$\Delta y=A\Delta x+o(\Delta x)$$

- $o(\Delta x)$表示比Δx高阶的无穷小（$\lim_{\Delta x\to 0}\frac{o(\Delta x)}{\Delta x}=0$），$dy=A\Delta x$是函数在$x=x_0$处对应于自变量增量$\Delta x$的微分，$dy$是$\Delta y$的线性主部。此时我们称自变量的增量$\Delta x$为自变量的微分，即

$$dx=\Delta x\ (\Delta x\to 0)$$

导数的本质是通过极限的概念对函数进行局部的线性逼近。

导数的几何意义

导数在几何上表示函数在某一点的切线的斜率。图1中，在函数$y=f(x)$上有一个定点$P_0(x_0, f(x_0))$及动点$P(x_0+\Delta x, f(x_0+\Delta x))$，这里$\Delta x$就表示了$P$与$P_0$之间的水平距离。割线$PP_0$的斜率可以表示为

$$\tan\phi=\frac{\Delta y}{\Delta x}=\frac{f(x_0+\Delta x)-f(x_0)}{\Delta x}$$

当动点P沿着函数图像逐渐趋近于点P_0时，割线PP_0逐渐趋近于切线P_0T，此时

$$\Delta x\to 0$$

$$\phi\to\alpha$$

而切线P_0T的斜率可以表示为

$$\tan\alpha=\lim_{\Delta x\to 0}\tan\phi=\lim_{\Delta x\to 0}\frac{f(x_0+\Delta x)-f(x_0)}{\Delta x}$$

结合导数的定义，即

$$\tan\alpha=f'(x_0)$$

因此，导数的几何意义就是函数在某一点的切线的斜率。

[图1] 导数的几何意义图示

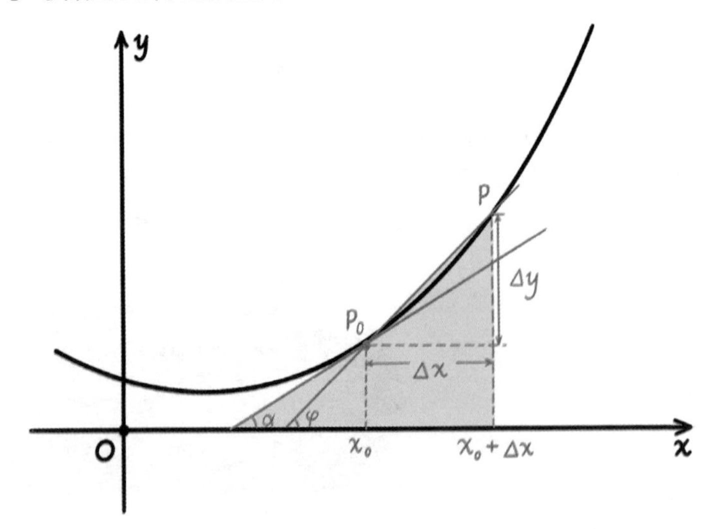

微分的几何意义

微分的几何意义如图2所示。Δx是函数$y = f(x)$的图像上点P在横坐标上的增量，Δy是图像上点P在纵坐标上的增量，dy是Δy的线性主部，对应于函数$y = f(x)$的图像上点P处的切线在纵坐标上的增量。

当Δx接近于0时，$\Delta y - dy$比它小得多，即$\Delta y - dy = o(\Delta x)$。因此在点$P$附近，我们可以用切线段来近似地代替曲线。

[图2] 微分的几何意义图示

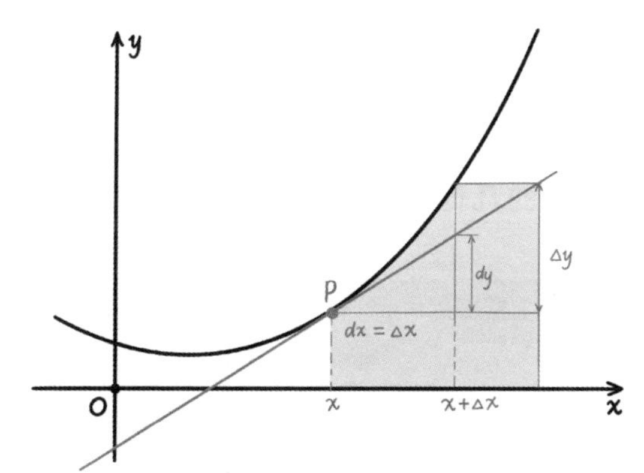

微分法则

设函数u，v可微，a，b是常数，考虑

$$\begin{aligned}\Delta(au + bv) &= \big(a(u + \Delta u) + b(v + \Delta v)\big) - (au + bv) \\ &= a\Delta u + b\Delta v\end{aligned}$$

当变化量趋近于0时，即

$$d(au+bv)=adu+bdv$$

类似地，由于

$$\begin{aligned}\Delta(uv)&=(u+\Delta u)(v+\Delta v)-uv\\&=u\Delta v+v\Delta u+\Delta u\Delta v\end{aligned}$$

且变化量趋近于0时，$\Delta u\Delta v$是高阶无穷小量，uv的变化量的几何解释如图3所示，因此

$$d(uv)=udv+vdu$$

同理可得

$$d\left(\frac{u}{v}\right)=\frac{vdu-udv}{v^2}$$

如果函数$y(u)$可导，那么

$$\begin{aligned}\Delta\big(y(u)\big)&=y(u+\Delta u)-y(u)\\&=\frac{y(u+\Delta u)-y(u)}{\Delta u}\Delta u\end{aligned}$$

当变化量趋近于0时，即

$$d\big(y(u)\big)=y'(u)du$$

［图3］uv的变化量的几何解释图示

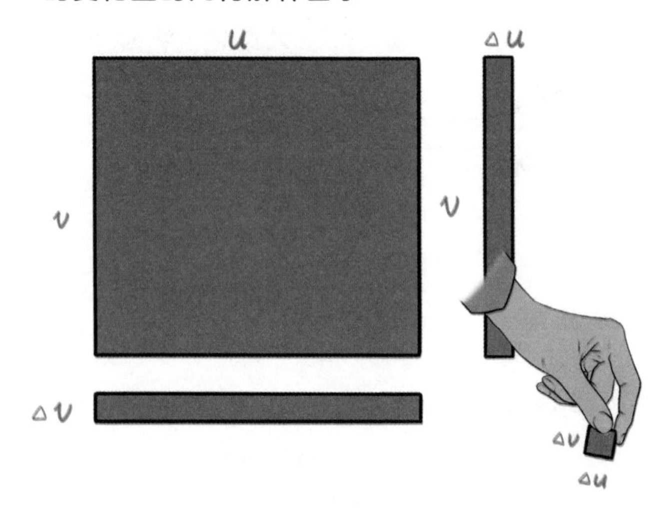

求导法则

设函数$u(x)$、$v(x)$可导，a、b是常数，我们已经知道微分的以下法则

$$d(au+bv)=adu+bdv$$
$$d(uv)=udv+vdu$$
$$d\left(\frac{u}{v}\right)=\frac{vdu-udv}{v^2}$$
$$d\big(y(u)\big)=y'(u)du$$

在上述等式的两边同时除以dx，即把它们写成微商的形式，例如

$$\frac{d(au+bv)}{dx}=a\frac{du}{dx}+b\frac{dv}{dx}$$

根据微商和导数的关系，即

$$\big(au(x)+bv(x)\big)'=au'(x)+bv'(x)$$

同理可得

$$\big(u(x)v(x)\big)'=u(x)v'(x)+u'(x)v(x)$$
$$\left(\frac{u(x)}{v(x)}\right)'=\frac{u'(x)v(x)-u(x)v'(x)}{\big(v(x)\big)^2}$$
$$\big[y\big(u(x)\big)\big]'=y'\big(u(x)\big)\cdot u'(x)$$

最后一个等式称为复合函数的求导法则，或链式法则。该等式适用于一个函数嵌套在另一个函数内部的情况。复合函数的导数等于外层函数对内层函数的导数乘内层函数对自变量的导数，这可以看作是两个函数变化率的结合。

基本函数的导数

基本函数是指一些形式简单并且容易求出导数的函数，它们的导函数（即把每一个函数值$f(x_0)$都一一对应到它的导数值$f'(x_0)$的函数$f'(x)$）可以通过定义直接求出。

设$f(x)=x^n$，则由导数的定义，

$$\begin{aligned}f'(x)&=\lim_{\Delta x\to 0}\frac{(x+\Delta x)^n-x^n}{\Delta x}\\&=\lim_{\Delta x\to 0}\frac{x^n+nx^{n-1}\Delta x+C_n^2x^{n-2}(\Delta x)^2+\cdots+(\Delta x)^n-x^n}{\Delta x}\\&=\lim_{\Delta x\to 0}nx^{n-1}+C_n^2x^{n-2}\Delta x+\cdots+(\Delta x)^{n-1}\\&=nx^{n-1}\end{aligned}$$

这里我们运用了二项式定理。

设$g(x)=\mathrm{e}^x$，则

$$\begin{aligned}g'(x)&=\lim_{\Delta x\to 0}\frac{\mathrm{e}^{x+\Delta x}-\mathrm{e}^x}{\Delta x}\\&=\mathrm{e}^x\lim_{\Delta x\to 0}\frac{\mathrm{e}^{\Delta x}-1}{\Delta x}\\&=\mathrm{e}^x\end{aligned}$$

最后一步的$\lim_{\Delta x\to 0}\frac{\mathrm{e}^{\Delta x}-1}{\Delta x}=1$可以由自然对数e的定义式导出：

$$\mathrm{e}=\lim_{h\to\infty}\left(1+\frac{1}{h}\right)^h=\lim_{\Delta x\to 0}(1+\Delta x)^{\frac{1}{\Delta x}}$$

即得到以下的常用极限值，并如图4所示。

$$\lim_{\Delta x\to 0}\frac{\mathrm{e}^{\Delta x}-1}{\Delta x}=\lim_{\Delta x\to 0}\frac{\left((1+\Delta x)^{\frac{1}{\Delta x}}\right)^{\Delta x}-1}{\Delta x}=1$$

[图4] $(\mathrm{e}^x-1)/x$的极限

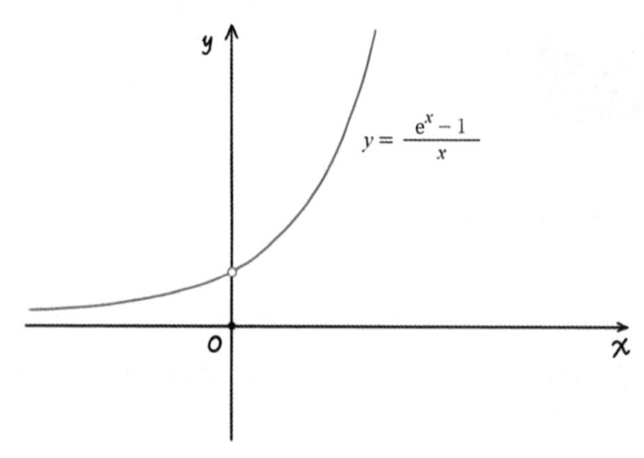

设$h(x)=\sin x$，则

$$h'(x)=\lim_{\Delta x\to 0}\frac{\sin(x+\Delta x)-\sin x}{\Delta x}$$

$$=\lim_{\Delta x\to 0}\frac{\sin x\cos\Delta x+\sin\Delta x\cos x-\sin x}{\Delta x}$$

$$=\lim_{\Delta x\to 0}\frac{\sin x\,(\cos\Delta x-1)}{\Delta x}+\cos x\lim_{\Delta x\to 0}\frac{\sin\Delta x}{\Delta x}$$

$$=\cos x$$

这里我们运用了三角函数的和角公式及$\sin x/x$这个重要极限。

表1中给出了常见的基本函数的导数，读者可以尝试用导数的定义、法则和相关的代数知识自己证明。

[表1] 常见的基本函数的导数

$f(x)$	$f'(x)$
x^n	nx^{n-1}
e^x	e^x
a^x	$a^x\ln a$
$\sin x$	$\cos x$
$\cos x$	$-\sin x$
$\tan x$	$\sec^2 x$
$\ln x$	$\frac{1}{x}$
$\log_a x$	$\frac{1}{x\ln a}$
C	0

高阶导数

如果函数$f(x)$的导数$f'(x)$可导，则称$[f'(x)]'$为$f(x)$的二阶导数，记作$f''(x)$或$\frac{d^2f(x}{dx^2}$，即

$$f''(x)=\lim_{\Delta x\to 0}\frac{f'(x+\Delta x)-f'(x)}{\Delta x}$$

二阶导数表示一阶导数的变化率，因此它可以用来判断函数的凹凸性，当$f''(x) > 0$时，$f(x)$是上凹的，当$f''(x) < 0$时，$f(x)$是下凹的。如图5所示。

[图5] 二阶导数与函数的凹凸性

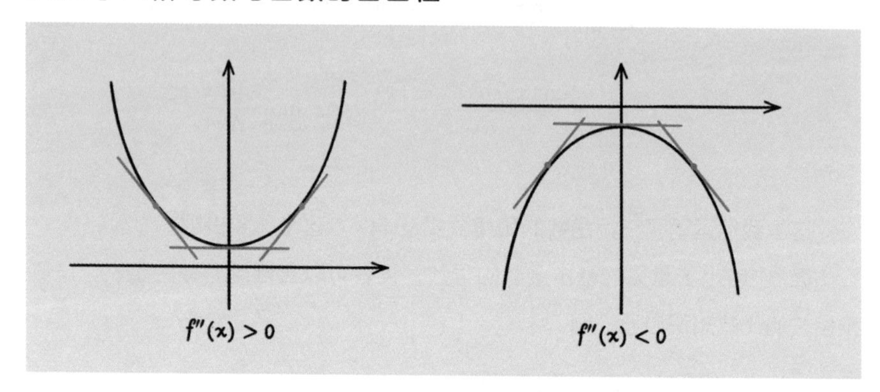

以上规律可以借助图6的“哭笑脸”进行记忆，其中“+”和“−”分别代表二阶导数的符号，而哭笑脸则代表了函数的形状和凹凸性。

若曲线图形在一点改变了凹凸性，则此点称为拐点。直观地说，拐点是使切线穿越曲线的点。如果该曲线代表的函数在某点的二阶导数为零或不存在，且二阶导数在该点两侧符号相反，该点即为函数的拐点。

[图6] 哭笑脸与函数的凹凸性

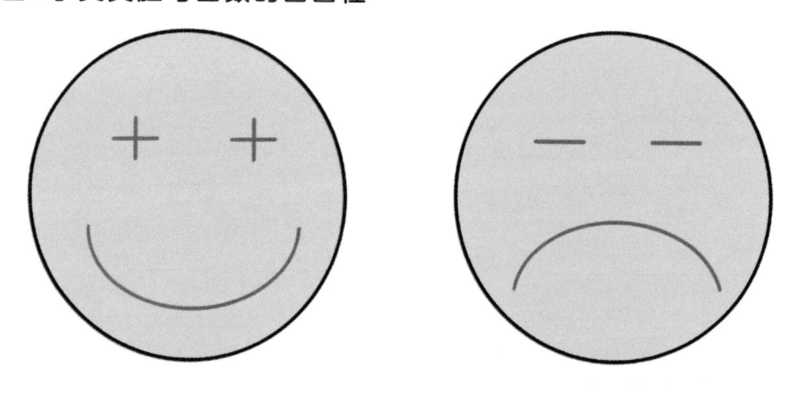

同理，$f(x)$二阶导数$f''(x)$的导数$[f''(x)]'$称为三阶导数，记作$f'''(x)$或$\frac{d^3f(x)}{dx^3}$。

更一般地，$f(x)$的$n-1$阶导数的导数称为$f(x)$的n阶导数，记作$f^{(n)}(x)$或$\frac{d^nf(x)}{dx^n}$。

原理应用知多少！

驻点和极值

驻点（Stationary Point）是指函数一阶导数为零的点，即若x_0满足

$$f'(x_0) = 0$$

则x_0为函数$f(x)$的驻点。

在驻点处，函数的瞬时变化率为0，既不增加也不减少。

极值（extremum）是极大值（maximum）与极小值（minimum）的统称，是指在一个局部（通常是这个点的周围）上函数取得最大值或最小值的点的函数值，而使函数取得极值的点的横坐标被称作极值点。图7中，在区间$[a，b]$上，函数的极大值、极小值、最大值和最小值分别是$f(c)$、$f(d)$、$f(b)$、$f(a)$。

［图7］函数的极大值、极小值、最大值和最小值

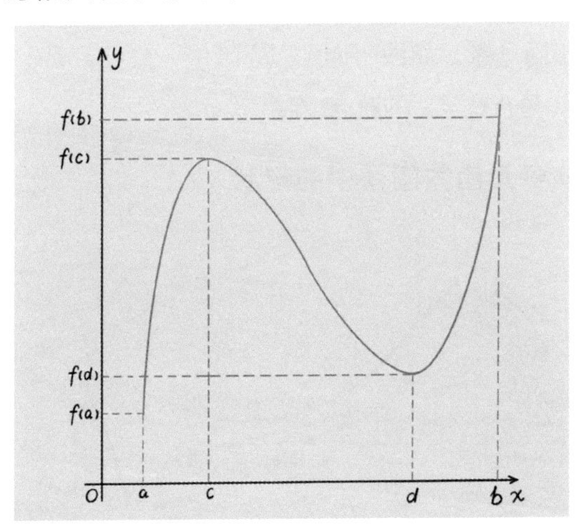

极值点一定是驻点，但驻点不一定是极值点。判断x_0是极值点的方法是：如果x_0是驻点且不是拐点，则x_0是一个极值点。具体来说，若$f'(x_0) = 0$且$f''(x_0) > 0$，则x_0是一个极小值点；若$f'(x_0) = 0$且$f''(x_0) = 0$，则x_0是一个拐点但不是极值点；若$f'(x_0)=0$且$f''(x_0)<0$，则x_0是一个极大值点。图8中，函数$f(x)=x+\sin 2x$图像的驻点都是极大值或极小值。

[图8] 函数$f(x)=x+\sin 2x$紫色的拐点和黑色的驻点

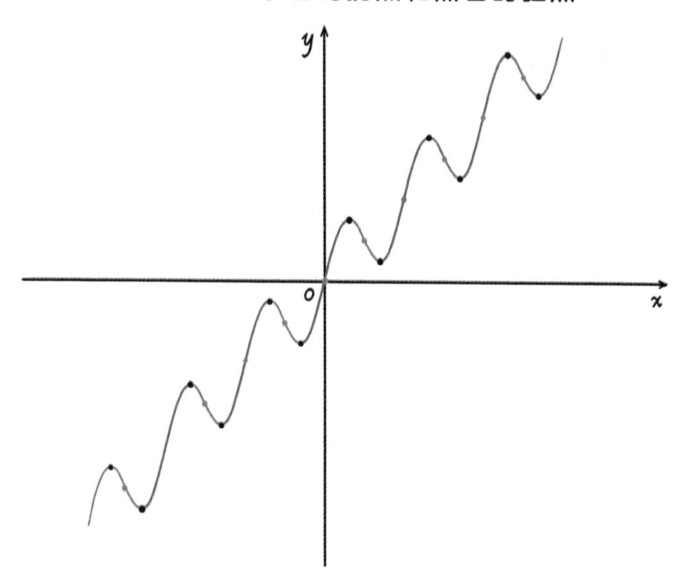

不是极值点的驻点被称为鞍点（Saddle Point），因为在多元函数的图像中其形状如同马鞍，如图9所示。图10中，$f(x)=x^3$在0处满足$f'(0)=f''(0)=0$，因此0是$f(x)=x^3$的鞍点。

[图9] 鞍点在多元函数图像中的形状

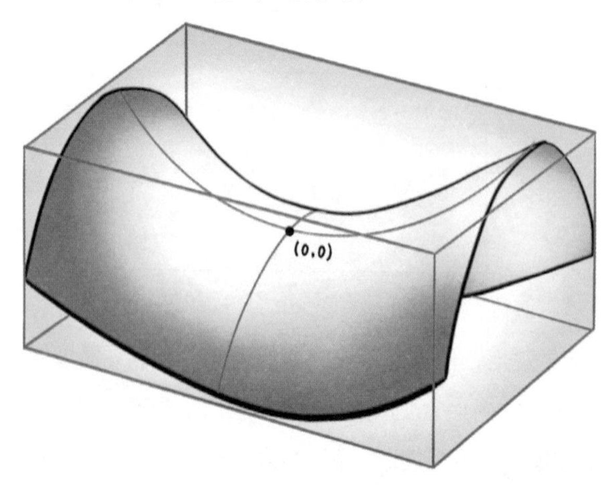

[图10] $f(x)=x^3$的鞍点

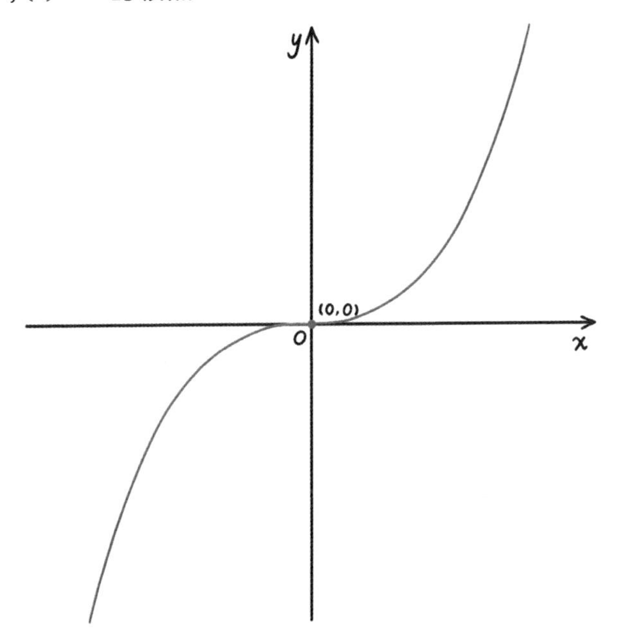

物理学中的运动分析

在运动学中，位移随时间的变化率（导数）就是速度，速度随时间的变化率（导数）就是加速度。例如，如果位置函数$s(t)$给出了物体的位置s随着时间t的变化，那么速度$v(t)=s'(t)$就是位置对时间的导数，而加速度$a(t)=v'(t)$则是速度对时间的导数，即位置对时间的二阶导数。

我们在代数篇中讨论过的例子，当一个物体被向上抛到空中时，它的高度h和时间t的关系可以用一元二次函数来描述，为

$$h(t)=v_0t-\frac{1}{2}gt^2+h_0$$

其中v_0是物体向上抛出时的初始速度，h_0是物体向上抛出时的初始高度（距地面），g是一个常数，代表重力加速度。

图11中，在一元二次方程这一章中我们求出了物体落地所需要的时间为

$$t = \frac{v_0 + \sqrt{v_0^2 + 2gh_0}}{g}$$

［图11］物体向上抛出到落地

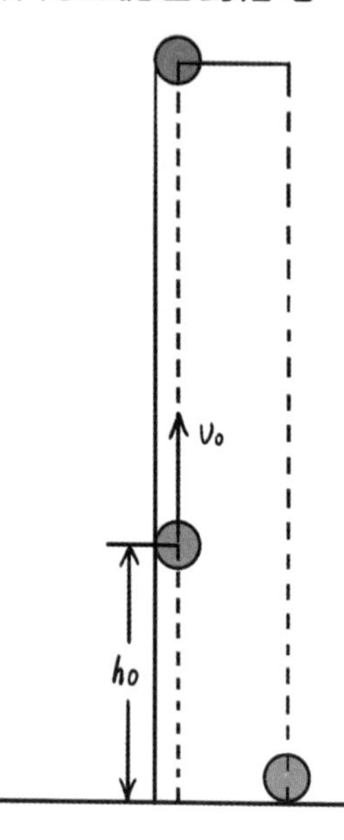

同样地，我们也可以求出物体达到最高点（即速度为0）所需要的时间，首先求出速度与时间的关系

$$v(t) = h'(t) = v_0 - gt$$

令$v(t) = 0$，解得

$$t = \frac{v_0}{g}$$

经济学中的利润分析

假设一家公司的收入和成本关于雇佣员工数量n的收益函数（Revenue Function）和成本函数（Cost Function）分别为：

$$R(n) = p\sqrt{n}$$

$$C(n) = wn$$

其中w表示员工的工资，p表示商品的价格，而$\sqrt{n}$代表商品的产量。

那么公司的利润可以表示为

$$\Pi(n) = R(n) - C(n) = p\sqrt{n} - cn$$

想要公司实现利润最大化，就需要找出利润函数的最大值，即

$$\Pi'(q) = p\frac{1}{2\sqrt{n}} - c = 0$$

解得

$$n^* = \left(\frac{p}{2c}\right)^2$$

并且这个点的二阶导数为

$$\Pi''(n^*) = -\frac{1}{4}pn^{-3/2} < 0$$

因此当$n = n^*$时，公司能实现利润最大化。

 牛顿和莱布尼茨的争论

在17世纪的欧洲，两位伟大的数学家——艾萨克·牛顿和戈特弗里德·威廉·莱布尼茨分别在英格兰和德国工作着，他们几乎在同一时间各自独立地发明了微积分。这一巧合在科学史上引发了一场激烈而持久的争论，既充满了戏剧性，也推动了数学的发展。

牛顿和莱布尼茨的微积分发明有着不同的起源和动机。牛顿的研究始于1660年，他在努力理解天体运动和物体运动的过程中发明了“流数法”，即处理变化率和瞬时速度的方法。牛顿主要将流数法用于解决物理问题，他于1666年在笔记中记录了这些想法，但并未公开发表。

与此同时，在德国，莱布尼茨也在探索数学的新领域。他在1675年开始研究微积分，并于1684年发表了一篇论文，详细介绍了他的微积分方法和符号系统。他引入了现代的积分符号“$\int$”和微分符号“d”，这些符号简洁而通用，使得微积分的方法更易于传播和应用。

虽然牛顿和莱布尼茨的研究几乎同时展开，但他们之间并未立即产生冲突。真正的争端始于17世纪末，当时，英国和欧洲大陆的数学界都在积极发展微积分。随着莱布尼茨的论文发表，他的方法迅速在欧洲大陆流行开来，而牛顿的支持者们则认为牛顿才是微积分的真正发明者。

矛盾在1704年进一步升级。那一年，牛顿在他的重要著作《自然哲学的数学原理》的附录中简要介绍了他的流数法，强调他早在莱布尼茨之前就已经掌握了微积分。然而，这本书的出版并未平息争论，反而激起了更多的质疑。

1708年，英国数学家约翰·凯尔在一篇文章中指责莱布尼茨剽窃牛顿的工作，使得争论达到了高潮。为了澄清事实，英国皇家学会在1711年组织了一次调查，由牛顿的支持者主导。结果不出所料，委员会得出莱布尼茨抄袭牛顿的微积分成果的结论。但因牛顿本人在调查报告的撰写中起了重要作用，使得结果的公正性受到质疑。

莱布尼茨深受困扰，他在欧洲大陆的声誉虽然依然很高，但遭到了英国科学界的排斥。这场争论对莱布尼茨的晚年生活造成了极大的影响，直到1716年去世时，他依然在为自己的名誉辩护。

这场争论不仅影响了牛顿和莱布尼茨的个人声誉，也对数学的发展产生了深远的影响。英国和欧洲大陆的数学界因为这场争论而出现了分裂，英国数学家坚持使用牛顿的方法和符号，而欧洲大陆的数学家则更倾向于采用莱布尼茨的符号和方法。这种分裂直到18世纪末和19世纪初，随着数学家如莱昂哈德·欧拉和约瑟夫·拉格朗日的工作完成才停止。现代数学史学家普遍认为，牛顿和莱布尼茨各自独立地发明了微积分，尽管他们的方法和符号不同，但本质上解决的是同一类问题。

微积分基本定理

连接微分和积分的桥梁：微积分基本定理的概述及其重要性。

大师面对面

——我们已经初步了解了微分的相关知识，那么微积分的另一个部分——积分，讲述的是什么内容呢？

积分是微分的逆运算，即给定导数而求出原函数，又分为定积分与不定积分。一元函数的定积分可以定义为无穷多个微小矩形的面积和，即某段区间内函数曲线下包含的面积。

——定积分输入函数和区间，输出数字，即给出这个区间内函数图像与x轴之间围成的面积。不定积分则是输入一个函数，输出另一个函数，即给出以输入函数为导数的原函数。

没错，比如运动学中路程=速度×时间。如果速度不变，路程可按照上述公式简单相乘。但如果速度随着时间变化，则需将路程根据时间近似地划分成许多区间（无穷小量），将每个区间的时间乘当时的速度得到这个区间对应的近似路程，并将最终的结果相加。

——定积分蕴含了无穷小量累加的思想，和不定积分是如何联系起来的？

微积分的基本定理能帮助我们在不定积分与定积分之间建立联系。这个定理说明了微分和积分互为逆运算，它将一个不定积分的具体值与定积分联系起来。

——微积分的应用应该非常广泛吧！

微积分学的发展和应用深刻地影响了现代生活的各个方面，与科学的许多分支，如计算机科学、工业工程，尤其是物理学都有紧密的联系。

原理解读！

- 积分（ntegral）通常分为定积分和不定积分两种。
- 函数$f(x)$在区间$[a，b]$上的定积分是指在平面直角坐标系上，由曲线$f(x)$、直线$x=a$和直线$x=b$围成的曲边梯形的面积值。这个面积根据在x轴的上方或下方有正负号之分，如下图所示。表达式为：

$$\int_a^b f(x)dx$$

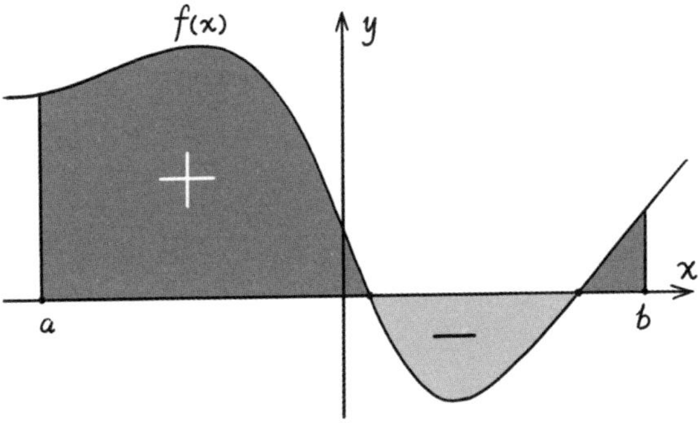

- 函数$f(x)$的不定积分（原函数）是指任何满足导数是$f(x)$的函数$F(x)$，即

$$F'(x)=f(x)$$

- 微积分基本定理指出，对于连续函数$f(x)$的定积分的计算如下

$$\int_a^b f(x)dx=F(b)-F(a)$$

其中$F(x)$是$f(x)$的不定积分。

一个函数的不定积分不唯一。如果$F(x)$是$f(x)$的不定积分，则对于任意常数C，$F(x)+C$也是$f(x)$的不定积分。

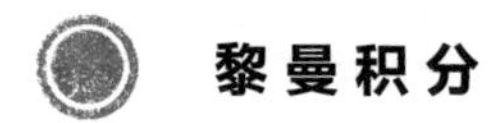

黎曼积分

黎曼积分是积分的一种定义方式，用于计算在区间上某一函数的面积。通过将区间分成许多小的子区间，并在每个子区间上选择一个点来近似地求和，黎曼积分可以逐步逼近实际的积分值。通过黎曼积分计算$f(x)$在区间$[a, b]$上的定积分通常分为以下5个步骤，并如图1所示。

①分割区间：将区间$[a, b]$划分为n个子区间（以下$x_0 = a$，$x_n = b$）

$$[x_0, x_1], [x_1, x_2], \cdots, [x_{n-1}, x_n]$$

②计算子区间的长度：每个子区间的长度为

$$\Delta x_i = x_i - x_{i-1}$$

③取样点：在每个子区间$[x_{i-1}, x_i]$中选择一个点c_i，其中

$$x_{i-1} < c_i < x_i$$

④计算黎曼和：用选定的样点c_i处的函数值$f(c_i)$乘子区间长度Δx_i来近似该子区间下的面积

$$S = \Sigma_{i=1}^{n} f(c_i) \Delta x_i$$

⑤求极限：让$n \to \infty$，此时$\Delta x_i \to 0$，于是

$$\int_a^b f(x)dx = \lim_{n\to\infty} \Sigma_{i=1}^{n} f(c_i) \Delta x_i$$

［图1］取样分割后获得的黎曼和

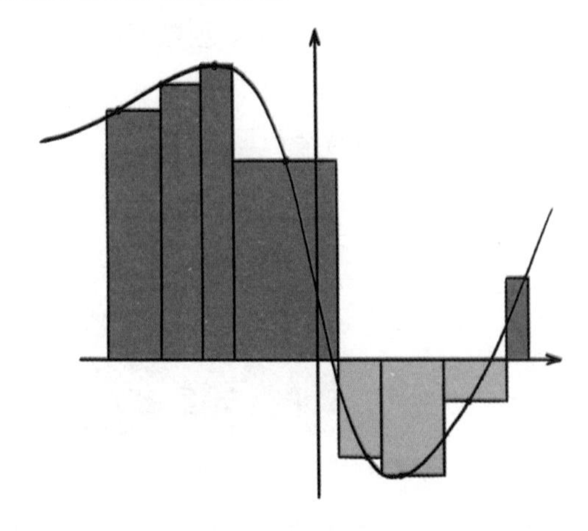

在计算过程中，最简单的取样方法是将区间均匀地分成若干个长度相等的子区间，然后在每个子区间上按相同的准则取得标记点，如左端点、右端点、极大值或极小值等，如图2所示。

［图2］不同的取样方式构成的黎曼和

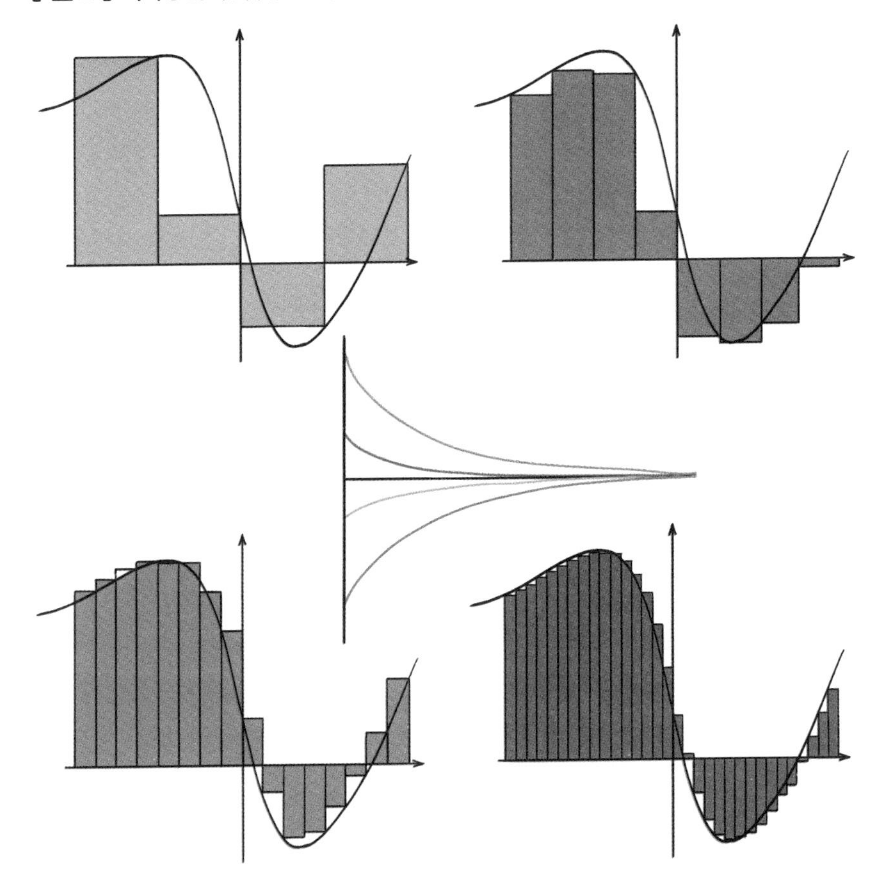

以$f(x)=x^2$在区间[0，1]上的定积分为例，如图3所示。首先将区间[0，1]划分为n个等长的子区间，每个子区间的长度为$\frac{1}{n}$，即

$$\left[0,\ \frac{1}{n}\right],\ \left[\frac{1}{n},\ \frac{2}{n}\right],\ \cdots,\ [\frac{n-1}{n},\ 1]$$

其次，选取每个区间的右端点，计算黎曼和

$$S=\Sigma_{i=1}^{n}\frac{i^2}{n^2}\frac{1}{n}=\frac{\Sigma_{i=1}^{n}i^2}{n^3}$$

前n个自然数的平方和公式为

$$\Sigma_{i=1}^{n} i^2 = \frac{1}{6}n(n+1)(2n+1)$$

于是对黎曼和求极限，可得

$$\int_0^1 x^2 dx = \lim_{n\to\infty} \frac{1}{6}n(n+1)(2n+1)\frac{1}{n^3}$$

$$= \lim_{n\to\infty} \frac{1}{6}\left(1+\frac{1}{n}\right)\left(2+\frac{1}{n}\right)$$

$$= \frac{1}{6} \times 1 \times 2 = \frac{1}{3}$$

求极限的过程可以理解为：要取得对黎曼和更加精确的估计，可以将横轴细分成更多的部分，并按照同样的方法放置长方形，计算长方形的面积之和。随着长方形越来越多，每个长方形越来越“细”，计算出的黎曼和就越精确。

［图3］$f(x) = x^2$在[0，1]上的定积分估计

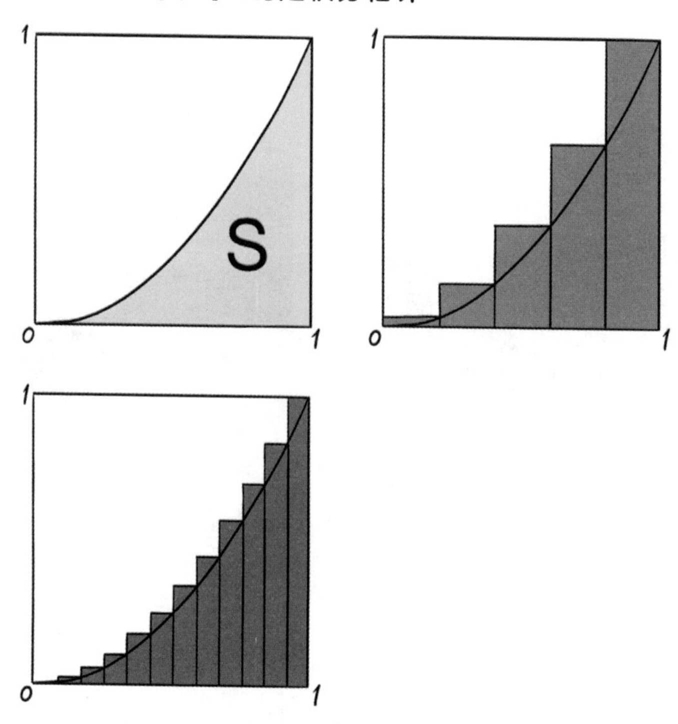

不定积分公式表

不定积分是求导的逆运算，然而导数是可以根据定义式计算的，不定积分则在这方面有些困难，因此不定积分公式表列出了许多常见函数的不定积分公式，使得求解这些函数的积分变得简单和快捷。在以下公式中，C为任意常数。

$$\int a dx = ax + C$$

$$\int x^a dx = \frac{1}{a+1} x^{a+1} + C$$

$$\int \frac{1}{x} dx = \ln|x| + C$$

$$\int a^x dx = \frac{a^x}{\ln a} + C$$

$$\int \sin x \, dx = -\cos x + C$$

$$\int \cos x \, dx = \sin x + C$$

$$\int \tan x \, dx = -\ln|\cos x| + C$$

$$\int \cot x \, dx = \ln|\sin x| + C$$

$$\int \sec^2 x \, dx = \tan x + C$$

$$\int \csc^2 x \, dx = -\cot x + C$$

$$\int \frac{1}{\sqrt{a^2 - x^2}} dx = \arcsin\frac{x}{a} + C$$

$$\int \frac{1}{a^2 + x^2} = \frac{1}{a}\arctan\frac{x}{a} + C$$

$$\int \frac{1}{\sqrt{x^2 - a^2}} dx = \ln\left(x + \sqrt{x^2 + a^2}\right) + C$$

$$\int \frac{1}{\sqrt{x^2 + a^2}} dx = \ln\left|x + \sqrt{x^2 - a^2}\right| + C$$

微积分的基本定理

对微积分基本定理的一种直接理解是：把函数在一段区间内的“无穷小变化”累加起来，会得到该函数在该区间内的净变化。其中，“无穷小变化”对应微分，“累加”对应积分，净变化则是函数在区间两端点的差值。

让我们从一个具体例子出发。在图4中，假设一个物体在直线上运动，其位置用$x(t)$表示，其中t为时间，这意味着x是时间t的函数。函数的导数表示位置的无穷小变化：dx除以时间的无穷小变化dt（这个导数也是随时间变化的）。我们将速度定义为位置的变化率，即位置的变化除以时间的变化。使用莱布尼茨记法：

$$\frac{dx}{dt} = v(t)$$

即

$$dx = v(t)dt$$

［图4］一个运动学中的实例

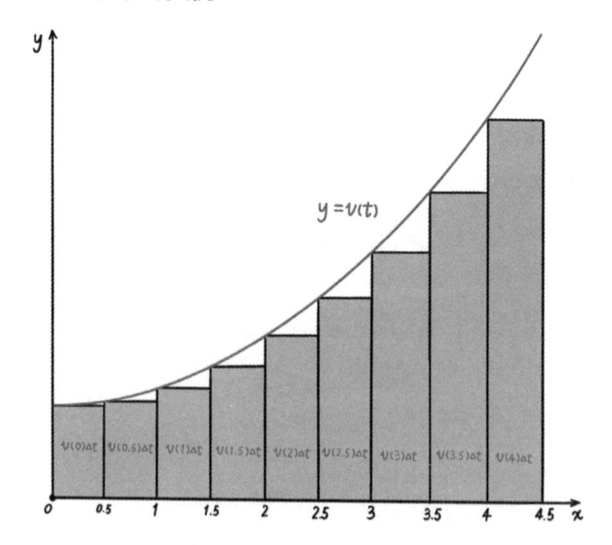

根据以上推理，位置x的变化量Δx是无穷小变化dx的总和，它也等于速度$v(t)$与时间dt的无穷小乘积之和，这就是积分。因此，一个函数求导后再积分，得到的就是原函数。我们可以合理推断，这个过程反过来也成立，先积分再求导，也会得到原函数。

在图5中，设函数$f(x)$与y轴、x轴以及直线$x = x_0$围成的面积为$A(x_0)$，如果我们把x_0与$A(x_0)$一一对应，就能得到一个函数$A(x)$，且当x有一个小的增量h时，面积的增量可以近似为小长方形的面积，即

$$A(x+h) - A(h) \approx f(x) \cdot h$$

根据导数的定义，将

$$A'(x) = \lim_{h \to 0} \frac{A(x+h) - A(h)}{h} = f(x)$$

这能够帮助我们更好地理解微积分的基本定理。

［图5］微积分基本定理的图示

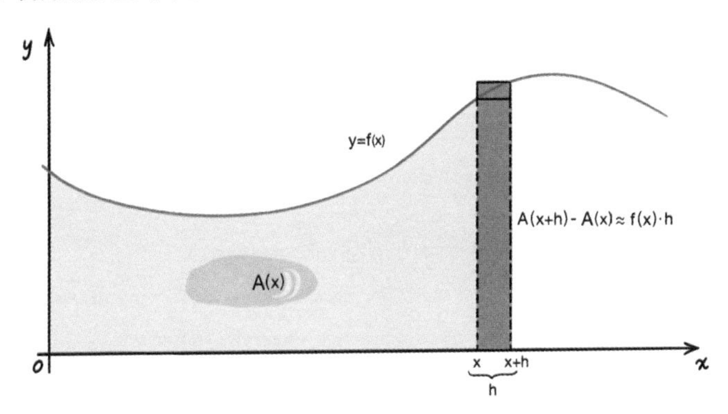

总而言之，微积分基本定理的核心思想为：函数的导数代表其变化率，而对导数进行积分就能恢复到原函数，即导数和积分是互为逆运算的过程。

原理应用知多少！

微分方程

不定积分在微分方程中的应用非常广泛，特别是在求解初等微分方程时。微分方程是包含未知函数及其导数的方程，在描述自然现象和工程问题中有非常重要的作用。

对于可分离变量的微分方程，如

$$\frac{dy}{dx}=g(x)h(y)$$

我们可以将变量分离并积分：

$$\frac{dy}{h(y)}=\frac{dx}{g(x)}$$

$$\int\frac{1}{h(y)}dy=\int\frac{1}{g(x)}dx$$

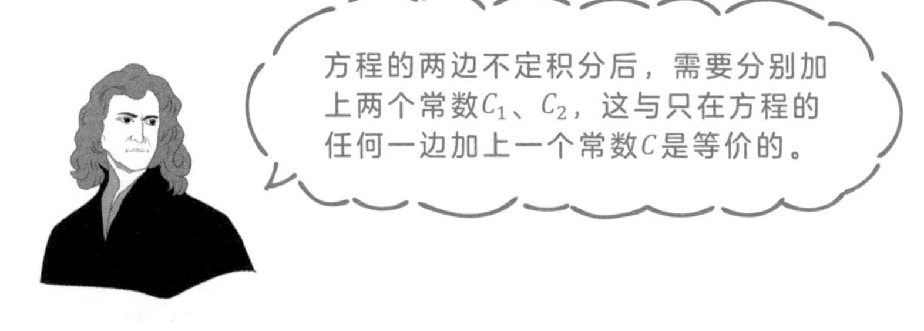

通过计算两个不定积分，就可以得到原方程的解。

马尔萨斯模型

著名的经济学家托马斯·罗伯特·马尔萨斯于1798年写下了最早的人口学著作之一《人口论》，其中提到了简单形式的人口增长模型，即马尔萨斯模型：人口的增长率与人口成正比。

我们以$P(t)$来表示人口P随着时间变化的函数，r表示人口增长率，费雪称之为“马尔萨斯人口增长参数”。于是马尔萨斯模型用微分方程的表达如下：

$$\frac{dP}{dt}=rP$$

通过变量分离的方法解上述微分方程，即

$$\frac{1}{P}dP=rdt$$

两边积分，可得

$$\int \frac{1}{P} dP = \int r dt$$

$$\ln P = rt + C$$

此处需要求出常数C的值，当$t = 0$时$P = P(0)$，因此

$$C = \ln P(0)$$

代入原式中整理可得

$$P(t) = P(0)\mathrm{e}^{rt}$$

即人口呈指数形式增长，而根据马尔萨斯的模型，食品供应或其他资源呈线性增长，一旦农业生产跟不上人口增长，就会导致饥荒或战争，并且出现贫困和人口减少等情况，最终大量人口会因为粮食增长的速度跟不上人口增长的速度而死亡，这种情况被称为马尔萨斯陷阱，如图6所示。

［图6］马尔萨斯陷阱

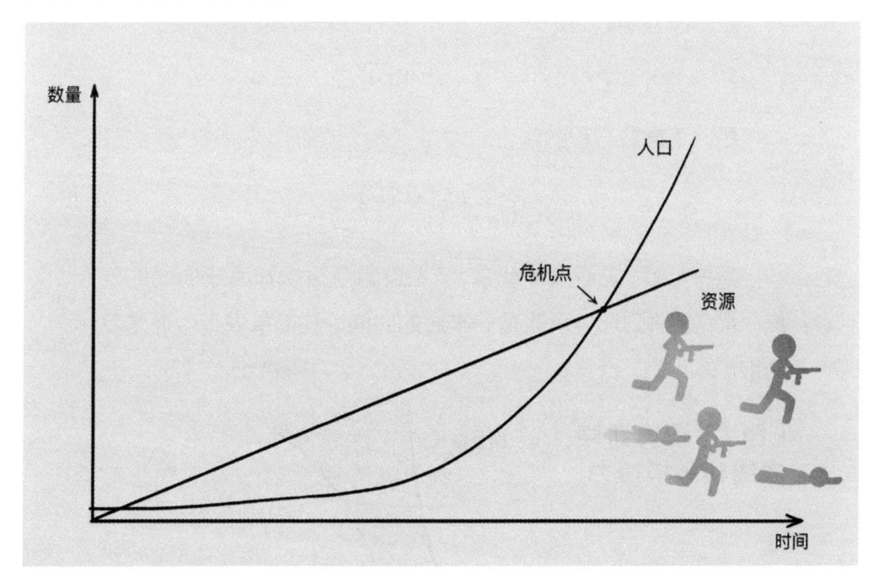

逻辑斯蒂曲线

马尔萨斯模型忽略了环境承载力，即在环境资源有限的约束下，人口不可能无限增长。皮埃尔·弗朗索瓦·韦吕勒在阅读了马尔萨斯的论文后，于1838年提出了考虑资源限制的模型，即逻辑斯蒂曲线。

逻辑斯蒂曲线是一种用于描述种群增长的数学模型，能够反映种群在有限资源环境中的增长规律，如图7所示。逻辑斯蒂曲线的形式为一个S形曲线，反映了种群在初期快速增长，随后增速减缓，最后趋于平稳的过程。

逻辑斯蒂函数为

$$P = \frac{L}{1 + \mathrm{e}^{-k(t-t_0)}}$$

是以下微分方程的解：

$$\frac{dP}{dt} = kP\left(1 - \frac{P}{L}\right)$$

其中L为环境最大承载量，k是逻辑斯蒂增长率或曲线的陡度，而t_0是达到环境承载量一半时的时间。在简单模型中通常我们取$L = k = 1$，$t_0 = 0$。

［图7］逻辑斯蒂曲线和环境阻力

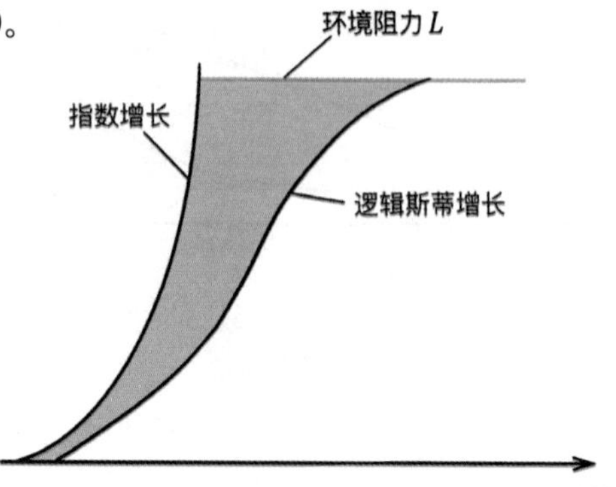

揭示变化的规律

微分中值定理

曲线两端之间至少有一个点，其切线的斜率等于两个端点间的直线斜率。

大师面对面

——约瑟夫·路易·拉格朗日（Joseph-Louis Lagrange，1736年1月25日—1813年4月10日）是一位法国籍意大利裔数学家、力学家和天文学家。拉格朗日曾被腓特烈大帝称作“欧洲最伟大的数学家”，后受到法国国王路易十六的邀请定居巴黎，直至去世。

我在数学、物理和天文等领域有很多重大的贡献，包括著名的拉格朗日中值定理，和创立了拉格朗日力学等。在我的年代，分析学等分支刚刚起步，欠缺严密性，也没有标准形式，但这不足以妨碍我取得大量的成果。

——拉格朗日先生发现了微积分中著名的拉格朗日中值定理。

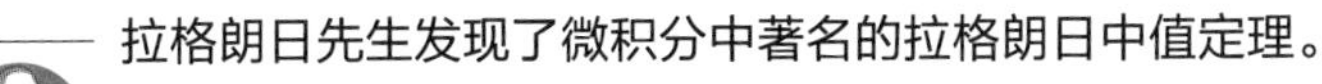

我的中值定理可以理解为：对于平面上可微曲线的两个端点，至少有一点的切线斜率等于两端点连接起来的直线斜率。

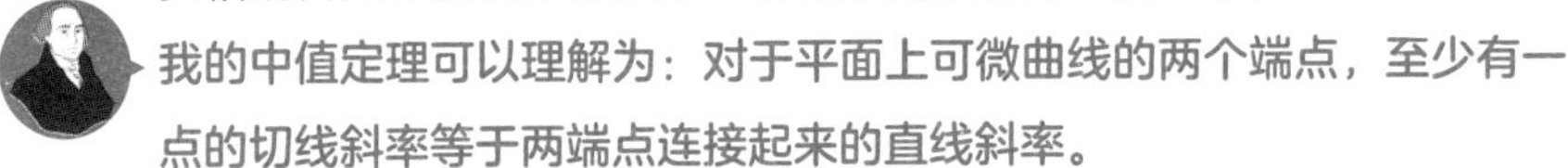

——我似乎在生活中有类似的经历。当高速公路上的车辆遇到区间测速时，最后得到的是车在这段路之间的平均速度，并且在这段时间内，一定存在某个瞬间，汽车的速度恰好等于这个数值。

没错，在你的例子里，曲线方程就是位移关于时间的函数$S(t)$，平均速度则对应两个端点a，b连线的直线斜率$\frac{S(b)-S(a)}{b-a}$，瞬时速度则对应某个时间点τ的位移函数的导数$S'(\tau)$。

——看似抽象的定理，也能用实际生活中的例子进行类比。

原理解读！

- 微分中值定理分为罗尔中值定理、拉格朗日中值定理和柯西中值定理。简单地说，是指平面上一段固定端点的可微曲线，两个端点之间必然存在一个点，此处的切线斜率与连接两个端点的直线斜率相同。如下图所示。

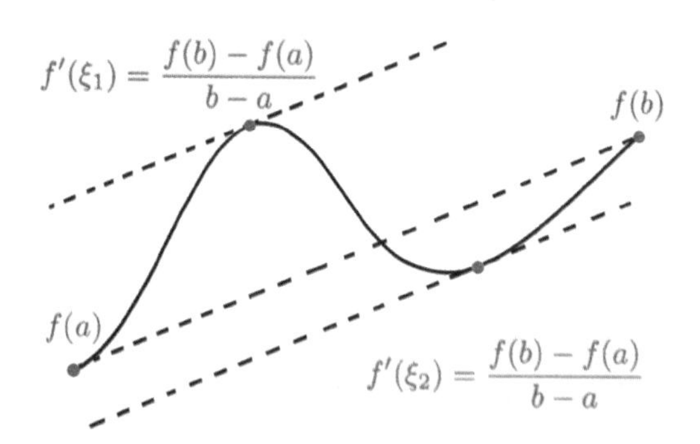

- 提到中值定理时，在没有特别说明的情况下，一般是指拉格朗日中值定理。其具体表达如下。

函数$f(x)$为闭区间$[a,b]$上的一个连续函数，且在区间(a,b)内可导，其中$a<b$。那么区间(a,b)内至少存在一个点c，使得

$$f'(c)=\frac{f(b)-f(a)}{b-a}$$

上图中显示了拉格朗日中值定理的几何意义，在这种情况下，区间内存在两个满足条件的点。

拉格朗日中值定理是罗尔中值定理更一般的形式，也是柯西中值定理的特殊情况。

罗尔中值定理

以法国数学家米歇尔·罗尔命名的罗尔中值定理（Rolle's theorem）是微分学中一条重要的定理，是三大微分中值定理之一。其叙述如下。

函数$f(x)$为闭区间$[a，b]$上的一个连续函数，且在区间$(a，b)$内可导，满足$f(a)=f(b)$，其中$a<b$。那么区间$(a，b)$内至少存在一个点φ，使得

$$f'(\varphi)=0$$

在图1中，罗尔中值定理的几何意义是：对于闭区间上方的一条可微的曲线，如果其两端点在同一水平线上，则它一定有一条切线是水平的。

［图1］罗尔中值定理的几何意义

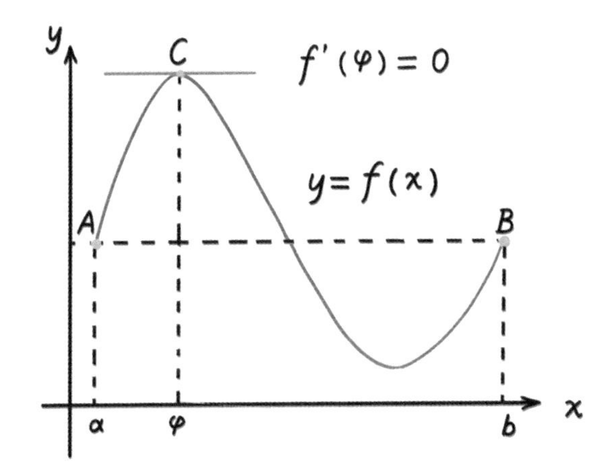

在罗尔中值定理的基础上，我们可以证明拉格朗日中值定理。对于符合前一页中条件设定的函数$f(x)$，构造辅助函数

$$g(x)=\frac{f(b)-f(a)}{b-a}(x-a)+f(a)-f(x)$$

则对函数$g(x)$使用罗尔中值定理可知，区间$(a，b)$内至少存在一个点φ，使得

$$g'(\varphi)=0$$

即

$$f'(\varphi)=\frac{f(b)-f(a)}{b-a}$$

在拉格朗日中值定理中，若$f(a)=f(b)$，定理就退化为罗尔中值定理的形式。从图1中也可以看出罗尔中值定理和拉格朗日中值定理的关联，将拉格朗日中值定理几何意义中的曲线两端“拉齐”到同一高度后，便成为了罗尔中值定理的几何意义的形式。

原理应用知多少！

柯西中值定理

柯西中值定理（Cauchy's mean value theorem），也叫拓展中值定理，是拉格朗日中值定理的推广，也是微分学的基本定理之一。其叙述如下。

设函数$f(x)$和$g(x)$为闭区间$[a，b]$上连续，在区间$(a，b)$内可导，且满足$g(x)\neq 0$，其中$a<b$。那么区间$(a，b)$内至少存在一个点ξ，使得

$$\frac{f(b)-f(a)}{g(b)-g(a)}=\frac{f'(\xi)}{g'(\xi)}$$

或写作

$$\big(f(b)-f(a)\big)g'(\xi)=(g(b)-g(a))f'(\xi)$$

在图2中，柯西中值定理的几何意义是：用参数方程表示的曲线上至少有一点，它的切线平行于两端点所在的弦。

在罗尔中值定理的基础上，我们可以证明柯西中值定理。

首先，如果$g(a)=g(b)$，则根据罗尔中值定理，区间(a, b)内存在点x_0使得$g(x_0)=0$，这与条件设定矛盾。

于是，构造辅助函数

$$h(x)=f(x)-\frac{f(b)-f(a)}{g(b)-g(a)}g(x)$$

则对函数$h(x)$使用罗尔中值定理可知，区间(a, b)内至少存在一个点ξ，使得

$$h'(\xi)=0$$

即

$$\frac{f(b)-f(a)}{g(b)-g(a)}=\frac{f'(\xi)}{g'(\xi)}$$

在柯西中值定理中，若$g(x)=x$，定理就退化为柯西中值定理的形式。

［图2］柯西中值定理的几何意义

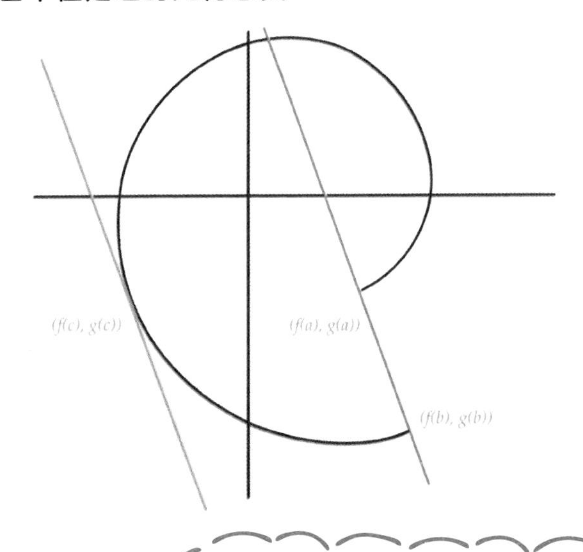

拉格朗日的传奇故事

拉格朗日的家庭原本富裕且有较高的社会地位，可是后来大都被父亲在金融领域的投机中挥霍殆尽。拉格朗日在都灵大学进修时，最喜欢的学科是拉丁语，对数学并没有兴趣，认为希腊几何学很枯燥。

据拉格朗日本人回忆，如果幼年家境富裕，他可能就不会进行数学研究了。17岁时，拉格朗日读了英国天文学家爱德蒙·哈雷介绍牛顿微积分成就的短文《论分析方法的优点》，感觉到分析才是自己最热爱的学科，于是从此迷上了数学分析，开始专攻当时迅速发展的数学分析。

18岁那年，拉格朗日以意大利语写出了第一篇论文，内容是用牛顿二项式定理处理两函数乘积的高阶微商，并将它寄给了数学家法尼亚诺，同时将拉丁语版本的寄给在柏林的欧拉。欧拉的回信鼓励了拉格朗日，但也告诉他那几个结论早就被莱布尼茨发现了。

1756年，拉格朗日在给欧拉的信中，开始把变分法用于力学，还把欧拉关于有心力的一个定理推广到一般动力学问题。欧拉对拉格朗日的研究成果十分赞赏，于是把信送交院长，并举荐他进入普鲁士科学院成为通讯院士。

拉格朗日在意大利、德国、法国三个国家的科学院待过，在数学、力学和天文学领域都有杰出的贡献，是18世纪欧洲最伟大的数学家。拿破仑称他为“数学科学高耸的金字塔”。

欧拉的微笑